MANUFACTURING TECHNOLOGY OF HIGH STRENGTH AND HIGH CORROSION RESISTANT ALUMINUM ALLOY THICK PLATE WITH UNIFORM MICROSTRUCTURE AND PROPERTIES

高强耐蚀铝合金厚板的均匀制备技术

冯 迪 著

镇 江

图书在版编目(CIP)数据

高强耐蚀铝合金厚板的均匀制备技术 / 冯迪著. — 镇江 ：江苏大学出版社，2019.12
ISBN 978-7-5684-1245-2

Ⅰ. ①高… Ⅱ. ①冯… Ⅲ. ①高强度－耐蚀性－铝合金－航空材料－金属厚板－研究 Ⅳ. ①V252

中国版本图书馆 CIP 数据核字(2019)第 289649 号

高强耐蚀铝合金厚板的均匀制备技术
Gaoqiang Naishi Lühejin Houban de Junyun Zhibei Jishu

著　　者/冯　迪
责任编辑/郑晨晖
出版发行/江苏大学出版社
地　　址/江苏省镇江市梦溪园巷 30 号(邮编：212003)
电　　话/0511-84446464(传真)
网　　址/http://press.ujs.edu.cn
排　　版/镇江市江东印刷有限责任公司
印　　刷/句容市排印厂
开　　本/890 mm×1 240 mm　1/32
印　　张/7.375
字　　数/230 千字
版　　次/2019 年 12 月第 1 版　2019 年 12 月第 1 次印刷
书　　号/ISBN 978-7-5684-1245-2
定　　价/52.00 元

前　言

航空航天工业对轻质高强结构材料的持续需求极大地推动了轻合金的开发及其加工制备技术的革新。AlZnMgCu 合金因其低密度、高的比强度和比刚度、优异的加工性能以及良好的抗应力腐蚀性能，被广泛用于制造军民用飞机、航天器及火箭等产品的关键结构部件。其中，高强度板材主要应用于飞机主机翼、垂直及水平尾翼的制造。日趋大型化的航空航天器对关键承力件的整体成型提出了更高的要求，高性能厚截面板材的使用需求量因此急剧增加。

中国自 2008 年启动国产"大飞机"计划以来，对高性能航空铝合金材料进行了较为系统的研究。研究表明，AlZnMgCu 合金中主合金元素含量高，非平衡共晶相多，高合金成分大铸锭（厚度 400 mm 及以上）的中部与边部成分差异高达 20%，遗传效应导致厚截面材料变形（轧制、挤压、锻造）及热处理（铸锭均匀化、固溶、淬火、时效）态的宏/微观组织严重不均匀。鉴于此，国家重点基础研究发展计划对"超强高韧铝合金中厚板热处理组织与耐蚀性的均匀化调控技术"开展了重点攻关，深入研究了合金成分与制备多场对组织性能均匀性的作用规律与机理。基础研究力求使上述材料的抗拉强度超过 615 MPa，屈服强度超过 590 MPa，延伸率不小于 8%，剥落腐蚀等级达到 EB 级，并使利用上述材料制备的机翼厚壁板的性能不均匀性低于 10%。

AlZnMgCu 合金板材的制备流程包括铸锭均匀化、热轧变形、固溶、淬火和时效热处理。其中，均匀化处理后大尺寸铸锭表层和芯部晶粒尺寸因为冷却速率的不同而产生差异。初始晶粒度的差异,以及热轧变形时板厚向的温度梯度和应变梯度共同影响材料的热变形行为,进而产生变形组织的不均匀性。此外,厚截面板材热处理时不可避免的温度场梯度将导致板材厚向的过饱和固溶度、再结晶程度及沉淀析出行为的不均匀性。本书针对大尺寸AlZnMgCu合金铸锭和30 mm厚板材(热轧态和热处理态)的组织不均匀性进行了详细的分析,利用带Z参数的本构方程描述了AlZnMgCu合金的热变形行为,基于动态材料模型(DMM)建立了热加工图,归纳总结了考虑初始组织不均匀性的材料的热变形工艺参数。随后,依次建立了一种典型的AlZnMgCu合金——7055铝合金及其厚板的固溶热处理制度,单、双级时效以及回归再时效技术原型。

本书共分为7章,第1章介绍高强耐蚀铝合金及其厚板的研究现状,包括典型牌号铝合金厚板的加工设备、塑性变形工艺、热处理工艺及国内的研究和制备瓶颈。第2章分析高强耐蚀铝合金厚板在现有制备流程下,各制备阶段的组织和性能的不均匀性。第3章介绍大尺寸铸锭晶粒尺寸的不均匀性对厚板热变形工艺制定的影响。第4章介绍7055铝合金及其厚板的固溶热处理技术。第5章在7055铝合金的热变形行为及再结晶行为的基础上,归纳总结了热变形参数对固溶再结晶行为的影响。第6章和第7章则通过控制沉淀相的析出行为调控合金的强度和耐腐蚀性能,建立了7055铝合金的单级、双级和回归再时效技术。

本书针对目前国内航空航天工业对高性能厚截面板材迫切需求的背景,综合考虑了内容的理论性和实践性,既适用于本科生和研究生对高强铝合金基础知识的学习,对相关领域工程技术人员也有较高的参考价值。

本书的出版得到了国家自然科学基金项目(51801082)、江苏省自然科学基金项目(BK20160560)以及江苏省高校自然科学基金(16KJB430010)项目等的资助和支持!

本书的编写过程中参考和引用了大量国内外学者的研究成

果,在此向这些作者表示诚挚的谢意。著者指导的研究生吴泽政、王婷、王国迎等为本书提供了数据资料,在此一并表示感谢。

由于高性能航空铝合金及其产品的制备加工技术发展迅速,加之著者水平有限,书中难免出现疏忽和值得商榷之处,敬请读者批评指正。

编 者

2019 年 10 月

目 录

第1章 高强耐蚀 AlZnMgCu 合金及其厚板的研究现状

铝是地壳中含量最丰富的金属元素，其晶体为面心立方结构。铝无同素异构转变现象，且相对密度只有 2.70 g/cm^3。轻质、高储量和良好的工艺性能决定了铝合金巨大的应用潜力。

自 1923 年德国科学家研究发现 AlZnMg 合金经过淬火时效处理具有很高的强度后[1]，以 AlZnMg 三元系为基础的 7××× 高强铝合金逐渐成为航空航天结构材料的主角。随后开发出的 AlZnMgCuMn 合金，其时效态抗拉强度可达 588 MPa，屈服强度可达 549 MPa，延伸率为 6%，但是应力腐蚀敏感性较高[2]。19 世纪 30 年代，Cr 作为微合金元素被添加入 AlZnMgCu 合金，可将合金的强度提高至 600 MPa，且同时保证了材料的抗应力腐蚀性能。该合金被命名为 ESD 超硬铝合金，在飞机制造业中首次得到实际应用[3]。此后，美国和苏联相继独立开发出综合性能更好的 7075 和 B95 铝合金，其中 7075 合金即为第一代航空铝合金的典型代表。1954 年，美国在 7075 合金的基础上通过增加 Zn、Mg 和 Cu 三个主元素的含量，开发出了更高强度的 7185 铝合金，但是该合金韧性较差。因此同年又开发出抗应力腐蚀性能优良的 7079 和 7001 铝合金，前者曾应用于 B－52 轰炸机的起落架，后者的改进型目前仍然大规模应用于高速铁路领域[4]。1968 年，美国在 7001 合金的基础上，通过减少 Cu、Cr 含量，增大 Zn/Mg 比例等手段，研发出较高韧性和高抗应力腐蚀性能的 7049 合金和 7475 合金。3 年后，通过增加 Zn、Cu 含量，调整 Cu/Mg 比例，并以 Zr 元素替代 Cr，强度、断裂韧性和抗应力腐蚀性能俱佳的 7050 合金问世[5,6]。7050 合金的研发成功在 AlZnMgCu 合金的发展史上具有里程碑式意义，该合金目前是大型航空航天器中应用最为成熟的高强、高韧、高耐蚀性结构材料。1978 年，美国 Alcoa 公司通过减少 Fe、Si 杂质和调整主合金元素含量，开发出韧性和耐蚀性能更好的 7150 合金[7,8]，该合金目前已经在中国某大型军用运输机上得以应用。为继续提高 7150 铝合金的强度，美国 Alcoa 公司于 1991 年在 7150 合金的基础上通过增加 Zn、Cu 含量，减少 Mg、Mn 及 Fe、Si 杂质含量，并增大 Zn/Mg 比，成功研制出 7055 合金[9,10]。7055 铝合金是高 Zn 含量的时效强化合金，其时效强化效果在目前所有铝合金中最高，被誉为“王牌合金”。此外，用于制造超厚板的 7085 高淬透性高强铝合金也已经逐渐成熟化[11]。7085 铝合金具有高强、高抗疲劳、高抗应力腐蚀与低淬火敏感性等一系列优良性能。凭借良好的综合性能，7085 铝合金已被 A380、B777 等大型客机广泛用于厚截面构件的制造。

在合金成分不断优化的同时，铝合金的时效热处理制度也在同步创新。以单级峰时效为出发点的 T6 制度虽然能最大限度地提升材料的静态强度，但是诸如抗应力腐蚀性能、断裂韧性等重要的航空材料性能指标却始终得不到满足。1960 年研发出的以双级过时效理论为基础的 T73[12]制度，可使 7075 铝合金厚截面构件的抗应力腐蚀性能得到显著改善。随后开发的 T76 制度[12]在继续保持良好抗应力腐蚀性能的同时，提高了合金的强度。对高性能的不懈追求不断推动着材料热处理工艺的研发。20 世 80 年代末，Cina 以回归再时效技术（RRA 理论）为基础开发出 T77 时效制度[13,14]。该制度巧妙地利用时效温度的变化分别调控晶内和晶界纳米沉淀相的析出特征，平衡了强度、抗应力腐蚀性能以及断裂韧性这三项重要的性能指标，现已成功应用于 7150 及 7055 铝合金。AlZnMgCu－T77 态板材和挤压材目前已经大量用于制造飞机机翼壁板、舱壁、长桁及龙骨梁等主承力结构件[15]。

综上所述，航空工业用高强 AlZnMgCu 合金大体经历了高强—高强耐蚀—高强高韧耐蚀—高强高韧耐蚀高损伤容限—高强高韧耐蚀高淬透性五代发展历程。本章以目前国产“大飞机”计划亟需的第四代铝合金代表性材料——7055 铝合金为例，阐述其相关研究结果，包括该合金的成分、组织、性能及其厚板生产的相关研究内容。

1.1　7055 铝合金及其应用

表 1-1 所示为 7055 铝合金的名义成分，7150 铝合金作为对比也列于表中。7055 合金的 Zn 含量远高于 7150 合金，这也是 7055 铝合金强度得以大幅度提升的主要原因。7055 铝合金主要以板材和型材的形式用于大型飞机的机翼上壁板、长桁架、水平尾翼、龙骨架座轨、货运滑轨等高强结构件上[10,15]。其中，7055 铝合金板材作为主承力构件的应用较为广泛，本章将重点阐述 7055 铝合金及其板材的相关研究内容。有关报道表明，在 T77 状态下，7055 合金板材的强度比 7150 板材高约 10%，比 7075 合金峰时效态高 30%[16,17]，且耐蚀性能仅仅稍低于 7150 合金 - T77 态厚板[18]。7055 铝合金及美国铝业 T77 制度的研发在一定程度上解决了 AlZnMgCu 系合金一直存在的强韧性和耐蚀性难以兼顾的矛盾。

表 1-1　7055 铝合金和 7150 铝合金的化学成分　　%

合金牌号	注册时间	合金元素及含量(质量分数)								
		Zn	Mg	Cu	Mn	Cr	Zr	Fe	Si	Al
7150	1978年	5.9~6.9	2.0~2.7	1.9~2.5	0.10	0.04		0.15	0.12	余量
7055	1991年	7.6~8.4	1.8~2.3	2.0~2.6	0.05	0.04	0.05~0.25	0.15	0.12	余量

1.2　7055 铝合金厚板及其制备流程

我国对铝合金板材的定义为：横断面呈矩形，厚度均一，并大于 0.20 mm 的轧制产品。通常边部经过剪切或锯切，并以平直状外形交货，其厚度不超过宽度的 1/10。我国现行铝及铝合金板材产品的品种规格范围如表 1-2 所示[19]。

表 1-2 板材规格的定义[19]

品种		尺寸范围/mm		
		厚度	宽度	长度
板材	薄板	0.3 ~ 6.0	400 ~ 2 500	2 000 ~ 10 000
	厚板	6.0 ~ 80.0	1 000 ~ 2 500	2 000 ~ 10 000
	特厚板	大于 80	1 000 ~ 2 500	2 000 ~ 10 000

20 世纪 70 年代，国务院即批准大型飞机立项，开始国产大飞机的研发工作。大飞机指起飞总重量超过 100 t 的运输类飞机，包括军用大型运输机和民用大型运输机，也包括 150 座以上的干线客机。目前“大飞机”计划所需 7055 铝合金板材规格为 30 mm × 2 300 mm × 16 m。综合上述规定和表 1-2 可知，“大飞机”计划所需 7055 铝合金 30 mm 板材可定义为厚板，也有公开的研究报告将其定义为中厚板。

图 1-1 所示为高强 AlZnMgCu 合金板材的加工流程示意图。图中时效制度根据板材的服役要求可以为单级时效、双级时效或者三级时效等。7055 铝合金作为高强铝合金的代表，其生产流程与图 1-1 所示基本一致。

由图可知，7055 铝合金板材的生产主要包括熔炼铸造，热变形(热轧)和热处理强化三大部分。其中高质量铸锭是保证板材性能的关键之一，铸锭成分(合金元素、杂质元素等)的控制、大尺寸铸锭成分的偏析控制等直接影响板材的最终性能，产生所谓的“遗传效应”。均匀化制度要求减小合金成分偏析和组织不均匀性的同时，兼顾 Al_3Zr 粒子的弥散析出，以抑制热变形时的再结晶。热轧温度、速率和变形量的控制影响再结晶、板形和铸造显微疏松的消除等。其中热轧变形参数将会对固溶再结晶产生重要的影响，过低的热轧温度和大的变形程度则导致固溶时再结晶程度的增加，降低合金的强度和耐蚀性能。固溶处理要求溶质原子过饱和度最大化，同时固溶再结晶程度最小化(要求小于 50%)。溶质原子浓度的增加会提高时效强化效果，再结晶程度的降低则提高合金的强韧性和耐蚀性。固溶后淬火是保证固溶效果的关键处理。因为 7055 合金存在较为严重的淬火敏感性，淬火速率低导致粗大平衡第二相在晶内晶界析出，大大降低合金的溶质原子过饱和度和空位浓度，降低时效强化效果，且降低合金的韧性和耐蚀性。无论是在铸造，还是在热轧变形或热处理冷却过程中，7055 合金板材或多或少都会出现残余应力。残余应力的存在导致板材在后续的加工过程中翘曲变形，降低屈服极限、疲劳寿命和应力腐蚀抗力等性能。整个变形区内的几个区域之间的不均匀变形产生第一类残余应力。预拉伸是 7055 合金板材加工中一个必不可少的步骤，其目的就是消除第一类残余应力，即在固溶淬火后、时效处理前的规定时间内，对板材纵向进行 1% ~3% 的永久拉伸变形。析出强化是时效可强化合金的关键强化机制。因此，时效决定了 7055 合金的最终强度，同时时效还可以改善合金的韧性和耐蚀性能。不同的时效程度可以使合金强韧性和耐蚀性产生显著差别。

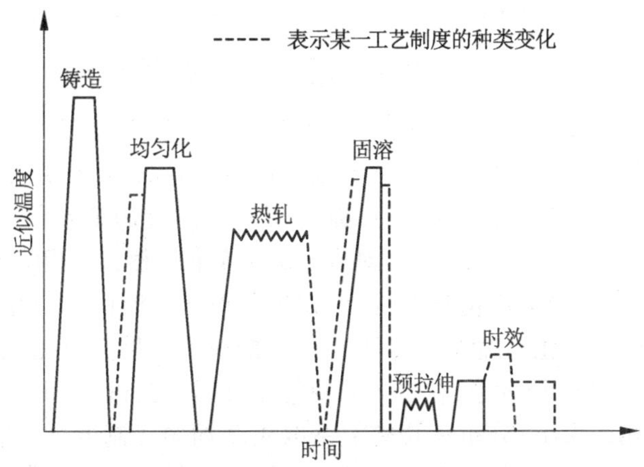

图 1-1　高强 AlZnMgCu 板材的生产流程示意图[20]

1.2.1　均匀化

7055 合金为典型的高合金化铝合金，其铸锭在凝固过程中同样存在诸如枝晶偏析/晶界粗大共晶组织以及化学、组织分布不均匀等缺陷。图 1-2 所示为 7055 铝合金半连续铸造得到的铸态组织,该组织由树枝状 α (Al)相和枝晶间的低熔点共晶相组成(见图 1-2a)。研究表明:合金晶界上存在 S(Al_2CuMg) 相、T 相、Al_7Cu_2Fe 相和 α(Al) 组成的共晶组织(见图 1-2b)。大量的粗大非平衡共晶存在于晶界,晶界周围有较为明显的无沉淀析出带,主合金元素 Zn、Mg、Cu 在晶界及第二相粒子上存在着明显的富集现象。由以上分析可知,为消除枝晶偏析并改善热加工工艺性能,必须对 7055 合金铸锭进行均匀化处理。

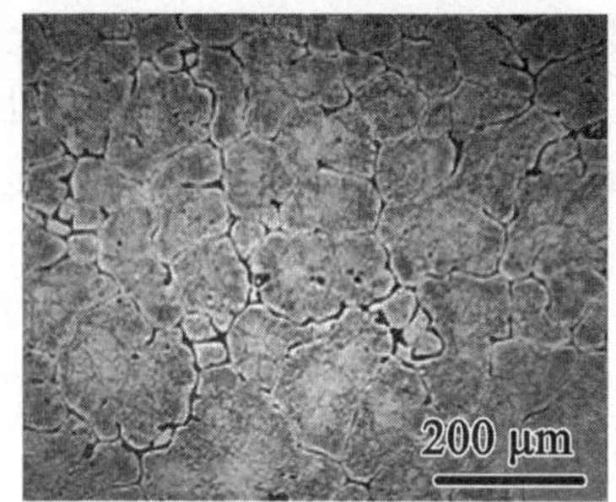

(a) 枝晶(金相组织观察)

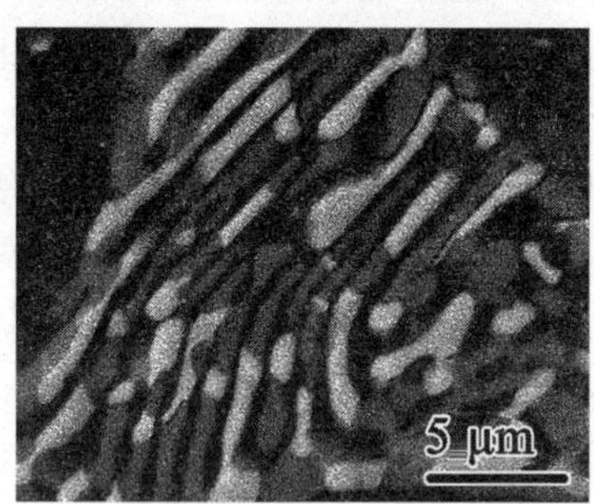

(b) 晶界非平衡共晶组织(扫描组织观察)

图 1-2 7055 铝合金的铸态组织[21]

均匀化就是把包含快速非平衡结晶相的铸锭加热到接近熔点的温度长时间保温,使合金原子充分扩散,消除低熔点共晶相,改善成分偏析和组织不均匀性,提高铸锭在热轧时的塑性变形能力[22]。如果单纯考虑均匀化对成分偏析及非平衡共晶相溶解的影响,可以有多种均匀化制度可行,如高温单级长时间均匀化,高温双级短时均匀化制度等。然而,近年来的研究结果表明:由于 7055 铝合金中含有 Zr 元素,在合金的均匀化过程中会析出 Al_3Zr 粒子,该弥散相的大小、分布及共格关系取决于均匀化制度。合适的均匀化制度使 Al_3Zr 粒子弥散析出,这将阻碍晶界运动,降低热变形过程中及固溶处理时的再结晶程度[23-25],提高合金的强度和耐蚀性。再结晶分数的降低减少了大角度晶界,从而减少 η 相的形核位置,降低合金的淬火敏感性[26],提高抗应力腐蚀性能[27]。

7055 铝合金的理论单级均匀化温度一般在 470 ℃左右。当 7055 合金在低于 350℃均匀化时,η 相的析出量和尺寸随均匀化温度的升高而增加；当合金在 400℃及以上温度均匀化时，η 相的析出量随温度的升高而减少；450 ℃保温 24 h 后，η 相可完全回溶。经 470 ℃均匀化 24 h 后，非平衡共晶相溶解，偏析得以消除，难溶相开始球化。文献[28]还建立了 7055 铝合金的均匀化动力学方程，并与实验相结合得到了优化的单级均匀化制度为 470 ℃，24 h。需要指出的是，也有文献[29,30]给出 7055 铝合金的单级均匀化制度为 450 ℃，24 h，这可能与被研究的 7055 合金实际成分不同有关。

需要指出的是，Zr 元素在铸态组织的晶粒内部偏析，因此单级均匀化不能得到晶内晶界弥散分布的 Al_3Zr 粒子，图 1-3a 显示晶界处出现明显的 Al_3Zr 粒子无沉淀析出带（PFZ），不能最大限度地发挥 Al_3Zr 粒子对再结晶的阻碍作用。

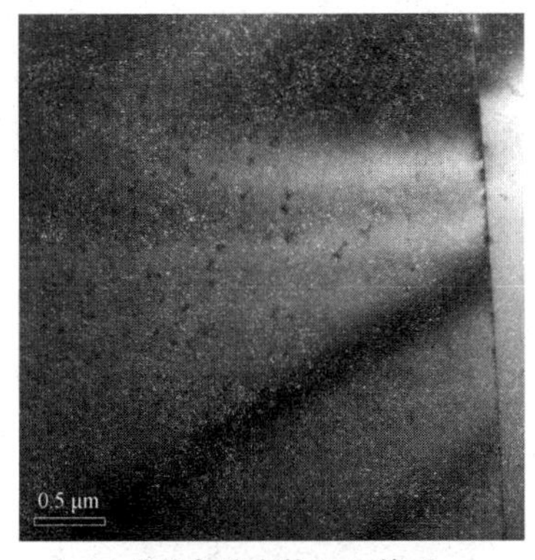

(a) 非均匀分布的Al_3Zr粒子

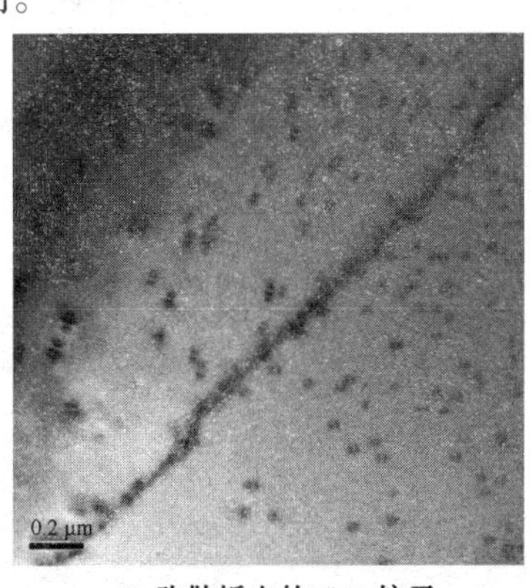

(b) 弥散析出的Al_3Zr粒子

图 1-3　7055 铝合金均匀化态 Al_3Zr 粒子形貌[21]

因此，在单级均匀化的基础上，多级均匀化制度的研究开始兴起。研究表明：先低温后高温的双级[31,32]及三级均匀化[33]制度更有利于 7055 铝合金铸锭非平衡共晶相的溶解和促进 Al_3Zr 粒子的弥散析出，如图 1-3b 所示。张新明等[21]在研究 7055 铝合金的均匀化制度时进一步发现：单级均匀化不利于 Al_3Zr 粒子的弥散析出，粗大低密度的 Al_3Zr 粒子不能有效阻碍再结晶，对合金强度和耐蚀性能的提升效果不大。第一级低温均匀化处理再高温均匀化虽然可促进 Al_3Zr 粒子的弥散析出，但是过低的第一级均匀化温度

又会导致 Al_2CuMg 相的含量增加,不利于合金溶质原子的回溶,降低固溶及时效强化效果。因此,双级均匀化需兼顾非平衡共晶相的减少、Al_3Zr 粒子的析出及难溶第二相的演变。

1.2.2 固溶及淬火

固溶热处理是将合金加热至粗大非平衡结晶相最大限度地回溶入基体的温度,保温一定时间,并以快于第二相自固溶体中析出的速度冷却至时效温度以下的热处理制度。固溶的目的是获得在室温下不稳定的过饱和固溶体或亚稳态的过渡组织,为后续的时效强化提供析出动力[34]。

图 1-4a 为 7055 铝合金轧制板材在扫描电镜下的组织形貌。由图可知,晶界和晶内都出现沿轧制方向排列的大量第二相。研究表明:热轧过程中析出的 η($MgZn_2$)相为主要的第二相。除此之外,基体内还包含大量的 AlZnMgCu 相、Al_7Cu_2Fe 相和 Al_2CuMg 相。图 1-4b 所示为 7055 铝合金热变形态的亚结构形貌。合金中的位错密度高,有大量的位错缠结。

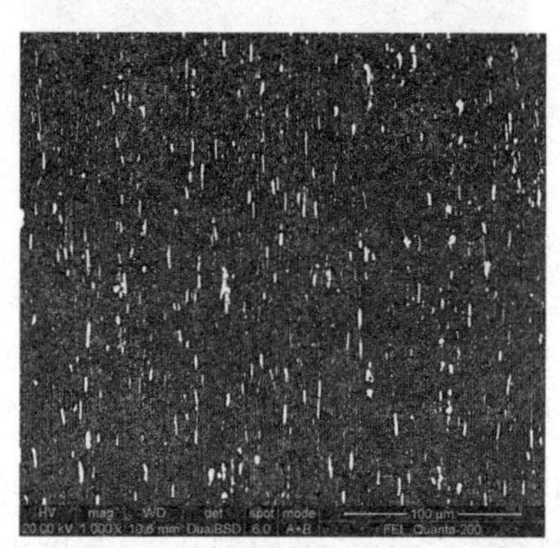
(a) 粗大相分布及形貌(扫描组织观察)

(b) 形变亚结构(透射组织观察)

图 1-4　7055 铝合金热轧态微观组织[35,36]

由上述分析可知,7055 铝合金经热变形后,其组织结构特征可概括如下:① 基体内存在较多的粗大第二相;② 变形产生较高的形变储能。第二相的存在降低了 7055 铝合金的溶质原子过饱和度,不利于时效强化,而形变储能将导致固溶时再结晶的发生。再结晶分数随形变储能、固溶温度和时间的增加而增加，使 7055 铝合金的强度和耐蚀性显著降低。因此，7055 铝合金固溶处理的关键是寻找平衡溶质原子过饱和度和再结晶程度的固溶温度及时间。

作为典型的时效强化合金，固溶处理是 7055 铝合金热处理的基础。一般来说，固溶温度越高，固溶时间越长，在铸造等工序中形成的第二相就溶解得越彻底，基体溶质原子过饱和度越高，增加了时效强化效果。但是 7055 铝合金的固溶温度应低于 490 ℃[35]，否则将出现过烧现象。480 ℃的单级固溶温度较为适合[35-37]。需要指出的是，含 Fe 相的回溶温度过高，提高固溶温度或者延长固溶时间对含 Fe 相的回溶影响不大，反而增加 7055 合金的再结晶程度。因此 7055 铝合金的固溶应该以 S 相和 $MgZn_2$ 相的回溶为目标，7055 铝合金中的初生 AlZnMgCuFeTi 相几乎不会固溶入基体[35]。

由回溶和再结晶的关系可知：高温长时固溶增加再结晶，低温短时导致回溶不足，两者是矛盾的。针对这一客观现象，7055 铝合金的固溶处理现在多采用分级固溶。单级固溶制度因其固溶效果有限而应用较少，通常作为对比制度而存在。分级固溶是指在几个固溶温度分别保温一定时间，其中第一级的固溶温度较低，形变组织回复程度增加，消耗了部分形变储能同时又保留了一部分的亚晶组织，抑制再结晶，从而使得 7055 铝合金在后续的高温固溶阶段能够获得较小尺寸的晶粒组织，同时高温阶段增加合金元素的回溶程度。此外，分级固溶是在低熔点共晶组织熔化温度以上平衡固相线温度以下进行的固溶处理。该制度在避免过烧的前提下，可突破低熔点非平衡共晶体的共晶熔点，使合金在较高的温度下固溶，提高溶质原子饱和程度。

刘胜胆等研究[35]认为，460 ℃，120 min + 480 ℃，60 min 的双级固溶制度可有效控制再结晶且保证固溶效果，适合 7055 铝合金的固溶处理。陈康华等[38]将 7055 铝合金在 455 ~ 470 ℃温度下保温 2 h，然后以 4 ℃/h 的升温速度升温至 475 ~ 478 ℃。经该分级固溶并峰时效后,挤压态 7055 铝合金的抗拉强度可达到 684 ~ 750 MPa,远远高于常规固溶后再时效状态的强度。文献[39]在双级固溶的基础上提出了更为复杂的三级固溶制度:455 ℃, 10 min + 470 ℃, 20 min + 485 ℃, 20 min,经该固溶制度处理并时效后,7055 铝合金的抗拉强度、屈服强度和延伸率分别达到 710 MPa,680 MPa和 12%。

除固溶制度本身外,固溶后的淬火速率也是影响高合金化铝合金强韧性和耐蚀性的关键。图 1-5 所示为不同淬火速率 7055 铝合金样品经时效后的析出组织对比。当冷却速率降至 138 ℃/min 时,其晶内相基本由粗大的平衡相组成,该状态 7055 铝合金的强韧性和耐蚀性极低。这是因为 AlZnMgCu 合金存在较大的淬火敏感性,即淬火速率慢导致合金性能降低[41,42]。慢速淬火时,粗大平衡相在晶界和弥散相粒子(Al_3Zr 或 $Al_{18}Cr_2Mg_3$)上非均匀形核析出,降低了固溶体过饱和度和时效强化效果。相同时效条件下,合金的力学性能随淬火速率减小而下降[43],变形更易在无沉淀析出带发生,产生位错堆积,造成应力集中,导致裂纹萌生,恶化合金性能。淬火速率的降低使得 7055 铝合金的断裂由穿晶断裂逐渐转变成沿晶开裂和穿晶剪切开裂的混合型断裂。沿晶断裂的产生主要是由于晶界无沉淀析出带宽化。而穿晶剪切断裂主要是由于慢速淬火过程中晶粒内部析出了大量粗大的平衡相所致[44]。因此,在条件允许的前提下,淬火速率应尽量快。在实验室条件下,多采用室温水快速淬火,以保证溶质原子和空位的过饱和度。

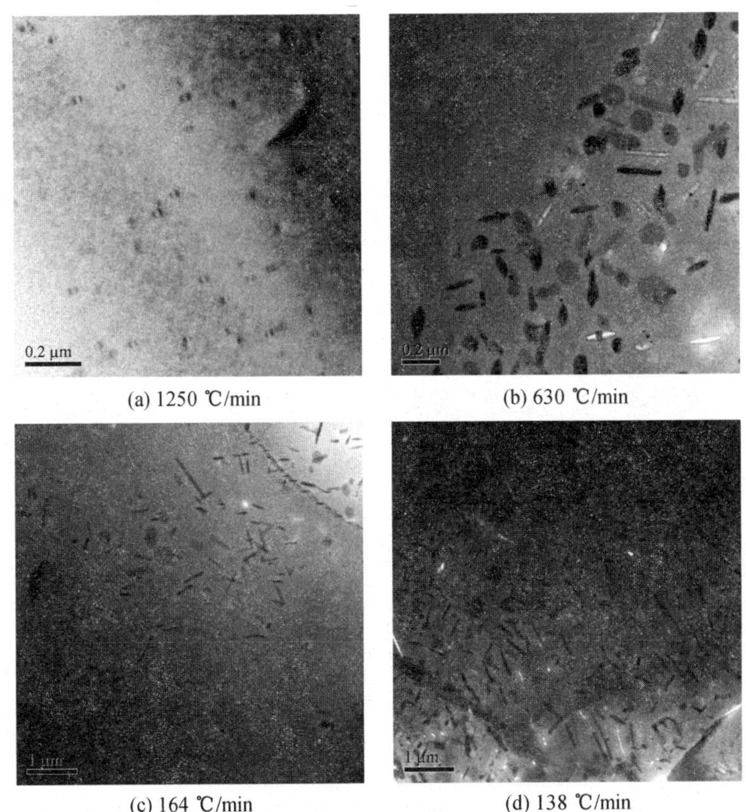

图1-5　不同淬火冷却速率下样品时效后晶内沉淀相[40]

对于7055铝合金厚板来说，其淬火冷却速率的控制更加困难。因为在淬火的过程中，较快的淬火速率会导致淬火残余应力的增加，甚至导致板材的曲翘变形。为控制淬火残余应力，7055铝合金厚板需采用较慢的淬火速率[45-47]，这就使得厚板心部的冷却时间延长，相对于表层部分有较多的淬火相析出，降低了时效强化效果，从而造成7055铝合金厚板表层和心部析出组织和性能的不均匀性。

鉴于7055铝合金厚板存在的淬透性问题，目前对于厚板采用辊底式淬火炉来实现其固溶淬火处理，采用该方法处理厚板有冷却速度快、淬火转移时间短、板材不易变形等突出优势。辊底式淬火炉由装料辊道台、固溶处理区、强冷淬火区、后冷却区(弱淬火区)、干燥区和卸料辊道台等多个部分组成。辊道为不锈钢刷式,其目的是尽量减小与7055铝合金板的接触面积,更有利于热传输。辊底式淬火炉通过大功率风机使高温气流从炉顶及炉底的喷嘴喷射至7055铝合金板材上,该加热方式既能以较快的速度使板材升温,同时又能确保加热温度均匀一致。板材的温度受高温气流温度与流量的控制,可实现多级加热和保温。辊底式淬火炉的最大特征在于其淬火处理,7055铝合金厚板的淬火通过淬火水喷淋迅速冷却。利用这种贯穿整个厚板宽度的对称垂直的喷淋模式,可最大限度地降低板材的变形。冷却后,在低压淬火区,将7055铝合金厚板冷却至出料温度。冷却速率由淬火水泵控制,按照所需的冷却速率,水流密度可以自动预选。低压淬火区末端安装有擦拭器喷头和干燥器,其高度可根据厚板厚度自动调节,以确保厚板在离开淬火区时绝对干燥。利用辊底式淬火炉,可以实现厚板的升温固溶,并可通过控制喷水速度来控制淬火过程:在高温阶段降低喷水速度,延长淬火时间;在淬火敏感温度区间增大喷水速度,加快冷却速率,抑制平衡相的析出,使合金获得优良的综合性能。

1.2.3 时效

由固溶淬火所固定的过饱和固溶体在室温或更高的温度下是不稳定的,当温度高至可以引起合金中的组元发生扩散及重新分布时,合金将发生脱溶反应,并导致由合金化元素构成的第二相脱溶析出,这样的热处理技术即为“时效”。脱溶或者时效过程由溶质扩散控制,在沉淀过程中可形成一系列亚稳相。因此,根据时效温度的高低或者时效时间的长短,基体中会有不同的析出相。不同种类析出相与基体间的共格关系、与位错的交互作用大小,导致合金表现出截然不同的力学或耐腐蚀性能[48]。

(1) 7055铝合金的时效析出相

7055铝合金的时效贯序为:过饱和固溶体—GP区—η′相—

η 相。

7055 铝合金在自然时效、低温或者中温人工时效早期会析出 GP 区。GP 区是溶质原子偏聚区,其准确的化学成分难以测量且存在一定的争议。一般认为 GP 区成分随着 Zn/Mg 的变化而变化[49-52]。GP 区的出现导致了 7055 铝合金时效初期硬度和强度的增加。可以通过透射电镜观察到 7055 铝合金的 GP 区及其衍射斑点[49]。图 1-6a 为 < 001 > 晶带轴的选区衍射斑点。在 < 001 > 晶带轴下,GP 区的斑点占据{1, (2n+1)/4, 0}位置。图 1-6b 为 GP 区的高分辨照片。GP 直径为 1 ~ 2 nm,根据其与基体的位向呈现近似圆形和条状[53-55],与基体完全共格。

GP 区会因为时效温度的升高而发生溶解[56]。根据尺寸大小不同,溶解过程可以部分发生,也可以全部发生。溶解的程度取决于 GP 区尺寸与临界回溶尺寸的大小关系。当 GP 区的大小超过临界尺寸时,其将作为形核核心而转变成 η′相,反之则回溶。Mukhopahyay[57]已通过 HRTEM 观察到 η′相在 GP 区上直接形核的过程。当时效温度超过某一值(回归温度)时,GP 区会全部回溶。但是 GP 区在溶解之后依然会有对 η′相的形成有着重要作用的富 Zn 与 Mg 区。

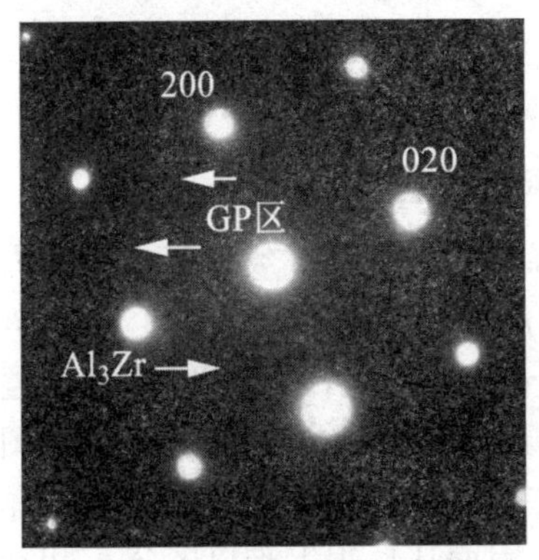

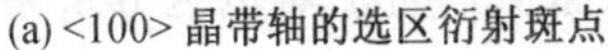
(a) <100> 晶带轴的选区衍射斑点

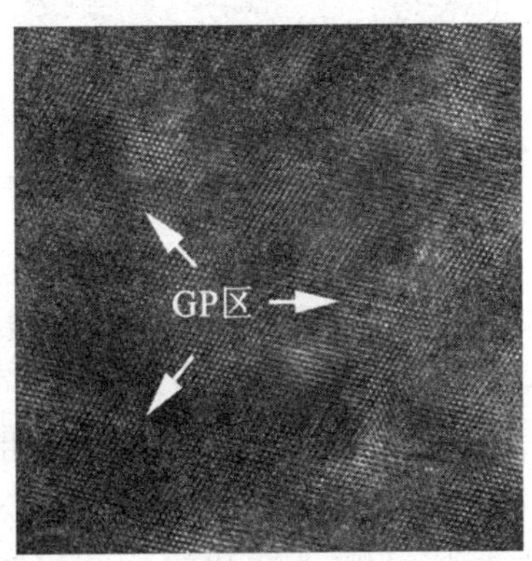

(b) 高分辨形貌

图 1-6　GP 区的衍射斑点及其高分辨形貌

过渡相 η′ 为亚稳相,η′相为 7055 铝合金的主要强化相,其强化效果远远高于 GP 区。η′相为六方结构，其晶格常数为：a = 0.49 nm，c = 1.43 nm。η′相可以由 GP 区转变而来，也可由过饱和固溶体直接沉淀析出。η′相与基体共格或半共格，呈盘片状，其与铝基体的取向关系[58]为：$\{0001\}_{\eta'}//\{111\}_{Al}$ 和 $\{1010\}_{\eta'}//\{110\}_{Al}$。同样可以通过透射电镜从 <001>、<111> 或者 <112> 晶带轴较为明显地观察到 7055 铝合金的 η′相及其衍射斑点。图 1-7a 为 <001> 晶带轴的选区衍射斑点。在 <001> 晶带轴下，η′相的斑点占据 1/3{220}、2/3{220} 的位置。图 1-7b 为 η′相的高分辨照片。η′相尺寸范围分布较宽，其长轴可以由几纳米至十几纳米。η′相的具体尺寸视时效程度而定。

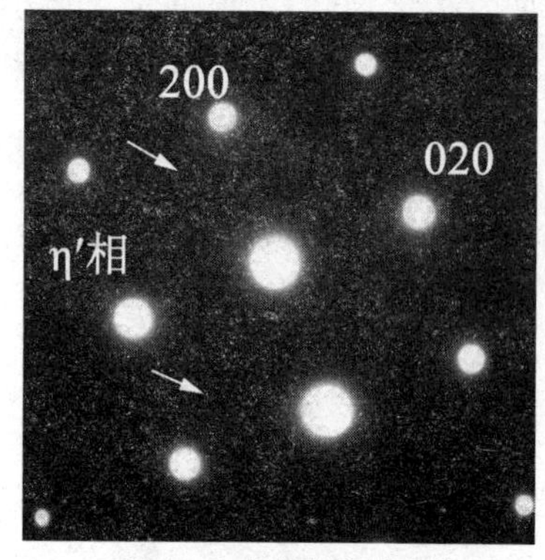

(a) <100> 晶带轴入射斑点

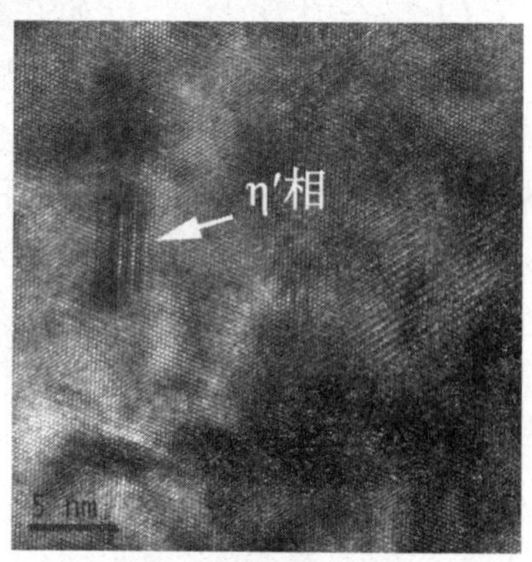

(b) η′相的高分辨形貌

图 1-7　η′相的衍射斑点及其高分辨形貌

平衡相 η 通常由 η′相转变而来，在高温时效或者长时间人工时效条件下（过时效）析出，其晶格常数为：a = 0.523 nm，c = 0.857 nm。在 <001> 晶带轴下，η 相的斑点占据 2/3{220} 位置（见图 1-8a）。高分辨观察表明 η 相与基体不共格[59,60]（见图 1-8b），因此 η 相基本没有强化效果。由于 η 相的尺寸及其长厚比大于 η′相，与粗化的 η′相相似，因而从形貌上难以区分 η′相和 η 相。

η 相可以在 η′相上直接形成[57]。η 相的析出序列存在一定争议[57,61]，其中认可度较高的几种观点如下：

① η_1 直接自过饱和固溶体中形核，并不是由 η'转化形成。

② η_2 以 η'相为前驱相。

③ η_4 在位错、亚晶界和晶界等缺陷处形核析出。

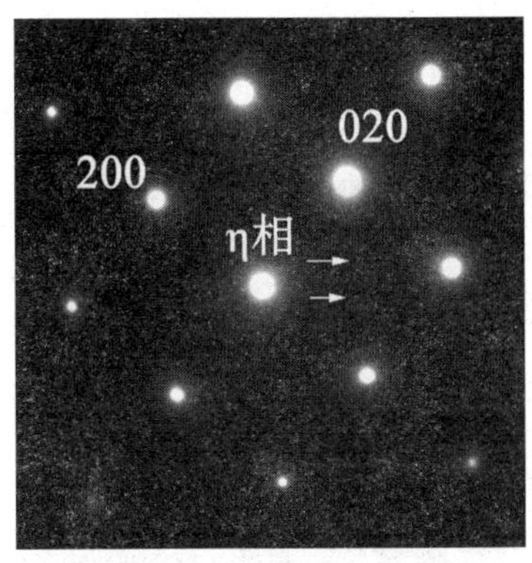

(a) <100> 晶带轴入射斑点 (b) η相的高分辨形貌

图 1-8 η 相的衍射斑点及其高分辨形貌

(2) 7055 铝合金的时效制度

时效析出组织特征决定材料的强韧性和耐蚀性。AlZnMgCu 合金的发展历程其实就是其成分对应于性能需求的演变过程。实践表明，AlZnMgCu 合金的性能不光取决于成分，同时还强烈地依赖于时效析出相，即依赖于时效强化制度。

AlZnMgCu 合金的热处理状态沿着 T6—T73—T76—T74—T77 方向进展，即沿着单级峰值时效—双级过时效—回归再时效的顺序发展。下面将具体介绍各种时效制度。

① 单级时效

单级时效为给定单一温度下的等温保温处理。当时效温度较低时(20 ~ 100 ℃)，合金主要析出相为 GP 区[59]；时效温度较高时(120 ~ 170 ℃)，析出相为 η' 相；时效温度继续升高(170 ~ 250 ℃)，析出相演变为 η 相[62]。

7055 铝合金经单级峰时效后的典型析出组织如图 1-9a 所示。在单级峰时效条件下，7055 铝合金晶内析出细小弥散的共格 GP 区和半共格 η'相，其硬度和强度达到最高值。但同时晶界析出相细小且呈连续分布,在腐蚀环境中有利于裂纹扩展,故合金的抗腐蚀性能和断裂韧性很差。经单级峰时效处理后,7055 铝合金板材的强度可达 650 MPa[63]。

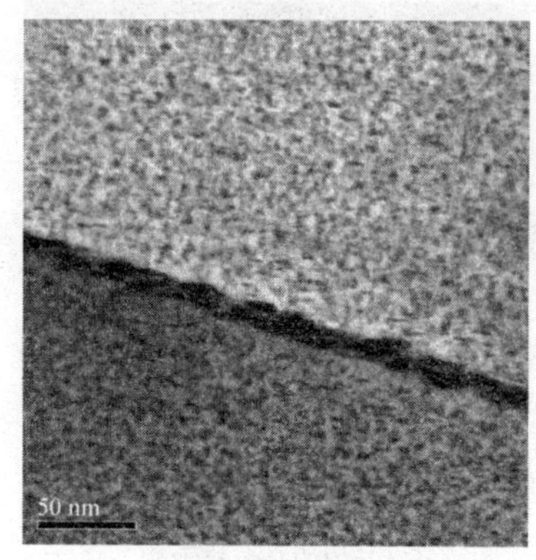

(a) 单级峰值时效状态(T6)　　(b) 双级过时效状态(T73)

图 1-9　不同时效制度下的析出相形貌(TEM)

② 双级时效

双级时效(T73、T76 和 T74)就是为了改善峰时效态 AlZnMgCu 合金的抗应力腐蚀性能而开发的一种过时效制度。过时效程度从 T76 至 T74 再至 T73 逐渐增加。双级过时效包含两阶段不同温度水平的时效处理。第一级时效温度和时间应保证合金基体组织为欠时效状态,其目的是为第二级时效提供形核核心,降低第二级高温时效中平衡相的直接析出量;第二级时效目的是促进晶界相的粗化和断续,以提高合金的韧性和耐蚀性。7055 铝合金经双级时效 T73 处理后,合金晶内析出半共格的 η′相和不共格的 η 相(见图 1-9b),时效组织较单级峰时效明显粗化,有大量短棒状的 η 平衡相出现。根据过时效程度的不同有不同的粗化程度,对应强度的下降。晶界为断续分布的粗大平衡相,且晶界上的无沉淀析出带(PFZ)变宽。与单级峰时效相比,这种微观结构能有效提高 7055 合金板材的电导率和耐腐蚀性能,但是其强度比单级峰值时效态下降 10% ~15%[64]。

双级时效还包含一种先高温后低温的处理方式，相关文献[65]将其命名为 HTA。该制度的第一级高温时效，使固溶预拉伸态基体中析出的少量 GP 区回溶，在第二级低温时效后，晶内为较为细小的 GP 区和 η′相，晶界上分布着细小的半连续状 η 相。文献[65]指出，经 HTA 处理的 7050 铝合金，其强度和峰时效差不多，但是断裂韧性和抗应力腐蚀性能得到提高。

③ 回归再时效

鉴于双级过时效以大幅度牺牲 AlZnMgCu 合金的强度为代价来提高其耐腐蚀性能和韧性，1974 年，Cina 提出了一种三级时效处理工艺来平衡强度的损失和耐蚀性能的提高，即回归再时效制度（RRA）。1989 年，Alcoa 公司在 RRA 制度的基础上以 T77 为名申请了专利[66]。该工艺使 7150 - T77 态合金和 7055 - T77 态合金在保持 T6 状态高强度的同时又达到了 T76 状态的抗应力腐蚀性能。1995 年，7055 - T77 铝合金厚板首次应用于波音 777 飞机，实现了在基本不降低合金强度的前提下，同时具有优良的断裂韧性、抗疲劳性能和抗腐蚀性能的目标。经回归再时效处理后，合金晶界相的断续程度类似双级过时效，同时晶内相弥散细化程度接近峰时效，如图 1-10 所示。

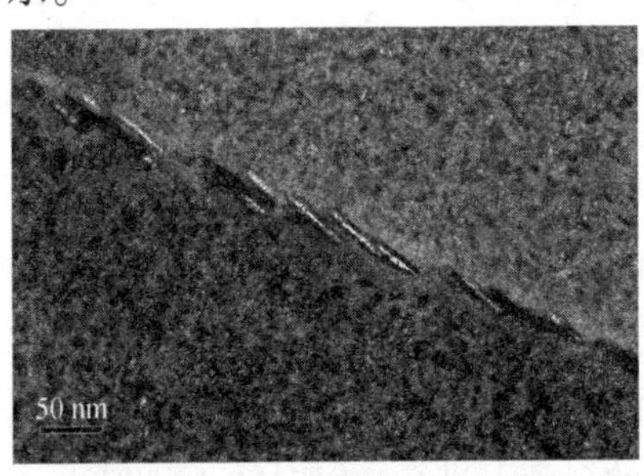

图 1-10　7055 铝合金回归再时效（RRA）态的析出相形貌（TEM）

回归再时效工艺的理论基础为时效可强化合金在高温（低于固溶温度）下初始析出相的回溶行为，即“回归”现象。经回归处理的合金在室温或者较高的温度下停放时，其硬度或者其他性能随时间的演变规律都和淬火状态相似，只是沉淀析出速率减慢。这是因为回归温度低于固溶淬火温度,基体过饱和空位浓度低。回归现象的应用因注意以下几点:a. 回归温度必须高于原先的时效温度,回归温度越高,两者差别越大,则回归速率越快;b. 回归行为持续时间很短,且随回归温度的升高而迅速缩短,延长回归时间会导致析出相粗化;c. 回归不能使合金完全恢复至淬火态,少量性能的损失不可避免,因此回归次数不能过多[67]。

现行的回归再时效工艺包含预时效处理、回归处理和再时效处理 3 个阶段[68-70],如图 1-11 所示。

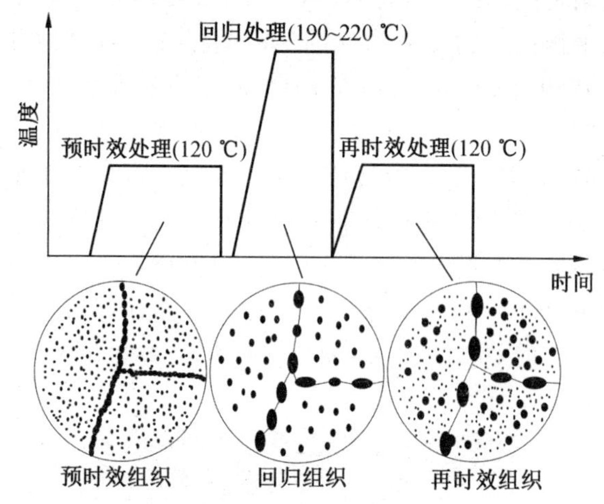

图 1-11　回归再时效工艺及组织演变示意图

预时效处理:对固溶处理后的 AlZnMgCu 合金进行单级时效处理,一般为峰时效或者稍微欠时效。

回归处理:对经预时效处理的 AlZnMgCu 合金在高于预时效温度但低于固溶限的温度下进行短时时效,回归温度范围一般为 160 ~ 220 ℃,温度越高则所需回归时间越短,反之则所需回归时间越长,且以高温短时回归效果为佳。

再时效处理:再时效制度一般为峰值时效,其目的主要为促使合金晶内析出相的再次析出而达到强化效果。

图 1-12 所示为 7055 铝合金回归过程中的组织演变,其中图

1-12a,b,c 分别对应其硬度特征的 3 个阶段:a. 7055 铝合金预时效态的初始组织中包含细小的 GP 区和 η′非平衡相,在回归开始至 R 硬度曲线的谷值点部分,小于临界回溶尺寸 GP 区溶解和 η′非平衡相回溶,因此其析出相密度下降(见图 1-12a),同时部分超出临界尺寸的预析出相进一步长大,导致硬度下降;b. 随着回归的继续,回溶反应基本完成,同时原有预析出相进一步长大(见图 1-12b),而部分新的 η′非平衡相开始析出,使得硬度有上升趋势;c. 继续延长回归时间,所有的析出相开始长大和粗化(见图 1-12c),相密度减小,平均相尺寸增大,导致硬度下降。再时效过程中(见图 1-12d),回溶的溶质原子为再时效提供二次析出动力,使得再时效态硬度高于回归态[71-73]。

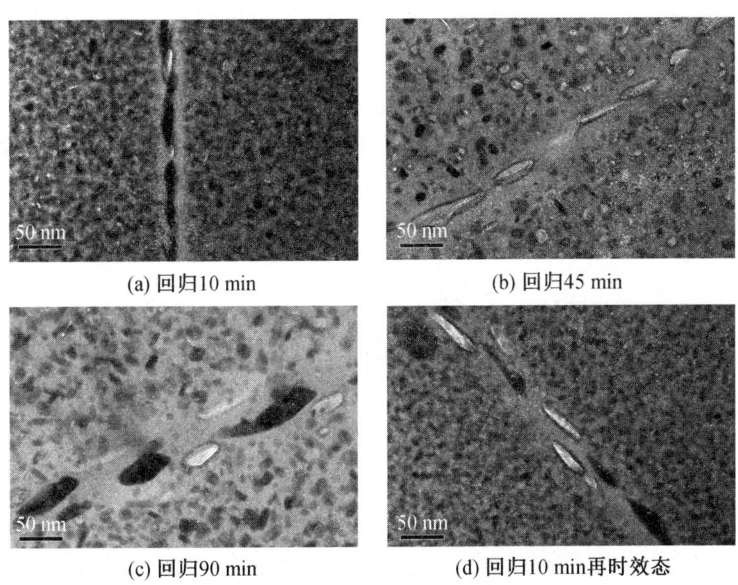

(a) 回归10 min　(b) 回归45 min　(c) 回归90 min　(d) 回归10 min再时效态

图 1-12　7055 铝合金的 200 ℃回归不同时间及再时效组织

晶界相在回归及再时效过程中一直表现出长大和粗化行为。经 RRA 处理后的 Al - Zn - Mg - Cu 合金(如 7055 - T7751 铝合金),其晶内分布着大量细小的 GP 区、η′相和少量 η 平衡相(见图 1-12d),类似峰时效态晶内析出特征;晶界处粗大 η 相呈断续分布,类似双级过时效态晶界析出特征。因此,经 RRA 处理后的析出组织特征既保持了 7055 铝合金的强度,又提高了抗腐蚀性能。

由于 T77 技术的保密,虽然国内外对该制度进行了大量的探索和研究,但是大多数集中于回归温度的降低和回归时间的延长方面,对三级时效之间的相互关系,以及各级时效之间的升降温速率控制等细节方面缺乏重视,以至于 T77 制度的技术原型至今未能建立。7055 铝合金成分与 7150、7050 类似(7055 铝合金合金化程度更高),因此部分 7150 或 7050 铝合金回归行为的研究结果可作为借鉴。近些年,少部分有关 7150/7050 铝合金 RRA 制度的研究开始关注预时效程度[74],回归次数[75]及回归加热速率[76,77]对回归行为和再时效性能的影响。研究结果表明:预时效为欠时效的回归再时效处理比预时效为峰时效的回归再时效处理更有利于 7150 铝合金性能的提高。多次回归再时效有提高 7150 合金抗应力腐蚀性能的作用。回归加热速率对 7050 铝合金的强韧性和耐蚀性有较大影响,当回归温度为 190 ℃时,最佳的回归加热速率 57 ℃/min。这些研究结果为进一步开展 7055 铝合金的回归再时效研究奠定了的基础。

④ 高温预析出

由于 7055 铝合金存在较为严重的应力腐蚀敏感性,有研究提出固溶后在近固溶温度处预析出的热处理方法[78,79],从而提高了 7055 铝合金的抗应力腐蚀能力,并称为“高温预析出”[80-82]。高温预析出是指将合金先进行高温固溶,然后稍低于固溶温度保温一段时间。高温预析出形成断续分布的晶界特征,有利于合金的抗应力腐蚀性能的改善。需要指出的是,高温预析出和后续时效制度相配合才能使合金得到强度和耐蚀性的良好匹配。张小艳等的研究[81]表明:经 440 ℃,0.5 h 预处理后再经 100 ℃,12 h + 120 ℃,24 h 双级时效,7055 铝合金的基体强化相更加均匀弥散,强度和延伸率明显增大,合金的抗拉强度高至 610 MPa。晶界不连续性增强使合金的耐腐蚀性能提高,剥落腐蚀等级可达 EA 级。

⑤ 非等温时效

随着铝合金板材的厚度和规格日趋增加,以上所述的等温热处理技术原型在向工程实用热处理规范转换时出现了困难。这是因为大尺寸厚板在热处理时,不可避免地存在升温(或降温)阶段,合金组织在升降温阶段的变化同样影响产品的最终性能,而传统的等温热处理不能反映大尺寸板材热处理中存在的这一客观现象。针对这一情况,有关铝合金连续时效的研究开始逐步展开,连续时效客观地考虑了铝合金的板厚及尺寸,其研究结果与工业化大生产的联系更加紧密。

图1-13为30 mm厚的7055铝合金板材加热过程中不同层的温度实测曲线。由图可知:加热过程中厚板的温度并不与炉温同步,且表层温度高于心层温度,即加热过程中存在非等温现象。由于在铝合金厚板的时效过程中存在非等温现象,合金的扩散系数、形核驱动力和形核势垒等都将受到升温速率的影响[84,85],因此一些需要精确控温的时效制度,如RRA等,在大尺寸AlZnMgCu系合金厚板的实际应用上受到限制。基于这一现实,有人提出非等温时效工艺(Non Isothermal Aging,NIA)[86,87]。

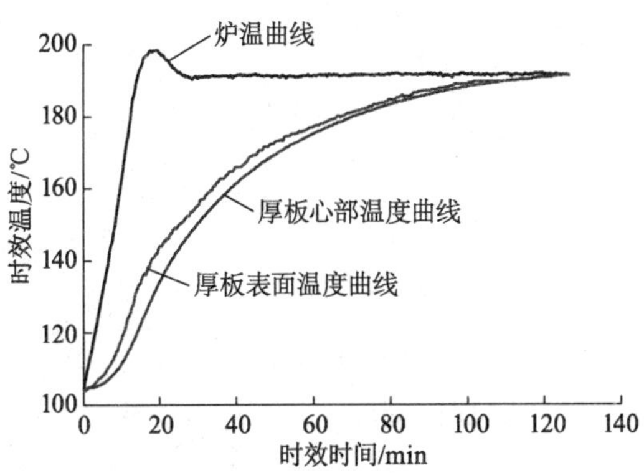

图1-13 30 mm厚的7055铝合金板材加热过程中不同层温度测定[83]

Basil等[88]认为可以将非等温时效路径下温度与时间对合金时效行为的影响综合考虑。图1-14所示为积分综合效应的基本思路。假设有3个不同的等温时效温度120 ℃,130 ℃和150 ℃,那么合金在这3个温度下达到同样时效强化效果(以某一种性能为表征手段,如屈服强度)的时效时间是不同的(文献中给出的时间分别为25 h,8 h和5 h)。将这一思路扩展到非等温条件下,建立包含非等温时间、温度(与时间有关)和时效效果 E 之间的关系,那么合金在整个非等温路径下的时效效果就可以通过对温度-时间函数的积分给出。时效效果 E 仍然是以某一种性能为基础。James[89]是第一个将非等温环境作为时效制度研究的学者,他认为非等温时效可以看作无穷多级等温时效的极限情况。所谓非等温时效,即合金经过固溶处理后,在升温和降温过程中对合金进行时效处理,由于整个时效过程中基本上没有传统意义上的等温时效过程,因此称为非等温时效工艺。与此相类似的是连续热处理,该思想主要来自 Grong 等[84]的研究结果,该理论将合金的内态变量与时效温度、时间(包括升降温和等温保温)相互结合,并建立了不同时效制度的非等温强化模型,从而奠定了连续热处理的研究基础。几种典型的连续或非等温时效工艺如图1-15所示。

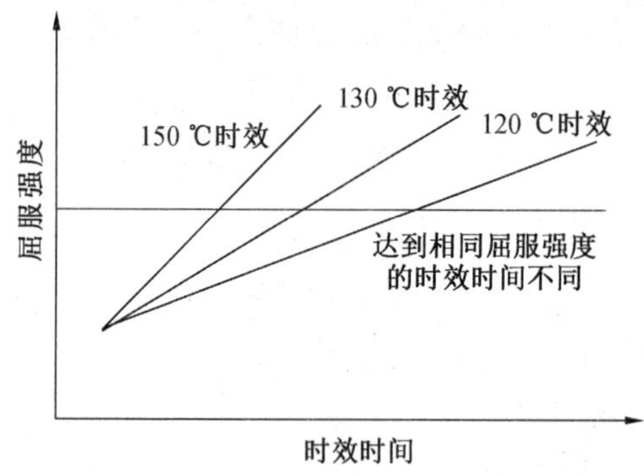

图1-14　积分综合效应的示意图

国内有关 AlZnMgCu 高强合金板材的非等温或连续热处理的研究较少。鉴于7085铝合金的超大尺寸和厚度,国产7A85(类似7085合金成分)合金的连续降温热处理工艺[85]表明:引入降温时效(预先升温至某一温度,可以不保温)可促进溶质原子析出,使沉淀更加充分。7A85 铝合金从 190 ℃直接降温的非等温时效工艺仅利用传统时效工艺一半的时间即获得了与之相当的性能指标，这对大型结构件的工业生产具有实际价值。张雪等研究了 7050 铝合金的降温时效[86]：在降温时效工艺中，从 190 ℃开始降温的时效工艺只用 1.5 h 就可以获得优于 T74 状态的综合性能，提高了时效效率。

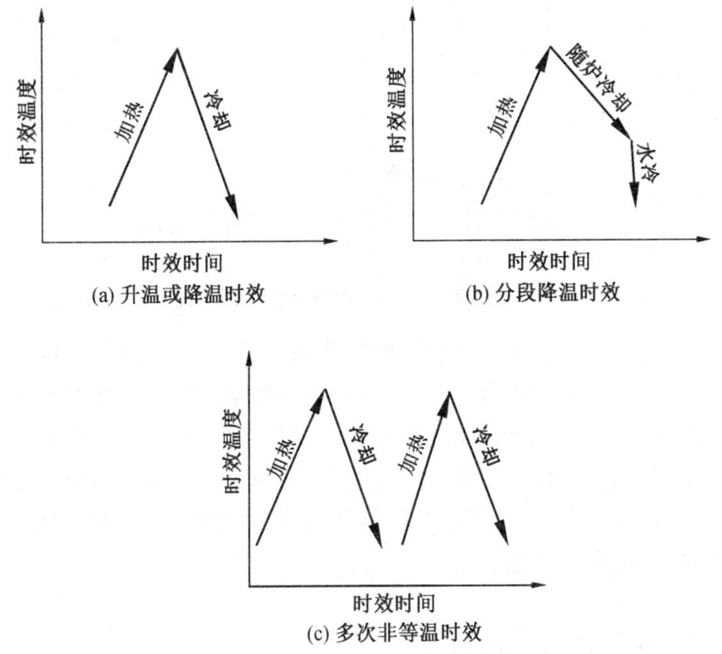

图 1-15　典型的非等温或连续热处理示意图

图 1-16 所示为 7055 铝合金升温至 215 ℃后随炉缓慢冷却至不同温度试样的 DSC 曲线对比。在降温过程中，随着温度从 215 ℃降至室温（25 ℃），基体内第二相的回溶温度向低温方向偏移，这说明在降温过程中有尺寸细小的第二相再次析出。肖文强的研究表明[87]：降温时效合金的抗应力腐蚀性能得到了明显的改善，先升温后降温时效后期，晶界上小尺寸亚稳相 η′与粗大沉淀相共存，呈半连续状，合金抗腐蚀性能最佳。降温时效工艺将厚板的降温时

间作为有效时效时间对待,利用连续加热和冷却,达到了等温时效不能完成的时效目的,同时缩短了时效时间。随着 7055 铝合金板材尺寸不断地增加,降温时效的研究有很大的应用前景。

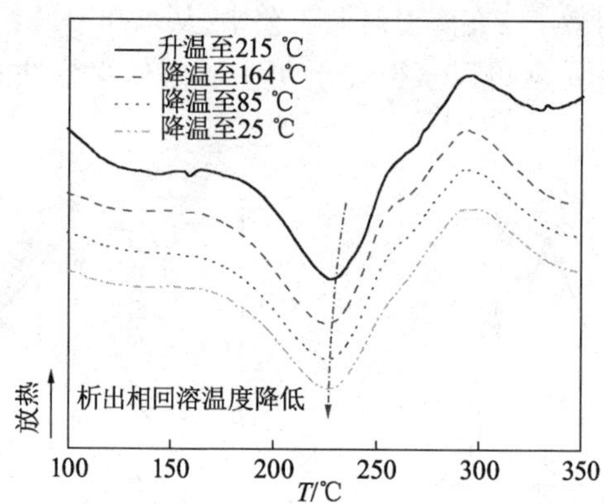

图 1-16　7055 铝合金自 215 ℃降温时效至不同温度的 DSC 曲线对比

在回归再时效工艺方面,考虑到 RRA 工艺在调控合金晶内析出相和晶界相方面的合理性,且鉴于铝合金厚板处理过程中非等温客观现象的存在,现有研究结论认为:预时效后直接加热的连续回归及再时效处理同样可以保证合金组织演变的完成。7055 铝合金经过适当的升温回归再时效处理后能获得高的强度(大于 610 MPa),同时具有良好的耐蚀性。

1.3　7055 铝合金的强化

从理论上讲,提高金属强度的途径有两条:第一条是完全消除内部缺陷。然而,无缺陷产生的高强度是极其不稳定的,对操作效应和表面情况非常敏感。另一条是在金属中引入大量的缺陷,以阻碍位错的运动。第二相强化、固溶强化和形变强化都是该途径最为明显的体现[63]。对于高合金化铝合金,7055 合金就是通过第二条途径来实现其超高强度的。其中,析出强化(沉淀强化)为其最为重要的强化措施。

1.3.1 时效强化

时效强化通过时效析出相的大小、软硬程度而分为位错切过机制和位错绕过机制(Orowan 机制)[48]。

位错切过易变形粒子时,其短程交互作用可表述为:① 位错切过粒子形成新的表面,增加了界面能;② 位错扫过有序结构,形成原子错排面(反向畴界),产生反向畴界能;③ 粒子与滑移面不重合产生割阶,以及粒子的派-纳力高于基体,增加临界切应力。在以上3种机制下,增大粒子尺寸或体积分数,都有利于提高强化效果。除此之外,长程交互作用是由于粒子与基体的点阵或点阵常数不同,导致共格界面失配产生的应力场所致。在现实中,短程与长程交互作用相互影响。综合分析位错切过粒子的情况可知:当粒子体积分数一定时,粒子尺寸越大,强化效果越好;当粒子尺寸一定时,体积分数越大,强化效果越好。

位错绕过不易形变的粒子时,不易形变的粒子对位错的斥力大,运动位错在粒子前受阻从而发生弯曲。随着外加切应力的增加,迫使位错继续弯曲直到在粒子背面相遇,由于相遇处位错线的方向是相反的,正负位错相互抵消而在粒子周围留下位错环,实现位错增殖。其余位错绕过粒子继续前进。在绕过机制作用下,时效析出相粒子半径或粒子间距越小,对位错的阻碍作用越大,强化效果越好;当粒子尺寸一定时,体积分数越大,强化效果越好[48]。

事实上,切过和绕过两种机制一般是同时存在的,只是不同时效程度下,两者的主导作用有所差异。此时可以通过控制析出相的种类和最佳强化半径值,从而达到最好的强化效果。但是,何种基体沉淀相对强度贡献最大,人们所持观点存在争议。Adler 等[90]认为,GP 区是主要强化相,如果时效至以 η′相为主要强化相时,则基体的强度明显下降。然而,有研究报道[91]用半共格公式计算得到的峰时效态强度更接近实测值。因此,7075 铝合金中的主强化相应该为 η′相。还有 Lyman 等[92]研究认为,GP 区与 η′相各占50%(体积分数)时,合金的强度最高。

对于7055 铝合金,峰时效下虽然含有一定量的 GP 区,但还是

以 η′相为主要强化相。陈军洲通过 TEM 和高分辨系统地研究了 7055 铝合金在 120 ℃条件下的时效析出相，研究结果[49]表明：GP 区和 η′相经历了竞争生长及此消彼长的过程。GP 区在时效过程中大部分转变为 η′相，同时还有小部分 GP 区稳定存在。除时效初期（1 h）外，基体都以 η′相为主要析出相，只伴有少量 GPI 区。随着时效的进行，η′相体积分数不断增大，GP 区体积分数减小，至峰时效时晶内相绝大部分都是 η′相。由此可以看出，7055 铝合金的强度主要来自半共格沉淀相——η′相。

前面已经介绍了 7055 铝合金的析出序列。由前述可知，GP 区为共格相，其尺寸小、易变形，对位错的阻碍作用小。在时效初期或者欠时效（欠时效程度较深）状态下，位错切过机制占主导。只有当 GP 区体积分数很大时，才有可观的强化作用。随着时效程度的增加，半共格的 η′相开始析出，此时基体包含 GP 区和 η′相，此阶段 7055 铝合金的屈服强度仍然决定于共格应力、沉淀相内部结构和相界面效应，但此时相体积分数增加，粒子间距减小，且 η′相尺寸增加，因此强化作用随着时效程度的增加，即 η′相体积分数的增加而显著提高。在峰值时效状态下，η′相的体积分数最大，尺寸达到最佳强化半径值。当继续时效至过时效状态，与基体失去共格关系的粗大平衡相出现，且 η′相开始粗化，位错不能切过这些阻碍，绕过机制占主导作用。此时相体积分数减小，强化作用下降。由以上分析可知，要保证 7055 铝合金的强度，需保证晶内时效析出相以细小弥散分布的 η′相为主，并尽量控制平衡相的析出。

由于 7055 铝合金的时效强化主要来自晶内相，因而有关晶界沉淀相（GBP）对合金强度影响的研究很少。即使相同合金在相同的热处理制度下，晶界相的大小、形貌和分布特征也会因晶界不同而出现较大的差异。晶界相对强度的影响与晶内相密切相关，因而不能单独阐述。需要指出的是，由于溶质原子浓度是一定的，晶界相的粗化或者大量析出不可避免地会消耗 Zn、Mg 元素，导致强化相的析出量降低，从而降低合金的强度。过时效态合金强度的降低可能与晶界相的粗化导致靠近晶界的基体相难以析出有一定的关系。

晶界无沉淀析出带(PFZ)是合金时效后出现的另一个组织特征。PFZ 的变化受 GBP 的影响,二者同样不能分开讨论。但是有关 PFZ 对合金强度的影响,学术界上存在截然相反的结论。部分观点认为:因为 PFZ 屈服强度低,所以在外力作用下塑性变形容易集中在无沉淀析出带内,最终导致合金沿晶断裂,降低强度[93]。相反的观点[94]则用"应力弛豫模型"解释 PFZ 增宽对合金性能的影响,由于 PFZ 强度比基体低,应力可以在较软的 PFZ 中弛豫。PFZ 越宽,应力松弛程度越大,裂纹越难产生和发展,这有利于合金力学性能尤其是塑性的提高。还有观点[95]认为 PFZ 宽度变化对合金性能的影响不大。从 PFZ 和晶界相对合金强度影响的研究结论来看,是晶界结构的复杂化导致研究结论的多样化。事实上,PFZ 的宽化始终伴随着晶界相的粗化。因此,其与晶界相对合金强度的影响应该是一致的。

综上所述,有关晶界相与 PFZ 对 7055 铝合金强度的研究缺乏定量的分析。7055 铝合金的基体沉淀相是决定其强度的最重要因素。若其晶内以弥散均布的 η′相为主,辅以少量均布的 GP 区,则可以使 7055 铝合金的强度最大化。

1.3.2　再结晶对强度的影响

大规格 7055 铝合金板材要经过大变形量轧制成形,这导致高水平形变储能的产生。形变储能是固溶再结晶的驱动力。相同固溶温度下,变形量越大,则储能越高,再结晶越严重。图 1-17 所示为不同压缩变形量的 7055 铝合金经相同的热压缩温度、速度和固溶处理后的晶粒组织。当变形量从 50% 增加至 70%,再结晶分数明显增加,但是再结晶晶粒尺寸相对较小。相同储能水平下,固溶温度越高,时间越长,再结晶越严重。由 Hall - Petch 公式可知:晶粒尺寸的增加导致细晶强化作用减小,合金强度随再结晶分数的增加而下降。当再结晶程度超过 50% 时,将大大降低合金的强度乃至耐蚀性能[96]。

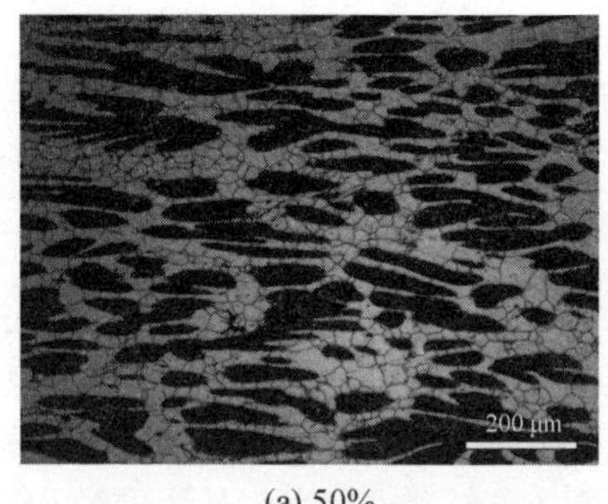

(a) 50%

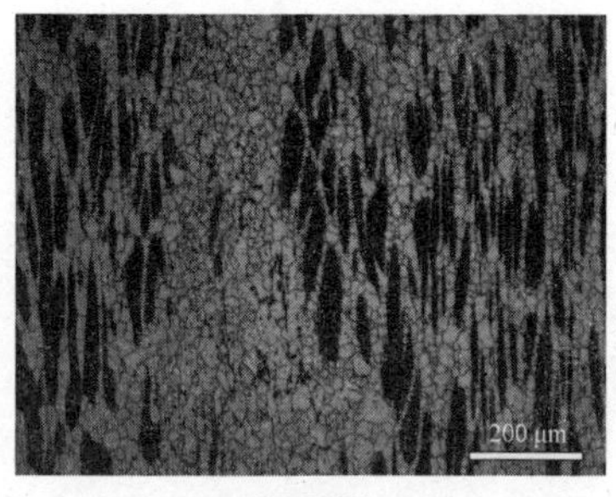

(b) 70%

图 1-17　不同压缩变形量的 7055 铝合金经相同变形温度、速度（300 ℃，10 s^{-1}）和固溶处理（470 ℃，60 s）后的显微组织

7055 铝合金的形变储能另一方面受变形参数的影响，即低 Z 值条件（高变形温度或低应变速率）下，动态回复程度增加或有部分动态再结晶行为存在，储能消耗大，反之，储能消耗小。

图 1-18 所示为不同 Z 参数下，7055 铝合金在相同固溶制度下的再结晶程度对比。由图可知，在高 Z 值条件下（见图 1-18a，b），再结晶体积分数接近 50%，而随着应变速率的减小和应变温度的升高，固溶再结晶体积分数与亚晶粒体积分数的比例发生了较大的变化（见图 1-18c，d）。一般来说，低 Z 值下材料的动态软化程度大，形变储能消耗得多，这有利于合金时效后力学和耐蚀性能的提升。也有研究指出，如果热变形导致较大程度的动态再结晶，那么动态再结晶晶粒在固溶时会优先长大，反而增加固溶后的再结晶程度[97]。因此，7055 铝合金的热变形参数应控制在最大动态回复对应的变形速率和温度条件下，以避免更大程度的动态再结晶。

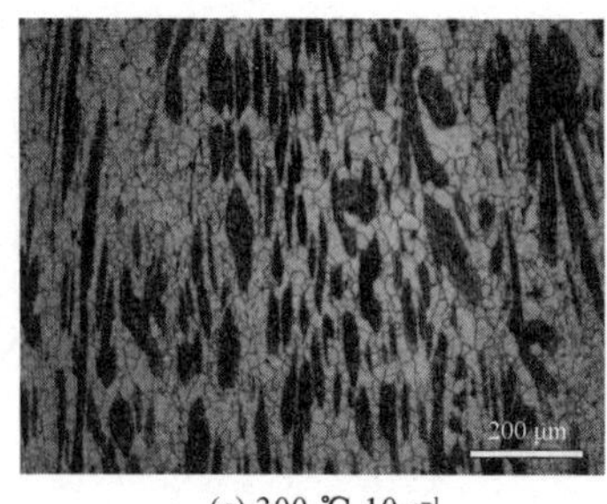

(a) 300 ℃，10 s^{-1}

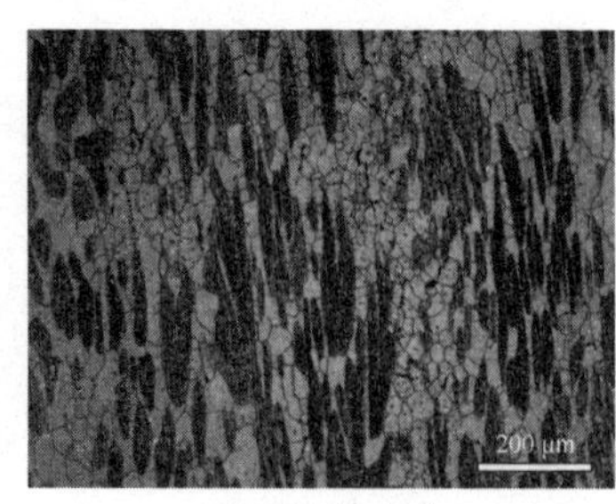

(b) 350 ℃，1 s^{-1}

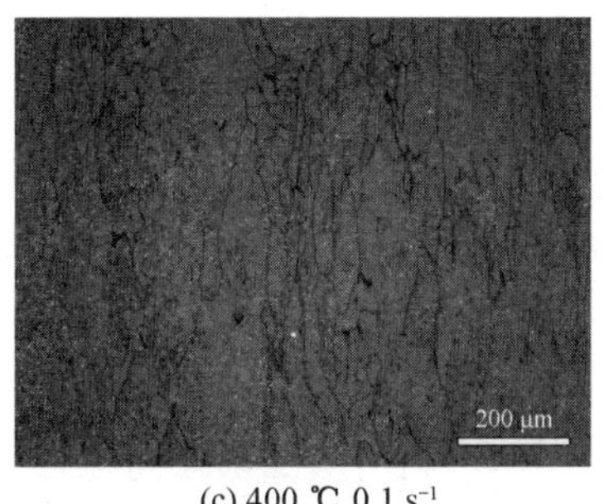

(c) 400 ℃,0.1 s^{-1}

(d) 450 ℃,0.01 s^{-1}

图 1-18　不同热压缩条件下,70%变形量的 7055 铝合金固溶后的金相组织

可以通过热加工图确定适合 7055 铝合金热变形的应变速率和温度参数,图 1-19 为 7A55(成分范围与 7055 相同)的热加工图[98]。黑色区域代表可能的再结晶热变形参数范围,对应的应变速率和温度范围分别为 0.01 ~0.05 s^{-1}和 440 ~450 °C。热变形需避免在此范围内进行,以免发生较大程度的动态再结晶,同时要保证最大程度的消耗储能,因此合适的变形参数范围应位于图 1-19 中灰色区域,此时动态回复程度最大。

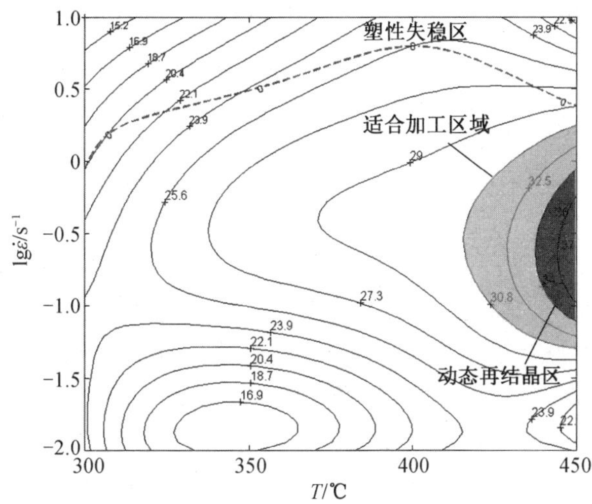

图 1-19　真应变为 0.7 时,7055 铝合金的热加工图[98]

1.3.3 时效强化动力学研究

作为时效强化合金,析出相的种类、平均尺寸及体积分数等微观组织特征直接影响 AlZnMgCu 合金的力学性能与耐蚀性能。热处理制度则是合金调控时效析出特征的唯一手段。AlZnMgCu 合金某种热处理制度的确立往往是建立在大量物理实验基础上的。对于铝合金厚板时效制度的优化而言,大量的物理实验将造成材料和能源的极大浪费,且效果不佳。此时,利用基于某种物理意义的析出动力学模型来预测 AlZnMgCu 合金的时效强化效果就显得十分重要。除此之外,高质量的物理模型还应该建立时效参数与 AlZnMgCu 合金时效强化效果之间的联系。AlZnMgCu 合金析出动力学的研究可以为时效制度的建立提供直接参考。7055 铝合金作为 AlZnMgCu 合金的一种,其析出相同样遵守经典的析出强化机理,其动力学行为与其他 AlZnMgCu 合金相类似。

早在 1961 年,Lifshitz 和 Slyozov[99] 就开展了基于扩散理论的合金析出动力学研究,并提出了经典的"LSW"理论。Ashby[100] 指出,合金动力学模型的建立应该包括以下几个方面:① 关键问题的提炼。如 AlZnMgCu 合金析出动力学模型要解决的问题就是析出相特征 - 合金性能(如屈服强度或电导率) - 时效参数(如时间和温度)之间的关系。② 模型所需要的初始条件或者边界条件。如"LSW"模型即需要给定初始粒子半径才能计算时效过程中某一时刻的瞬时粒子半径。对于以溶质扩散理论为基础的动力学模型来说,初始原子浓度和某一温度下的平衡原子浓度等是常见的边界条件。③ 模型建立所依赖的基础理论。对于析出动力学而言,经典的原子扩散理论是绝大多数模型建立的依据。除上述几点外,模型的实现形式(微分方程或是积分式)、无量纲常数项的个数、计算的方便性及结果的直观性也是析出动力学模型所应考虑的问题。

Shewmon[101] 认为合金基体的平均溶质原子浓度随着时效时间的延长呈指数形式的下降,而析出相体积分数与平均溶质原子浓度的关系可表示为

$$\frac{f(t)}{f_0}=\frac{c_i-c(t)}{c_i-c_0}=1-\exp\left(-\frac{t}{\tau_1}\right) \tag{1-1}$$

式中,$f(t)$ 和 f_0 分别为析出相瞬时体积分数和初始体积分数;c_i 和 c_0 分别为时效温度对应的平衡原子浓度及初始溶质原子浓度;τ_1 为依赖于温度的时间常数;$c(t)$ 为基体的瞬时原子浓度,与时效温度和时间有关,$c(t)$ 可表达为

$$c(t)=c_0+(c_i-c_0)\exp\left(-\frac{t}{\tau_1}\right) \tag{1-2}$$

Shewmon 所建立的溶质原子浓度与析出相体积分数的相互关系理论成为大多数动力学模型的理论基础[102-104]。

此后,Shercliff 和 Ashby 结合 LSW 理论,提出了"动力学强度"的概念[103,104]:

$$K_s=\int\frac{dt}{T(t)}\exp\left(-\frac{Q}{k_B T}\right) \tag{1-3}$$

式中,K_s 为动力学强度;$T(t)$ 为温度-时间函数;Q 为所研究合金的长大(粗化)激活能;k_B 为波尔兹曼常数。动力学强度既包含了合金的本征参数(激活能 Q),又将该合金的本征参数与时效制度($T(t)$)联系起来,使得不同时效制度(包括单级和多级、等温或非等温制度)下合金力学性能的对比成为可能。在此基础上,Guyot[105]、杜志伟等[106]对不同成分的 AlZnMgCu 合金的时效析出动力学进行了研究,给出了 AlZnMgCu 合金屈服强度和电导率的动力学预测模型。

随着小角度 X 射线散射以及原子探针等微观组织研究手段的出现[107-109],人们对 AlZnMgCu 合金的析出特征又有了更深入的了解。为了追求更为精确的析出动力学描述,针对 AlZnMgCu 合金的等温时效目前建立了两阶段强化模型[110],即:① 形核阶段;② 长大和粗化阶段。文献[111]针对过时效析出相特征,以位错绕过机制为强化机理建立了 AlZnMgCu 合金的屈服强度预测模型,并用多达 21 种 AlZnMgCu 合金验证了该模型的精确度。文献[112]则以 AlZnMgCu 合金的电导率为预测目标,考虑了溶质原子,第二相及时效析出相对合金导电率的影响。针对 7050 和 7055 铝合金,在综合考虑晶界强化、位错强化、析出强化及模量强化对高强铝合金影

响的基础上,通过引入泰勒因子对合金强度的影响,建立了更有针对性的强度模型[113]:

$$\sigma_{tot} = \sigma_{gb} + M\sqrt{\Delta\tau_{SS}^2 + \Delta\tau_D^2 + \Delta\tau_{rods}^2 + \Delta\tau_{sf}^2 + \Delta\tau_{mod}^2} \qquad (1\text{-}4)$$

需要指出的是,大多数动力学模型都是建立在等温时效状态的前提下。由本章可知,大尺寸截面合金制品的热处理都是非等温过程,如7055铝合金厚板的回归再时效。如何将等温条件下的经典理论应用至非等温条件,并建立非等温热处理与合金析出行为之间的关系是AlZnMgCu合金析出动力学的另一个重要研究方向。“可加性”原理[84]和“等动力”概念[114,115]的提出使得非等温动力学的研究快速发展起来。Grong[116-118]等在铝合金的非等温动力学方面开展了卓有成效的工作。部分研究成果对7055铝合金厚板的回归处理有直接的指导意义。

1.4 7055铝合金的韧化

历史上,各种工程结构,如桥梁、船舰、飞行器和压力容器等,都出现过重大的脆性断裂事故。这些在宏观应力低于材料屈服强度下发生的脆断事故促使研究者们认识到传统的强度设计思想下,单一追求金属材料强度而无视韧性的做法是片面的。为满足高技术发展对金属材料的要求,不仅要提高其强度,也要提高其韧性。合金材料的韧性一般用断裂韧性表示,断裂韧性是指材料在外加载荷作用下从变形到断裂全过程吸收能量的能力,吸能越大,断裂韧性越高。与其他AlZnMgCu合金相似,7055铝合金的断裂韧性同样受外因和内因的影响[119]。外因包含合金制品的结构、服役的温度和承受的应变速率等。内因包括合金的成分、晶粒组织及沉淀相的大小和分布[120]。对于7055铝合金,其合金成分是一定的,而影响其断裂韧性的主导因素是内因中的晶粒组织及沉淀相。

1.4.1 晶粒组织的影响

晶粒组织对断裂韧性的影响包括两部分:① 晶粒尺寸;② 合

金的再结晶程度[121,122]。晶粒尺寸对断裂韧性的影响表现为晶界控制裂纹扩展。晶界是原子排列紊乱区,裂纹穿过晶界时扩展困难,因此晶界可以阻碍裂纹的继续发展。除此之外,即使裂纹克服阻碍穿过晶界继续前进时,裂纹的扩展方向也将由于晶粒的取向不同而发生改变,增加扩展所需的能量。因此晶粒尺寸越小,晶界越多,裂纹扩展的阻力越大,合金的断裂韧性就越高。细晶处理是目前可行性最好的合金强韧化手段。

考虑断裂韧性、微观组织以及再结晶三者关系的断裂模型[123]表明:再结晶程度越高,断裂韧性降低。这是因为再结晶晶粒的晶界为大角晶界,淬火及时效过程中大角晶界优先析出粗大平衡相,位错滑移至粗大相处产生塞集,导致应力集中进而使合金发生沿晶断裂,降低合金的断裂韧性。再结晶程度越高,大角度晶界增加,沿晶断裂增加,因此断裂韧性越低。一般认为,纤维状未再结晶组织断裂韧性最好,长宽比小的再结晶组织次之,粗大的等轴晶断裂韧性最差,如图 1-20 所示[124]。

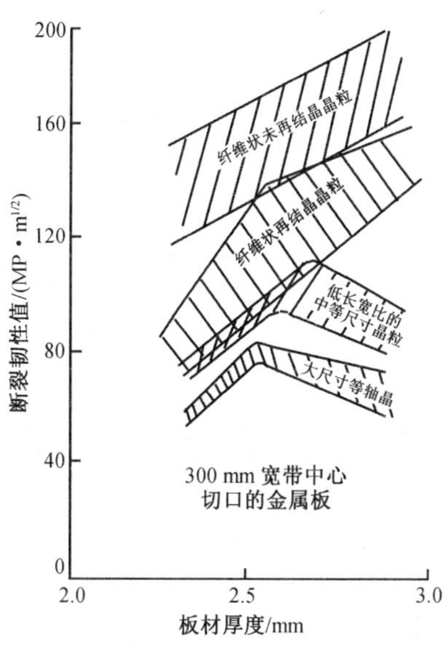

图 1-20　各种晶粒结构的铝合金断裂韧性值与板材厚度的关系[124]

1.4.2 沉淀相和 PFZ 的影响

对断裂韧性有重要影响的沉淀相包括 Al_3Zr、晶内的 GP 区、η′和 η 相及晶界 η 相。根据均匀化、淬火及时效处理的不同，晶内、晶界沉淀相的种类、大小及分布也不同[125,126]。

位错在大尺寸 Al_3Zr 粒子处发生塞集，造成应力集中，易萌生裂纹，从而降低 7055 铝合金的断裂韧性。小尺寸 Al_3Zr 粒子（粒径 <0.5 μm）对断裂韧性的直接影响较小，但它可以抑制再结晶，减小大角度晶界数量，间接提高 7055 铝合金的断裂韧性。如前所述，Al_3Zr 粒子的尺寸受均匀化制度的影响较大，先低温后高温的双级及三级均匀化可使 Al_3Zr 粒子均匀弥散析出，有效抑制了再结晶，可以提高 7055 铝合金的断裂韧性。

晶内时效析出相对合金断裂韧性的影响较为复杂。一般来说，需与时效制度相结合，综合分析晶内晶界组织特征及晶内晶界强度差。研究[127]发现：时效初期合金的韧性较高，随着时效时间的延长，韧性下降，峰值时效韧性最低；进一步延长时效时间至过时效，强度下降，韧性上升。在同一强度水平下，欠时效态合金的断裂韧性比过时效态合金的韧性好。在欠时效状态下，AlZnMgCu 合金的强化机制以位错切过为主，变形集中于狭窄的滑移带内，变形不均匀[128,129]。但是此时由于基体强度低，与晶界的强度差小，晶界处不易萌生裂纹。此外，欠时效态下晶内相细小，也不会造成较大程度的应力集中，晶内相附近也不易萌生裂纹。由欠时效态 7055 铝合金的析出组织分析可知，其在欠时效态下断裂韧性高。峰时效时，仍然是位错切过机制为主导，变形依然存在较大程度的不均匀性，产生局部应力集中，且合金晶内强度增加，导致晶内晶界强度差增大。以上双重原因导致合金断裂韧性下降。由 7055 铝合金的单级峰时效组织可知，峰时效态细小的 η′密度增加，增加了晶内晶界强度差，导致 7055 铝合金的断裂韧性下降。过时效状态下，7055 合金的基体沉淀相以大尺寸的平衡相 η 为主，非平衡相粗化，此时强化机制转变为位错绕过，基体强度再次下降，晶内晶界强度差减小，断裂韧性得以提高。

有关晶界沉淀相和无沉淀析出带(PFZ)对断裂韧性影响的研究结论存在较大的争议。研究[130]表明:如果晶界析出相尺寸大、间距小,则应变易在晶界析出相上集中,形成空穴,促进裂纹沿晶界扩展,降低断裂韧性[131]。然而,大量的研究结果表明,过时效状态下合金的断裂韧性反而较高,这可能与过时效程度有关。文献[132]认为:塑性变形易集中在屈服强度低的 PFZ 内,最终导致沿晶断裂。"应力弛豫模型"则认为应力在较软的 PFZ 中得以弛豫,裂纹难以产生和发展,PFZ 宽化有利于断裂韧性的提高。不同观点的存在说明单一的分析晶内、晶界沉淀相或者 PFZ 与断裂韧性的关系所得到的结论是片面。因为晶内组织、晶界相和 PFZ 是随着时效的进行而同时发展和相互影响的。只有综合 3 种时效析出组织特征得到的结论才是有意义的。从这个角度出发,基体和晶界强度的差异应该可以很好地解释合金的断裂韧性与时效组织之间的关系[133]。

1.5　7055 铝合金的耐蚀性能研究

金属或合金的腐蚀形态可分为全面腐蚀和局部腐蚀两大类。局部腐蚀比全面腐蚀的危害更为严重[134]。对于 7055 铝合金,应力腐蚀(SCC)、剥落腐蚀和晶间腐蚀是常见的局部腐蚀。应力腐蚀的发生需同时具备 3 个条件[135]:对应力腐蚀敏感的材料、特定的腐蚀介质和足够大的拉应力。由于位错在拉应力作用下塞集于夹杂物或粗大相周围引起应力集中,这些地方电化学活性高,容易通过阳极溶解或氢吸附的方式诱发应力腐蚀裂纹[136];裂纹形成后,或者以"闭塞电池"[137],或者以膜破裂[136],或者以 H 原子吸附[136]等机制继续扩展从而引发材料的应力腐蚀断裂,而 7055 铝合金是典型的应力腐蚀敏感性材料。阳极溶解机制同样可以解释晶间腐蚀,研究[138-143]认为铝合金晶界析出相与周围铝基体间存在电化学势差异,形成腐蚀原电池,导致析出相的阳极溶解。此外,晶界附近无沉淀析出带和晶内的击穿电位差异也可以解释晶间腐蚀的产生。剥落腐蚀同时具有应力腐蚀和晶间腐蚀的特征，一般认为由于晶界相和晶界附近溶质贫乏区之间存在强烈的电耦合作用，导致腐蚀沿晶界快速扩展。对于剥落腐蚀来说，拉长的晶粒和晶界电偶腐蚀是剥蚀得以持续进行的两个必要条件[144,145]。Robinson 发现晶粒越狭长越容易发生鼓泡开裂，抗剥落腐蚀性能越差[146]。

对上述腐蚀机理进行总结发现，晶界及晶界析出相的分布、成分（决定电化学势差）及晶粒形貌对 7055 铝合金的腐蚀性能有重要影响。对于 7055 铝合金热轧板来说，轧制工艺导致晶粒形貌的特定化，即晶粒长宽比大，晶粒狭长。因此热轧板的局部腐蚀，尤其是剥落腐蚀的倾向大。这是由生产工艺导致的结果，很难改变。现阶段对 7055 铝合金局部腐蚀性能的研究主要集中于热处理。

在固溶处理方面，普遍认为提高固溶温度和延长固溶时间有利于粗大第二相溶解，减少腐蚀过程中可溶阳极相数量，从而提高合金的剥落腐蚀性能[147,148]。采用先低温后高温的双级固溶处理可以获得较单级固溶低的再结晶分数，同时将基体中的大量残余第二相溶解，在提高合金强度的同时降低合金的抗应力和剥落腐蚀倾向[148]。还有文献报道：相同再结晶分数条件下，平均晶粒越细小，晶间耐蚀性能越好。但晶粒尺寸的改变更多的是与板材的加工工艺联系在一起的[149]。

在固溶淬火速率和淬火转移时间方面：一般认为淬火冷却速率减小会导致 7055 铝合金的腐蚀电位降低，腐蚀电流密度增加，极化电阻减小，进而使合金的剥落腐蚀性能变差[150]。淬火转移时间延长导致 7055 铝合金晶间腐蚀抗力减小。Al_3Zr 阻碍了再结晶，这也使其呈现出提高合金的抗晶间腐蚀能力的效果[151]。可以采用合适的双重淬火来调控晶界和晶内析出状态，使合金时效后晶界上的析出相呈断续分布，晶内沉淀强化相均匀、弥散、细小析出，在保证合金高强度的同时，又提高了晶间和剥落腐蚀性能。7055 铝合金经 470 ℃，60 min 水淬 +450 ℃，240 min 水淬并单级峰时效后，其抗拉强度可达 631 MPa，晶间腐蚀性能为 3 级，剥落腐蚀性能为 EA 级，具有较好的综合性能[152]。

高温预析出可以有效提高 7055 铝合金局部腐蚀性能[153-157]，图1-21所示为有无高温预析出处理的组织对比。由图可知：经预析出后（见图 1-21b），晶界析出的平衡相由连续链状分布逐渐变为不连续分布，使得连续链状的腐蚀通道转变为断续的腐蚀点，从而提高了 7055 铝合金的抗局部腐蚀性能。

时效处理方面，大多从双级时效[158]或回归再时效[159,160]方面提高 7055 铝合金的局部腐蚀能力。多级时效的作用与高温预析出相似，都是通过改善晶界析出相的断续程度，切断腐蚀通道的途径来提高合金的腐蚀性能。

从热处理组织与 7055 铝合金抗腐蚀性能的关系来看，晶界相的粗化及断续程度直接影响局部腐蚀性能，这与阳极溶解机制的相关理论是相吻合的。

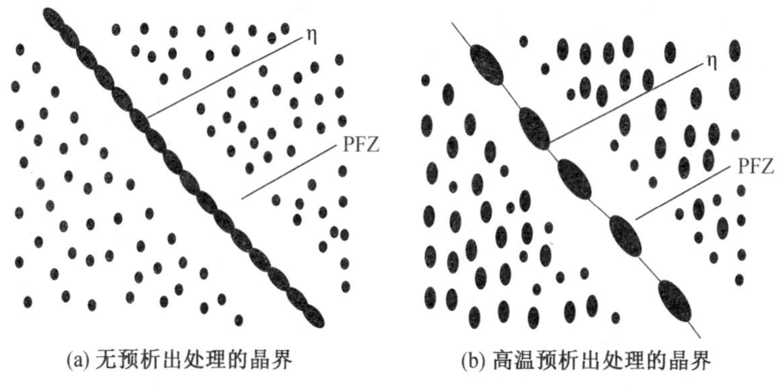

(a) 无预析出处理的晶界　　(b) 高温预析出处理的晶界

图 1-21　预析出对合金晶界相的影响示意图[157]

1.6　国内 7055 铝合金及其厚板的生产现状

铝合金厚板的具体生产流程主要有以下两种[161]：① 大尺寸扁锭的熔铸—铸锭均匀化—铸锭直接热轧（厚板成形）—厚板固溶淬火—厚板预拉伸去应力—厚板的时效强化；② 大尺寸扁锭或者圆锭的熔铸—铸锭均匀化—热锻开坯—铸锭热轧—厚板固溶淬火—预拉伸去应力—厚板的时效（时效制度为回归再时效）。其中工艺流程②增加了铸锭的热锻开坯,这是因为对于某些厚度较大的厚板的生产来说,原始铸锭尺寸超出了现有最大轧机的开口度,需要预先通过墩粗和拔长,制成可以热轧变形的锻件。对于7055铝合金30 mm厚板来说,国内通常采用工艺流程①的方法,即大尺寸扁铸锭均匀化后直接热轧变形。需要指出的是,厚板固溶后淬火一般采用辊底式淬火炉,为保证强韧性和耐蚀性的匹配,7055铝合金厚板的首选时效热处理为回归再时效制度。

1.6.1 加工设备

生产7055高强铝合金厚板必须拥有高质量的7055铝合金铸锭、大规格热轧生产线、大吨位预拉伸机、可精确控温的热处理设备(包括固溶、时效和淬火炉)及精密锯床等大型先进技术装备。表1-3和表1-4所列为国内拥有7055铝合金大规格铸锭和厚板生产能力的企业及其设备概况。由表可知,国内已经拥有生产7055铝合金大规格铝合金铸锭,以及相应铝合金厚板的设备及能力。

表1-3 国内大规格铝合金铸锭的生产能力[162-170]

企业	熔铸生产线	生产能力
西南铝业(集团)有限责任公司	① 铸锭生产主要有35 t、50 t熔铝炉、静置炉、液压铸造机、全自动液压铸造机、铝熔体在线净化装置和光电光谱仪等具有国际先进水平的生产及在线检测设备。 ② 铸锭加工主要有立式均热炉、卧式均热炉和箱式均热炉;圆锯床、车床、镗床、龙门锯床、龙门铣床及具有国际先进水平的扁锭带锯床等加工机列	① 7×××系的各种变形铝合金铸锭。 ② 圆锭:ϕ73 ~ 840 × 6 500 mm。 ③ 管锭:ϕ222/ϕ85 ~ ϕ775/ϕ520 × 6 500 mm。 ④ 扁铸锭:(260 ~ 620) × (660 ~ 2 050) × 7 500 mm
东北轻合金有限责任公司	25 t炉熔铸生产线,配合双级ALPUR在线除气净化装置,圆形燃油熔炼炉,液压倾动式电阻保温炉,SNIF净化装置,陶瓷过滤净化装置,炉前快速测氮装置,隔热膜、热顶、同水平、横向、多模铸造装置等	生产50多种规格的铝、镁合金铸锭(2011年底,成功试铸出规格为420 mm × 1 620 mm的7B04合金大规格扁锭)

表 1-4　国内硬铝合金厚板热轧生产能力[162-170]

企业	生产能力	备注
西南铝业(集团)有限责任公司	80 kt/a	① 2 800 mm 热轧机 1 台,单机架,有辊底式固溶处理炉、拉伸机。 ② 4 300 mm 厚板专用轧机 1 台,有辊底式固溶处理炉与 120 MN 拉伸机
东北轻合金有限责任公司	50 kt/a	① 2 000 mm 热轧机 1 台,单机架,有辊底式固溶处理炉与拉伸机。 ② 1 台 3 950 mm 四辊可逆式热粗轧机与 1 台 3 000 mm 四辊热精轧机,有辊底式固溶处理炉与拉伸机
南南铝业	70 kt/a	1 +1 热"粗 - 精"轧机组、40 m 辊底式淬火炉、100 MN 板材预拉伸机、亚洲最宽、剪切厚度最大的横切机
爱励鼎胜(镇江)铝业有限责任公司	一期 50 kt/a	3 640 mm 热轧机 1 台

1.6.2　生产现状

目前国内虽已拥有铝合金厚板的生产能力,但是对 7055 铝合金大规格铸锭和 7055 铝合金厚板的生产制造尚处于试制阶段,远没有达到批量生产的水平。

(1) 7055 铝合金大规格铸锭的生产及其均匀化

文献指出[171]:热轧变形量至少需达到 80% 才能使板材中心发生充分变形,以确保板材获得完全加工组织。按照目前使用的工艺流程,在仅仅考虑板材厚度而不考虑板材长宽尺寸的前提下,对于 7055 铝合金 30 mm 厚板来说,需要约 150 mm 厚扁锭即可。C919"大飞机"计划所需 7055 铝合金板材的规格为 30 mm ×2 300 mm ×16 m,150 mm 厚度铸锭不足以得到如此大尺寸的厚板。因此目前计划所需 7055 铝合金铸锭为 420 ~520 mm ×1 320 mm ×3 000 mm 的大规格厚扁锭。厚扁锭及大直径高合金化均质铸锭的熔炼、铸造技术一直是世界铝加工界关注的热点。7055 铝合金厚板的成功研制和生产首先需要能稳定地提供高质量的大铸锭。航空用高强度铝合金铸锭的成品率极低。中铝集团通过低液位水冷一体化结晶器的设计和制造及高温自回火工艺控制,已经于 2012 年在国内首次实现了该型铸锭的铸造成形。然而,7055 铝合金厚扁锭在铸造过程中依然存在较多的技术问题,如铸锭质量不稳定、成品率低、已成型铸锭存在较大的成分偏析和晶粒组织不均匀性等突出问题。

对于 7055 铝合金大规格铸锭来说,在已建立的理论均匀化制度的基础上,还需考虑铸锭本身在加热过程中的升温时间,适当延长均匀化时间,以达到有效均匀化效果。最近有报道[172]指出,均匀化时间过长也会导致 7055 铝合金半连续铸锭组织的残留结晶相大量脱落,对铸锭后续加工及产品质量有极大影响。因此 7055 铝合金大规格铸锭的均匀化时间需根据铸锭尺寸和均匀化热处理设备的功率仔细选择。

中南大学和上海交通大学对 420 mm × 1 320 mm × 3 000 mm 大规格厚扁锭(均匀化态)不同层和不同位置处的成分和第二相等进行了较为详细的研究。研究发现,现阶段已成型的大铸锭存在的主要问题如下:

① 7055 铝合金均匀化态厚扁锭横截面上不同区域各合金元素的含量虽然都在 AA7055 合金标准成分范围以内,但不同部位存在较为严重的主、微合金元素的成分偏析。主要表现为:420 mm 厚扁锭横截面上,沿厚度方向心部含量(Zn、Mg、Cu 和 Zr)均明显低于 1/4 厚度和边部区域的含量;其次,在铸锭心部,沿宽度方向主、微合金元素含量同样从心部至边部递增,Zn、Mg、Cu 三种主合金元素从心部到边部的最大增幅比例分别为 8.1%、9.5% 和 13.7%。

② 大规格 7055 合金均匀化态厚扁锭的中心组织中存在明显疏松,且铸锭心部富 Fe 相尺寸明显增大。这是因为不同区域富 Fe 相含量的变化主要受到不同区域冷却速度的影响,铸锭心部冷却速度较慢,有更多的 Fe 元素析出形成富铁相,并且尺寸较大。

(2) 7055 铝合金厚板的轧制

在得到合格大规格铸锭后,还需建立大型塑性变形设备,同时还要开发相应的塑性加工技术以完成厚板的生产。对于 7055 铝合金厚板来说,热轧是其主要的塑性成型技术。热轧时不仅要保证板材的尺寸精度,还要使变形均匀深入,使铸造组织得到完全充分的变形。

目前,板材的变形主要以传统的对称热轧为主,而不对称轧制技术,如“蛇形轧制”新技术[161]的提出,使得用小尺寸铸锭生产大规格 7055 铝合金厚板成为可能。

① 传统对称轧制

中铝集团利用大型设备优势率先开展了 7055 铝合金厚板的轧制试验,通过增加单道次压下量的方法,于 2013 年采用 420 ~ 520 mm ×1 320 mm ×3 100 mm 铸锭成功轧制出 30 mm ×2 600 mm × 14 450 mm 厚板。

与 7055 铝合金厚扁锭的生产制造情况不同,7055 铝合金 30 mm 轧板的主要问题在于固溶后再结晶程度较高以及厚向再结晶不均匀性等。研究表明,铝及部分铝合金因为层错能高,扩展位错窄,易于从节点和位错网中解脱出来,同时易于通过交滑移和滑移而与异号位错抵消,因此其动态回复进行得较为充分。但是 7055 铝合金为高合金化铝合金,Mg 含量的增加使其层错能高于纯铝,因此在高热轧温度和低应变速率条件下会发生较大程度的动态再结晶[173]。

如前所述,目前国内仍然是通过引进大吨位轧制设备,多道次大变形的途径实现 7055 铝合金板材的成型。在热轧过程中,热轧参数范围,如轧制温度和轧制速率等的选择决定 7055 铝合金在热轧过程中和固溶过程中的组织变化。现有工艺可能存在热轧温度范围窄、轧制温度偏高等问题,导致动态再结晶程度增大。

对 7055 铝合金 30 mm 板材不同固溶制度下的静态再结晶分数进行统计和研究发现,由于 30 mm 厚 7055 铝合金板材的成形经历了 92.9% ~94.2% 的压缩变形(变形量随铸锭厚度的不同而不同),巨大的变形量导致整个板材的固溶再结晶程度急剧增加。其中,板材表层的再结晶尤其严重,大都超过50%,严重降低7055铝合金厚板的耐腐蚀性能。表层再结晶程度增加,一方面是由于轧辊与板材表面的摩擦力所致,另一方面是由于热轧变形时板材表层和心层的变形程度不同所致。

要合理地制定7055铝合金热轧工艺,控制动态再结晶和静态再结晶程度,需深入研究7055铝合金的热变形行为,明确该合金发生较大程度动态再结晶的温度和应变速率范围,降低动态再结晶程度;应明确该合金第二相的种类、尺寸范围和体积分数,制定合理的固溶温度和固溶时间,避免再结晶程度的大幅度增加。

② 蛇形轧制

鉴于使用大规格厚铸锭生成铝合金轧板时存在变形量大,变形抗力高及板型控制难等问题,荷兰Corus研究中心于2001年在异步轧制的基础上创新性地提出了蛇形轧制技术。蛇形轧制不同于对称轧制与传统非对称轧制,该轧制方法可以在采用较小尺寸铸锭的前提下,使轧板内外层同时经受均匀剪切变形,消除板材心层因变形不深入而留下的铸造组织,从而大幅度提高其厚向组织与性能均匀性。此外,蛇形轧制较传统轧制明显不同的组织和织构组态,将会引起轧制板材强韧性、耐蚀性、抗疲劳、耐损伤及成形加工性能的一系列重大变化,很可能是未来板材轧制技术重大创新的焦点,其发展值得特别关注。

图1-22所示为对称轧制与蛇形轧制方式的对比。由图可知,蛇形轧制将异步轧机的慢速轧辊向轧制方向进行一定量的错位,慢速辊错位量的存在对轧板施加了一个与轧板弯曲方向相反的作用力,减小了板材在异步轧制过程中因上、下应变量差异而向慢速轧辊一侧弯曲的问题。蛇形轧制具备异步轧制轧制力小、剪切变形量大和轧制精度高的优点,同时解决了异步轧制在厚板生产中轧板弯曲严重的难题。

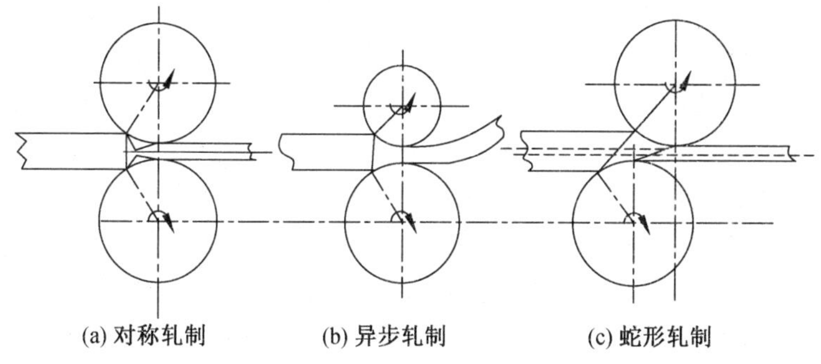

图 1-22　轧制方式对比

据报道,德国铝业公司在科布伦茨工厂用厚度 500 ~ 600 mm 的方形铸锭直接轧制出心部变形充分的 250 mm 厚板,即只用 50% ~58% 的压下量就生产出变形均匀的厚板。除此之外,蛇形轧制厚板心部沿长度、宽度和厚度方向的疲劳性能都远远高出传统轧制厚板。由前述分析可知,热轧变形量的降低可大大降低形变储能,从而减小固溶再结晶的程度,提高 7055 铝合金厚板的力学和抗腐蚀性能。国内目前对该型轧制工艺的研究尚处于起步状态,蛇形轧制的研究和工业化应用尝试主要由北京有色金属研究总院、中南大学和南南铝业等高校、企业共同开展。

在蛇形轧制的理论研究方面:付垚等[161]推导出了蛇形轧制轧板咬入轧机辊缝间的临界条件。研究指出,蛇形轧制轧件咬入的难易程度与摩擦系数、压下量、轧辊半径和轧辊的错位量相关。中南大学张新明课题组在实验室条件下将对称轧机改装为蛇形轧机,并结合有限元模拟,对 7055 铝合金蛇形轧制工艺进行了摸索,以期得到合适工业化生产的技术原型。研究表明:轧辊错位量与异速比是控制板形、实现蛇形轧制变形的关键,错位量与异速比使轧板形变弯曲方向相反时才可能消除轧板弯曲,使变形继续深入。蛇形轧制能更加有效地提高厚板的剪切变形及其沿板厚方向的均匀性[174]。蛇形轧制改变了 7055 铝合金轧板的应变状态及其织构组态,轧板表层和中心层均形成了旋转立方织构({001}<110>),即剪切织构,而典型轧制织构(Cu 织构({112}<111>)、B 织构({011}

<211 >)和S织构({123}<634 >))较常规轧制变弱。需要指出的是,虽然蛇形轧制有利于使用小尺寸铸锭生产7055铝合金轧板,但是蛇型轧制搓轧区中的剪切应力增加了轧板的变形储能,提高了再结晶驱动力,从而使7055铝合金轧板热处理后再结晶比例较常规轧制高。由于轧板强度由晶粒取向及再结晶比例共同决定,因而较高的再结晶程度可能会降低板材的力学和耐腐蚀性能。

广西南南铝业于2012年引入中国国内第一台工业化“蛇形轧机”,目前已安装调试完毕。但是,蛇形轧制工艺的研究还处于试验阶段,对于7055铝合金轧板在轧制过程中的板形控制,轧制力控制及剪切变形量增加导致的再结晶问题尚未形成适合工业化应用的技术原型。

(3) 7055铝合金厚板的回归再时效

回归再时效处理本身的操作难点在于回归阶段短,回归温度高,材料的回归程度难以掌握。对于大尺寸7055铝合金厚板,由于导热问题的存在,额外增加的升、降温时间导致非等温回归现象的出现,合金在非等温回归过程中的“有效回归程度”更加难以控制。中南大学、中铝集团等对7055铝合金厚板的回归再时效制度的应用做了大量的前期工作,但是目前仍然存在较多的问题,主要体现如下:

① 适合7055铝合金工业化应用的理论回归再时效制度尚未建立,如7055铝合金的预时效制度与回归升温速率的相互关系、预时效析出相在回归加热过程中的演变规律等还有待深入研究。

② 对回归温度或者回归时间的控制精度不够,主要指未充分考虑回归升、降温时间对7055铝合金厚板的回归效应。回归升、降温时间过长导致析出相粗化程度高于回溶程度,降低7055铝合金的力学性能。

③ 由于回归加热速率的选择,或者回归加热速率与回归冷却速率的匹配选择不合理,导致7055铝合金厚板向的析出组织出现较大程度的不均匀性。

部分批次的7055 - 30 mm铝合金厚板经回归再时效处理后,

不同层典型的微观组织如图 1-23 所示。由图可知,表层析出相的密度略高于心层,但是表层和心层析出相都有较严重的粗化现象。该制度下 7055 铝合金板材表层和心层的轧向抗拉强度都只有 570 MPa左右,远远低于单级峰时效态强度。通过 7055 铝合金的固溶淬火以及回归再时效处理的讨论可知,造成 7055 铝合金力学性能低下的主要原因可能有两个方面:a. 如图 1-23 所示,心部部分析出相尺寸达到 50 nm 左右,远远大于表层析出相尺寸。这很可能是固溶淬火速率控制不当,造成晶内析出粗大淬火析出相,而非时效析出相。b. 回归温度或者时间控制精确度低,造成 7055 铝合金晶内相的粗化程度远远高于回溶(回归)程度,从而导致回归再时效效果降低,出现严重的过时效特征。由此可见,7055 铝合金板回归再时效制度的确立还需要大量的实验研究和摸索。

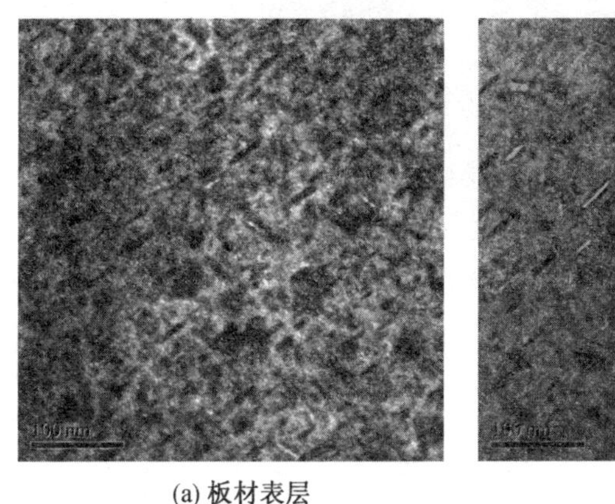

(a) 板材表层

(b) 板材心层

图 1-23　7055 – 30 mm 铝合金厚板回归再时效组织(TEM)

1.7　7055 铝合金厚板组织及性能的不均匀性

1.7.1　不均匀性表征

图 1-24 所示为 7055 铝合金厚板(进口 T7751 状态)表层、1/4 层和心层的晶粒形貌[49]。由图可见,从表层至心层,晶粒形貌逐渐

由表层的等轴状向心层的长条状转变，即形变组织保留程度越来越大。对其进行定量分析（见图 1-25）可知：7055 铝合金厚板经固溶和 T7751 处理后，其再结晶分数从表层至心层逐渐减小。

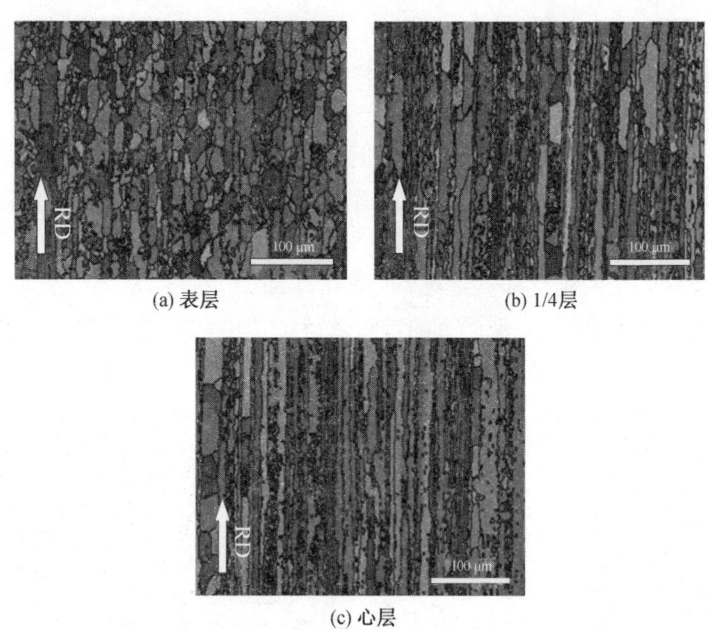

(a) 表层　(b) 1/4层　(c) 心层

图 1-24　7055 铝合金 – T7751 态 – 30 mm 厚板不同层的晶粒形貌（EBSD）[49]

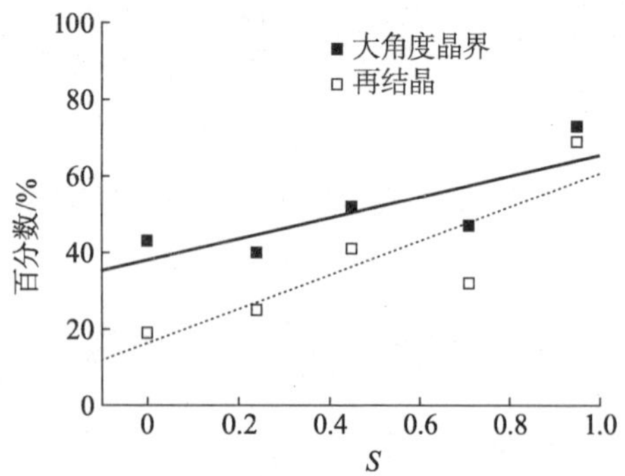

图 1-25　7055 铝合金厚板不同层的再结晶程度比较[49]

图 1-26 所示为 7055 铝合金厚板沿厚向的织构类型和相对含量，研究[49]表明：板材表层的剪切织构明显高于心层（S 越大，距离表层越近）。图 1-27 所示为 7055 铝合金厚板屈服强度沿板厚方向的变化趋势图。7055 铝合金厚板的轧向屈服强度从心层至表层逐渐降低，这说明 7055 铝合金厚板在厚度方向屈服强度存在不均匀性，而该不均匀性主要由再结晶、织构及析出强化效果共同决定[175]。

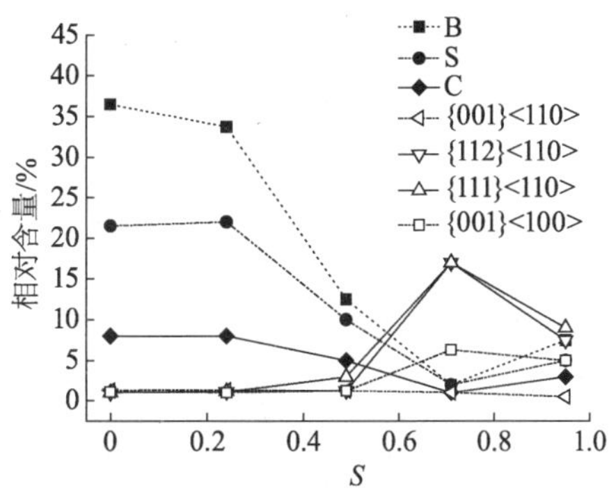

图 1-26　7055 铝合金厚板不同层织构的定量分析[49]

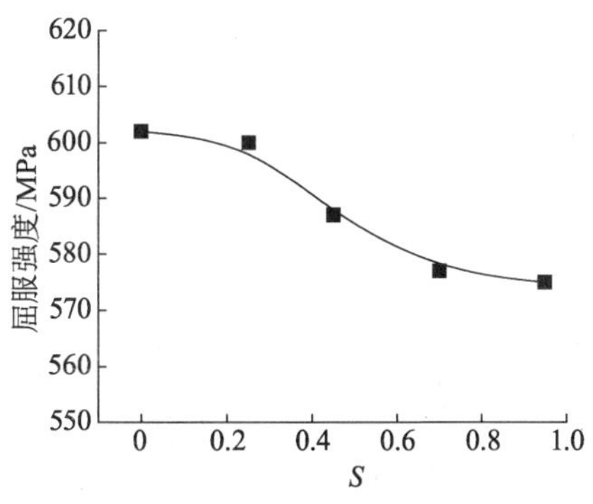

图 1-27　7055 铝合金厚板不同层的屈服强度[49]

1.7.2　“积分时效”与 7055 铝合金厚板厚向析出均匀性的关系

前面较为详细地叙述了 7055 铝合金的相关热处理制度，以及为解决回归再时效在铝合金厚板应用方面的创新性研究等。但是,其研究结果尚不足以完全处理7055铝合金厚板在回归再时效过程中出现的组织和性能的厚向不均匀性问题。

图1-28为厚板回归处理升降温过程中的温度演变示意图。对于7055铝合金厚板来说,在加热和冷却过程中除了存在板材整体的升降温时间之外,板材本身的厚度方向还存在一定的温度梯度,而温度梯度也同样受到加热和冷却速率的影响,且7055铝合金对回归温度极其敏感,较小的温度差异也会导致回归行为的巨大不同。在加热阶段,表层部分的升温速率明显快于心层,因此表层比心层达到预设回归温度的时间短,这就导致表层比心层的回归程度深。在不考虑冷却时间的前提下,最终产生厚向析出组织差异,引起板材厚向性能的不均匀性。

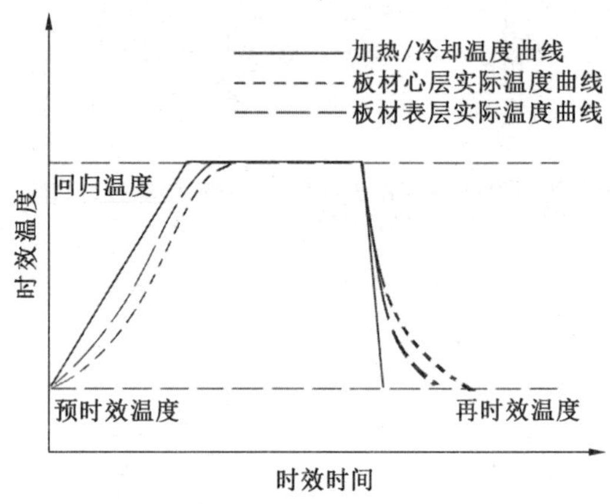

图1-28　厚板回归处理中的温度场示意

1980年,Bruno等在专利[176]中曾提出一种确定非等温回归温度-时间关系的方法,利用该方法可确定非等温回归制度。该方法的数学模型为

$$R(t) = \frac{10^{10}}{1.5}\int_0^A \exp\left[\frac{-13\ 400}{\theta(t)}\right]\mathrm{d}t \tag{1-5}$$

式中,$R(t)$代表回归效应的归一化值,与非等温回归时间t有关;

$\theta(t)$为温度函数，受非等温时间 t 控制；$0 \sim A$ 为非等温回归的时间范围[176]。Bruno 指出，当 $R(t)$值在 0.5 ~ 1 范围内，7000 系铝合金的回归再时效性能即与参照制度下该合金的性能相近。

虽然该方法依然未考虑升、降温温度梯度对厚板厚向回归组织均匀性的影响，但却提供了一种可衡量某回归制度下 7055 铝合金厚板厚向组织均匀性的思路，对 7055 铝合金厚板厚向回归析出组织均匀性的控制也因此成为可能。具体来说，可利用 7055 铝合金厚板表层比心层升温快，同时降温也快的客观现象，合理地选择加热和冷却速率，使给定尺寸的 7055 铝合金厚板的表层和心层的升、降温温度梯度相互抵消，即用降温阶段温度梯度带来的回归不均匀性平衡升温阶段温度梯度带来的回归不均匀性。这种技术的关键体现在以下几个方面：① 7055 铝合金的优化的理论回归制度。此制度对应的力学和耐腐蚀性能应作为 7055 铝合金厚板综合性能的标准，而该制度的某种参数将作为均匀性调控制度的参考；② 需要建立一种联系 7055 铝合金微观析出相与温度 - 时间函数之间的关系，其形式与公式(1-5)类似；③ 需要精确地跟踪测量 7055 铝合金厚板不同层的温度 - 时间函数。“积分时效”概念可以概括上述非等温回归再时效处理，以期在 7055 铝合金 - 30 mm 厚板中得以工业化应用。国内哈尔滨工业大学、中南大学、江苏科技大学已经开展了相关研究，广西南南铝业已经建立可精确控温的三级热处理时效炉，正在进行“积分时效”技术的研发。

第 2 章　7055 铝合金铸锭和厚板的组织及性能的不均匀性

7055 铝合金因其优异的性价比、良好的工艺和应用性能,在航空航天领域得到了广泛的应用。作为主体结构件的中厚板和厚板,其典型生产工艺流程如下:熔铸—铸锭均匀化—加热—热轧—冷轧—固溶热处理—淬火(辊底喷淋、连续带式喷淋或立式淬火)—预拉伸—人工时效(单级峰时效、双级过时效及三级回归再时效)。由于 7055 铝合金材料的合金元素总量高、产品规格大,熔铸过程中流场及温度场的区域性会造成大规格铸锭成分的宏观不均匀性及非平衡结晶相和杂质相等组织细观不均匀性;轧制过程中温度和应力、应变场的厚向梯度会造成厚截面材料形变与再结晶组织的宏/细观不均匀性;除此之外,热处理中温度场及加热、冷却速率的差异又造成了热处理组织与残余应力的宏/细观不均匀性。量化典型厚度板材组织及性能均匀性的差异,并分析具体原因是解决 7055 铝合金厚板宏、细观不均匀性的前提。因此,本章针对 7055 铝合金 420 mm 厚铸锭及不同状态的 7055 铝合金 -30 mm 板材,从晶粒形貌、再结晶程度、织构、粗大第二相及析出相等方面详细地介绍目前对 7055 铝合金厚板高向的组织和性能不均匀性的研究结论。

2.1　均匀化态铸锭组织的厚向不均匀性

图 2-1 所示为 7055 铝合金 -420 mm 厚铸锭的取样位置示意图。其中,1#试样位于铸锭的中心位置,3# ~ 6#试样为铸锭的边部

不同位置。

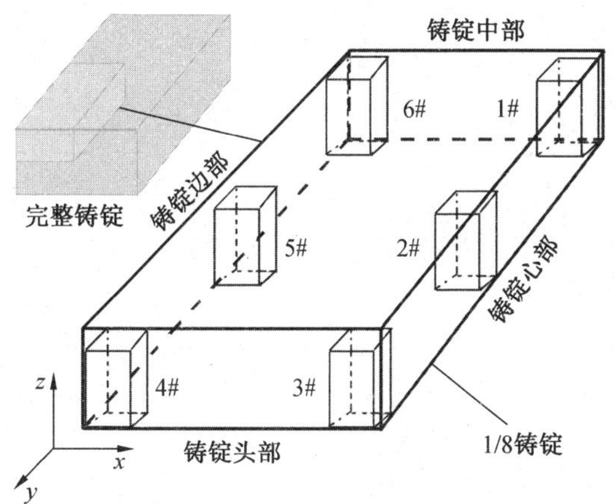

图 2-1　取样示意图

均匀化态铸锭不同部位组织的金相图片如图 2-2 所示。铸锭经均匀化后，枝晶得以消除，晶界的非平衡第二相已基本溶解，晶界较平直，未溶第二相趋于球化，未出现过烧现象。晶内出现粗大针状相，尺寸范围为 2 ~ 10 μm，低倍照片下相密度大的局部位置呈黑色。晶界相比晶内更加粗大，高倍照片下可以看到晶界附近出现明显的无析出带，这是因为晶界能量较高，有利于粒子的形核及长大，周围溶质原子向晶界扩散，使得晶界周围溶质原子及空位贫乏，形核困难，结果使得晶界上第二相的颗粒尺寸明显较晶内大，而晶界附近无析出。

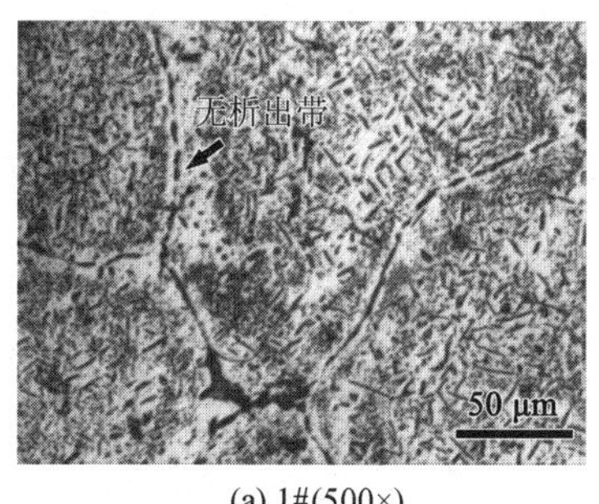

(a) 1#(500×)

(b) 1#(100×)

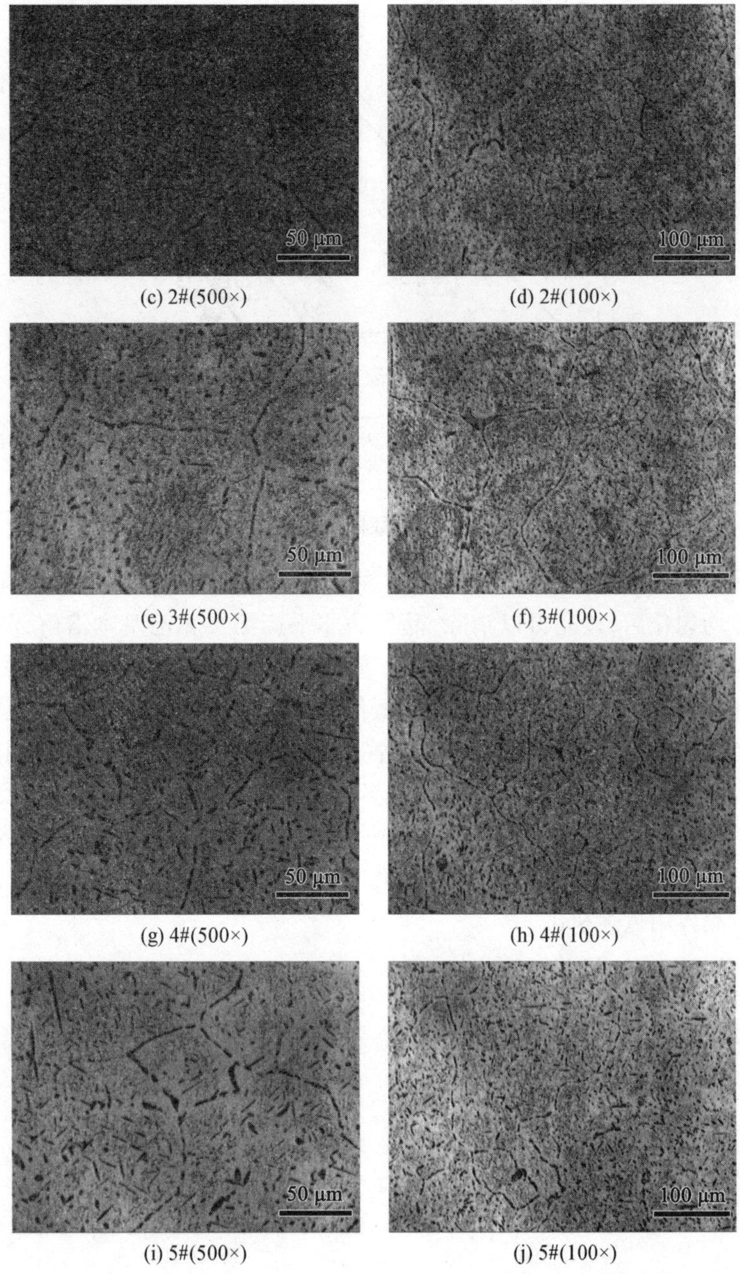

(c) 2#(500×)　(d) 2#(100×)

(e) 3#(500×)　(f) 3#(100×)

(g) 4#(500×)　(h) 4#(100×)

(i) 5#(500×)　(j) 5#(100×)

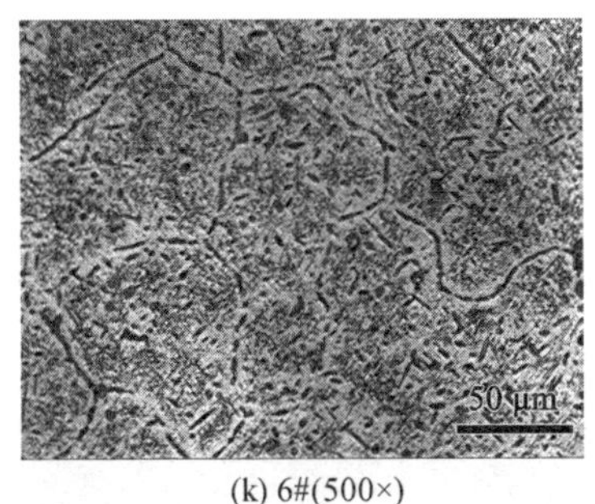

(k) 6#(500×)

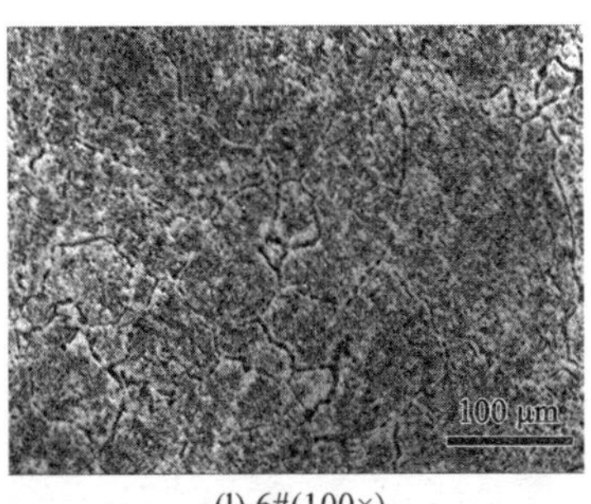

(l) 6#(100×)

图 2-2 铸锭不同位置晶粒组织形貌

1#和 2#试样位于铸锭的心部,在铸锭的冷却过程中,心部冷却速率最慢,因此晶粒组织相对粗大,为 150 μm 以上。3# 试样靠近铸锭的侧表层,冷却速率较心部有所提高,但是仍低于铸锭表层,其晶粒尺寸稍有减小。4# ~ 6#样品位于铸锭表层,与结晶器直接接触,冷却速率最高,因此其晶粒尺寸远远小于心层和侧表层样品,只有 70 ~ 80 μm。铸锭冷却过程中存在温度场的不均匀性,心部冷却慢导致晶粒相对粗大,从而导致晶粒组织的不均匀性。

7055 铝合金铸锭经均匀化空冷后,不同部位的第二相分布及形貌如图 2-3 所示。由图可知,由于均匀化后冷却速率慢,铸锭各位置样品的晶界上都出现大量的粗大第二相,其形貌有球状和不规则形状两种;晶内出现大量白色针状相。其中,心层样品晶界相更为粗大,彼此之间连接紧密,且晶内相密度和尺寸也相对较大。对晶内晶界处灰/白色不同形貌的第二相进行能谱分析,原子比见表 2-1。分析发现 A 所指的第二相含有 Al、Cu 和 Mg 元素,各元素原子比例接近(Al_2CuMg)相;在部分晶界处观察到含 Fe 相(见图 2-3,B),含量较少,其原子比例接近 Al_7Cu_2Fe 相。晶界处 C 及晶内的亮白色针状析出相(见图 2-3,D)经能谱分析为 AlZnMgCu 相。研究表明:250 ~ 350 ℃范围内,η 相在 Al_3Zr 质点上非均匀形核,且由于温度的不断变化导致析出相密度的变化以及新相的形成,使得已形成的 η 相成分存在差异,表现为 $MgZn_2$ 相的扩展相,如 AlZnMgCu 或 $Mg(Zn,Al,Cu)_2$(见表 2-1)。由此可知,铸锭心部在均匀化后空冷的过程中，因为冷却速率慢，S 相和 η 相都发生了不同程度的长大，从而使得均匀化态空冷铸锭存在析出相上的不均匀性。

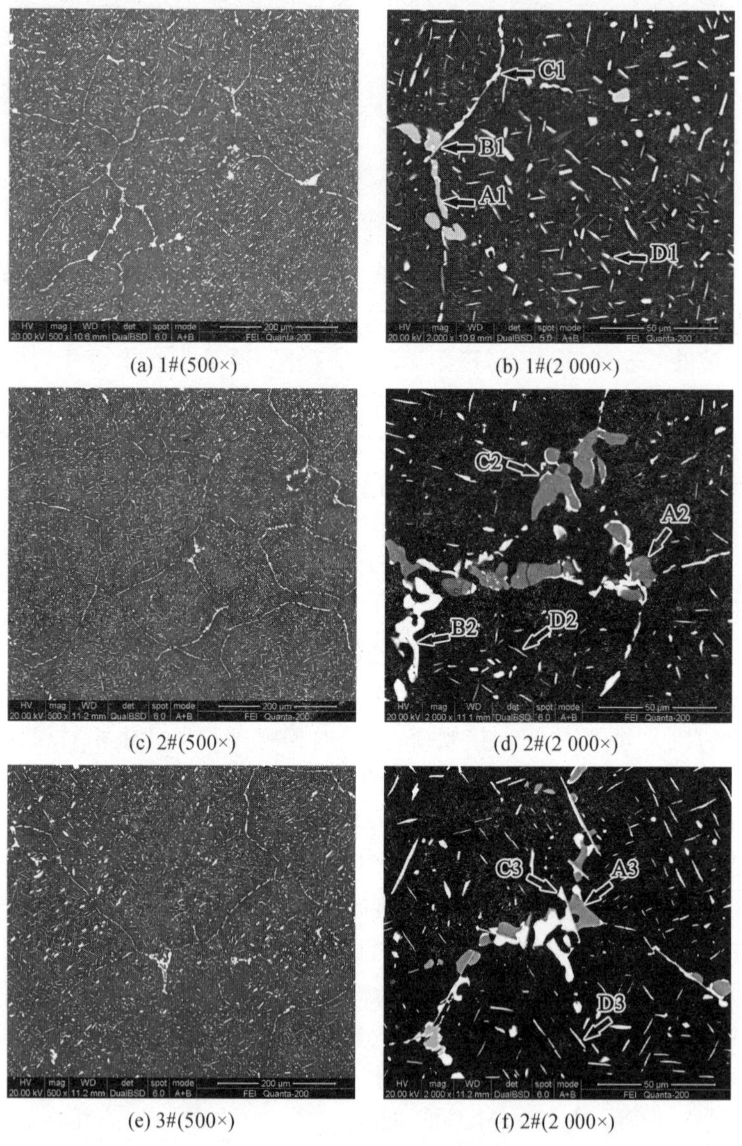

(a) 1#(500×)　(b) 1#(2 000×)

(c) 2#(500×)　(d) 2#(2 000×)

(e) 3#(500×)　(f) 2#(2 000×)

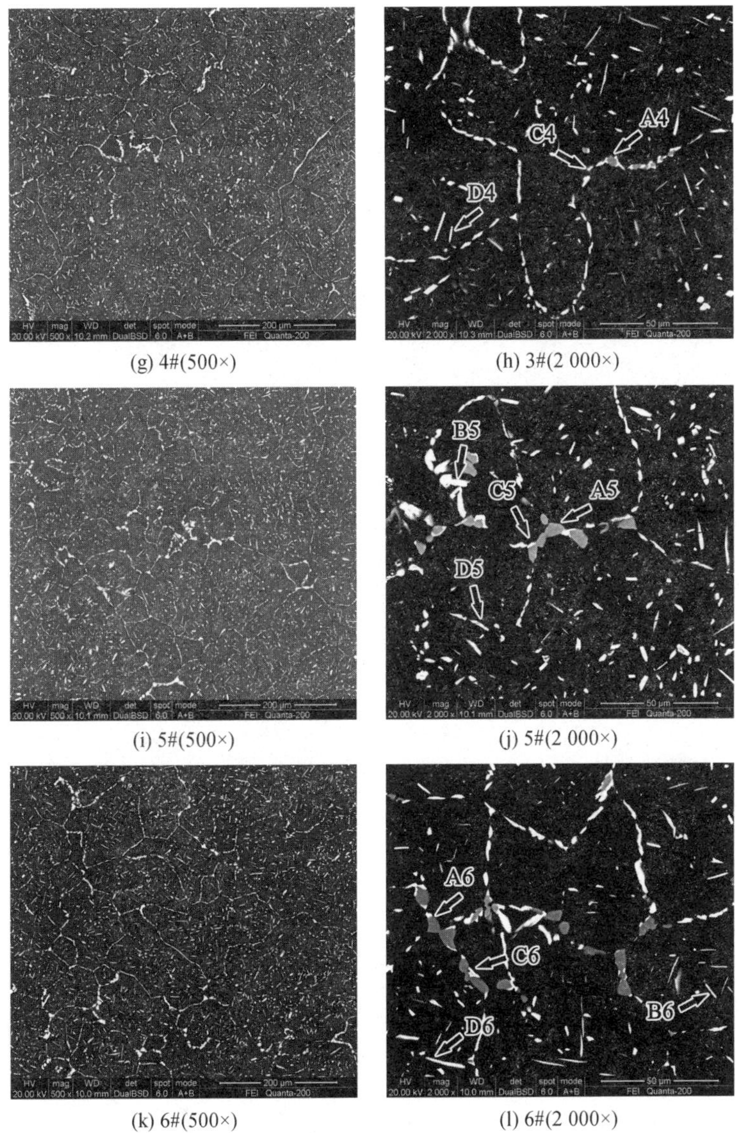

(g) 4#(500×)　(h) 3#(2 000×)

(i) 5#(500×)　(j) 5#(2 000×)

(k) 6#(500×)　(l) 6#(2 000×)

图 2-3　7055 – 420 mm 厚铸锭均匀化空冷后的第二相形貌

表 2-1　均匀化态铸锭空冷后第二相原子比

%

编号	Al	Zn	Cu	Mg	Fe
A_1	54. 34		22. 06	23. 59	
B_1	73. 82		16. 27	2. 56	7. 35
C_1	59. 32	3. 17	17. 33	20. 17	
D_1	43. 80	24. 72	7. 83	23. 65	
A_2	52. 75		23. 21	24. 04	
B_2	74. 00		17. 50		8. 50
C_2	45. 82	24. 96	8. 31	20. 91	
D_2	68. 22	18. 12	4. 80	8. 86	
A_3	52. 83		23. 15	24. 03	
C_3	23. 20	25. 24	16. 60	34. 96	
D_3	62. 02	3. 90	17. 15	16. 92	
A_4	91. 73	4. 12	1. 14	3. 02	
C_4	60. 20	18. 57	5. 73	15. 50	
D_4	77. 86	11. 60	2. 96	7. 58	
A_5	52. 75	2. 44	21. 43	23. 38	
B_5	76. 55		15. 74		7. 71
C_5	52. 63	2. 23	21. 57	23. 56	
D_5	77. 44	10. 25	2. 87	9. 44	
A_6	58. 55		21. 05	20. 40	
B_6	71. 67	1. 57	18. 00	0. 51	8. 24
C_6	89. 37	2. 20	3. 58	4. 85	
D_6	95. 02	2. 44	0. 65	0. 19	

2.1.1　轧制态粗大第二相

图 2-4 所示为 7055 铝合金 30 mm 厚板轧制态厚向的第二相分布扫描图片。经过轧制变形后，第二相沿着轧制方向被压扁呈带状分布。对比不同层的第二相形貌特征可知，各层粗大相的分布和尺寸区别不大（见图 2-4a ~ c），但从表层到心层可以发现粗大的规则粒子增多，如图 2-4b，c 中的粗大圆形相。这是因为表层变形量大，几乎所有的第二相都被压扁呈带状，而心部变形量小，部分第二相仍能保持规则的形状，且体积大。这些圆形的粗大第二相粒子在后续的固溶过程中较难溶解，需要更长的固溶时间。

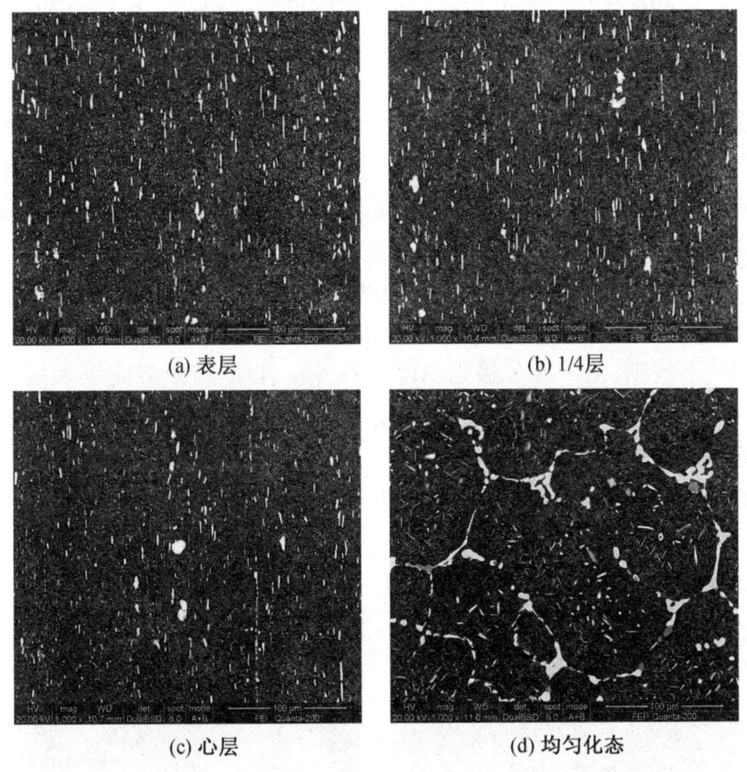

(a) 表层　(b) 1/4层　(c) 心层　(d) 均匀化态

图 2-4　7055 – 30 mm 厚板轧制态粗大第二相的厚向分布对比

与均匀化态组织（见图 2-4d）相比，轧制态组织晶内的第二相明显变得细小，而晶界相依然较为粗大。这是因为均匀化空冷后产生的晶内粗大第二相基本为 η 相，而晶界相多为 Al_2CuMg 相和 Al_7Cu_2Fe 相。η 相回溶温度较低，在轧制过程中大部分回溶入基体，Al_2CuMg 相和 Al_7Cu_2Fe 相的回溶温度高，尺寸较大的甚至在固溶温度下仍然不能完全回溶。因此，晶界第二相的大小在轧制前后相差不大。除此之外，未溶的部分第二相在轧制力的作用下被压碎，较为粗大且难溶的晶界相表现得尤其明显，与均匀化态形貌相比，轧板的晶界相呈现出断续分布特征。

2.1.2 固溶态粗大第二相

不同厚度层中粗大第二相的分布如图 2-5 所示。由图可知，粗大第二相以链状形式沿轧制方向分布，由表层（见图 2-5a）向中心（见图 2-5c），第二相尺寸明显增大，且心部大量粗大第二相呈球状或较为规则的长条状。对于 30 mm 厚板来说，大部分粗大第二相仍分布在再结晶晶粒的晶界处。综合均匀化（见图 2-3a）和热轧态（见图 2-4a）第二相组织特征可知，这些残留相应为高熔点的含 Cu 和含 Fe 难容相。对第二相粒子进行能谱分析发现这些残余第二相主要含 Al、Cu、Mg 元素，原子比例近似为 2∶1∶1，形貌为规则椭球状，应为 S 相（Al_2CuMg）；部分第二相主要含 Al、Cu 和 Fe 元素，形状不规则，化学成分接近 Al_7Cu_2Fe 相。心部的固溶度较表层和 1/4 层小，从而导致溶质原子浓度下降，可能会降低后续时效析出的强化效果。

(a) 表层

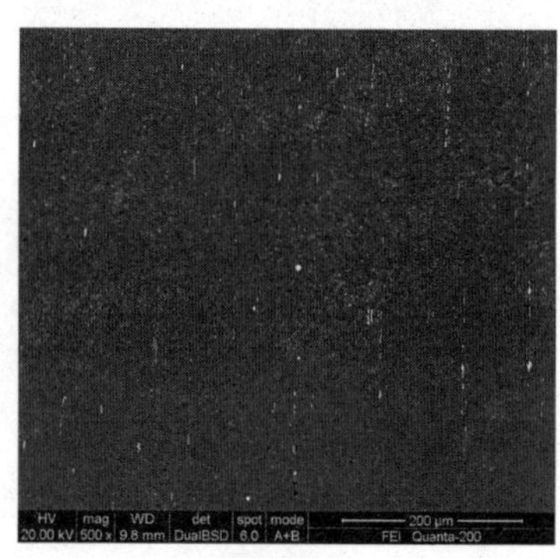

(b) 1/4层

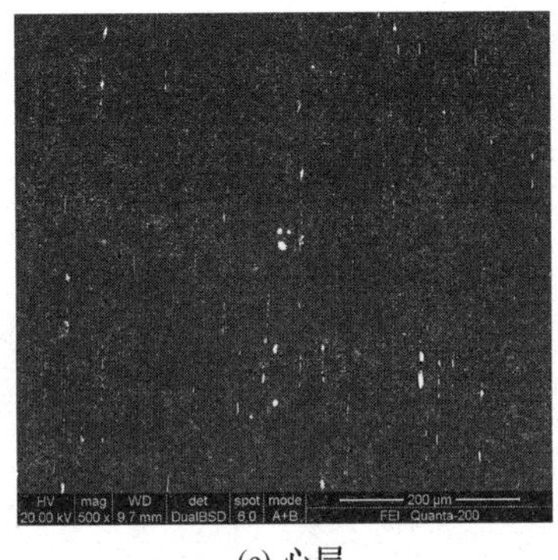

(c) 心层

图 2-5　7055 –30 mm 厚板固溶态粗大第二相的分布对比

2.1.3　固溶再结晶程度

对材料进行 470 ℃，1 h +480 ℃，1 h 双级固溶处理，并对不同厚度层进行金相组织观察。图 2-6 所示为 7055 铝合金 30 mm 厚板固溶态再结晶组织及晶粒形貌随厚度层的变化对比。Graff 试剂优先腐蚀晶界和亚晶界，因此合金经腐蚀后再结晶区域颜色较亮，未再结晶区域含大量亚晶，腐蚀后颜色较暗。由图 2-6a，c，e 可知，晶粒组织沿着轧向发生严重变形，被拉长、压扁，而厚板的各层都发生了部分再结晶。因此，金相组织由大量细小的亚晶和异常粗大的再结晶晶粒组成，且心部的再结晶晶粒尤为细长。另从 Keller 试剂的腐蚀结果（图 2-6b，d，f）可以看出，厚板的表面和 1/4 层再结晶比较充分，许多再结晶晶粒形貌呈现一定的等轴状。相反，心层的变形组织逐渐增多，绝大部分晶界几乎与轧制方向平行，等轴再结晶晶粒较少。因此，固溶后合金厚板的再结晶程度由表层到心部逐渐减少，心部的再结晶程度最低，变形组织保留最多。

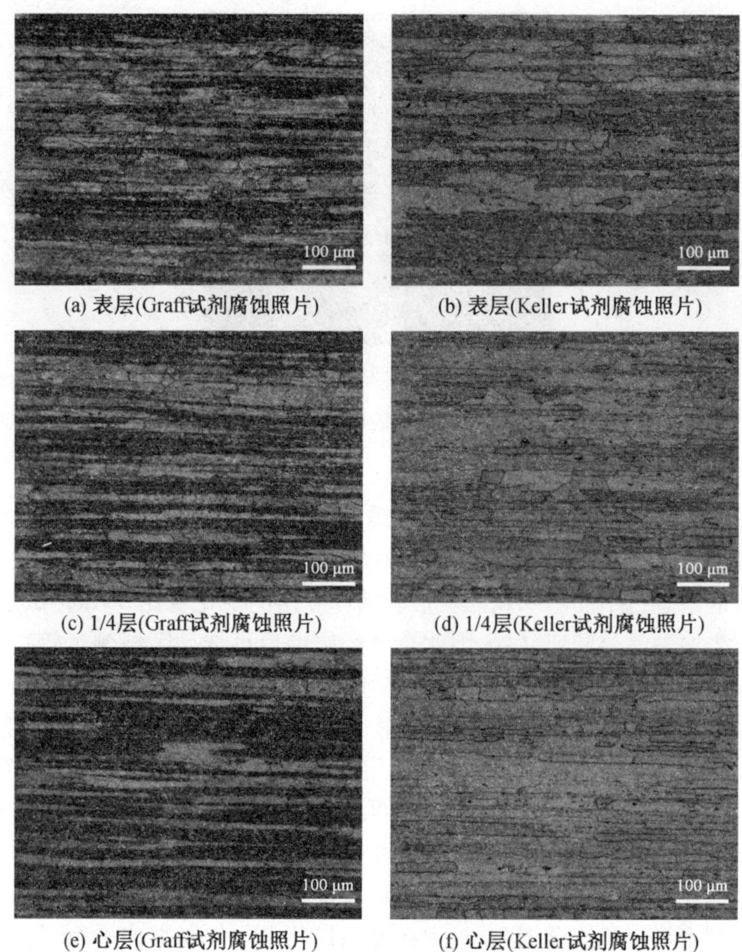

(a) 表层(Graff试剂腐蚀照片)　(b) 表层(Keller试剂腐蚀照片)

(c) 1/4层(Graff试剂腐蚀照片)　(d) 1/4层(Keller试剂腐蚀照片)

(e) 心层(Graff试剂腐蚀照片)　(f) 心层(Keller试剂腐蚀照片)

图 2-6　7055 – 30 mm 厚板固溶态不同厚度层的金相组织

利用 ImageJ 软件对表层和心层进行再结晶分数统计可知,再结晶分数由表层到中心层呈减小趋势。板材表层再结晶分数约为 59% ,心部再结晶分数最低,约为 26% ,1/4 层介于两者之间,约为 43% 。除此之外,7055 铝合金厚板不同层的再结晶组织形貌(长宽比)也不相同,表层再结晶晶粒长宽比最小,1/4 层的再结晶晶粒宽度减小,长宽比增加,心部再结晶晶粒保留了最多的形变组织特征，其长宽比最大。由于合金的强度与晶界强化有关，不同层再结晶程度和晶粒形貌的大小将导致不同层强度的不均匀性。

2.1.4　回归再时效组织及性能

图 2-7 为 7055 – 30 mm 厚板经回归再时效处理后，晶内析出相沿基体 <011> 晶带轴观察的形貌。晶内出现多种强化相，一种为圆形或者椭圆形，一种为针状相，还有少量短棒状析出相。晶内析出相的尺寸差异较大，从几纳米到十几纳米不等，部分较大的析出相尺寸超过 20 nm（见图 2-7b）。对比表层和中心层晶内析出相发现以下几点不同：① 表层析出相体积分数较大，密度较高；② 表层针状析出相的短轴尺寸较心层小，表层圆形或椭圆形析出相的半径较心层小，即表层晶内析出相的粗化程度较低；③ 心层棒状析出相体积分数相对较高。

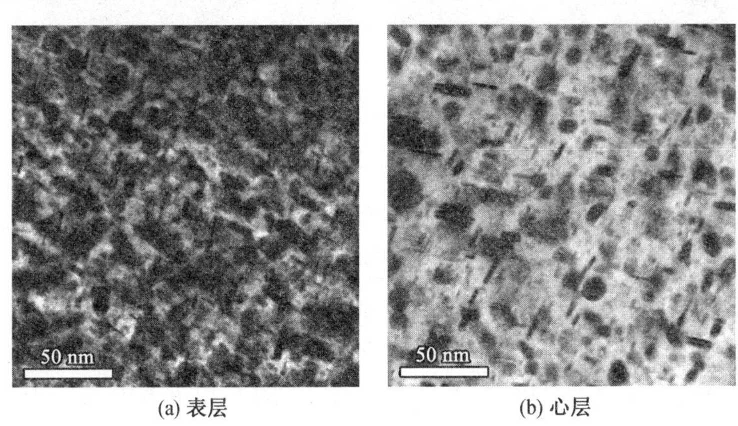

(a) 表层　　(b) 心层

图 2-7　7055 – 30 mm 厚板回归再时效态晶内析出相的典型透射照片

图 2-8 为对应图 2-7 区域沿基体 <011> 晶带轴的电子衍射斑点。Al – Zn – Mg – Cu – Zr 合金晶内的主要析出相为 Al_3Zr 粒子，η′非平衡主强化相和 η 平衡相。其中亚稳态 Al_3Zr 粒子通常在均匀化过程中由过饱和的固溶体中析出，弥散细小与基体具有良好的共格关系。该弥散相基本无强化作用，其主要作用是阻碍热变形过程位错移动和固溶时的再结晶晶界迁移，从而达到抑制再结晶的目的。因此，Al_3Zr 粒子可以提高合金的抗应力腐蚀、抗剥落

（或层状）腐蚀性能，同时降低合金的淬火敏感性。有报道指出 Al_3Zr 呈圆形，其尺寸大约为 24 nm，且与基体有相同的点阵常数 $a = 0.4064$ nm。由图 2-7 的析出相形貌和图 2-8 的电子衍射分析可知，针状析出相应为非平衡相 η′，而棒状析出相应该为 η 平衡相。表层和心层的主要析出相都是非平衡相 η′，但是心层析出相的粗化相对严重，且相体积分数减小。

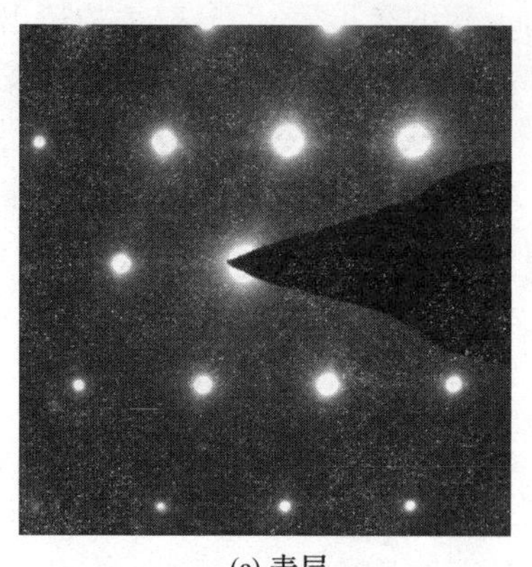
(a) 表层

(b) 心层

图 2-8　7055 - 30 mm 厚板回归再时效状态晶内析出相的 <011> 晶带轴电子衍射图谱

鉴于 $<011>_{Al}$ 晶带轴电子衍射图谱不能得到 η 平衡相的衍射斑点，因此需对表层和心层微观组织做深入分析，进一步明确各层析出组织在种类和数量上的不均匀性。图 2-9 和图 2-10 所示为对应图2-7区域沿基体 <001> 和 <112> 晶带轴的电子衍射图谱。

从 $<001>_{Al}$ 晶带轴的衍射图谱可知，表层和心层组织都在 1/3{220} 和 2/3{220} 处出现 η′相的衍射斑点。但是，心层组织在 2/3{220} 处沿{220} 方向出现另一套明锐斑点。由 <001> 晶带轴衍射斑点标定可知，这一套衍射斑点来自 η 平衡相。

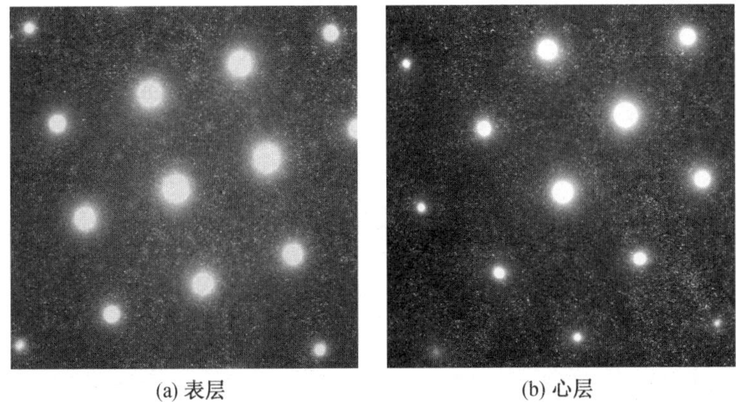

(a) 表层　　(b) 心层

图 2-9　7055 – 30 mm 厚板回归再时效状态晶内析出相的 <001> 晶带轴电子衍射图谱

(a) 表层　　(b) 心层

图 2-10　7055 – 30 mm 厚板回归再时效状态晶内析出相的 <112> 晶带轴电子衍射图谱

由 $<112>_{Al}$ 晶带轴衍射斑点可知，表层在 1/3{220} 和 2/3{220} 处沿{111}方向出现对应于 η′相的明锐衍射斑点和衍射条纹。η 平衡相的衍射斑点不明显。与之相反，心层组织的电子衍射图谱显示出 η 平衡相的明锐斑点（见图 2-10b），且 η′相的衍射条纹几乎消失，这说明心层开始出现非平衡相的粗化，且部分非平衡相已经演变为平衡相。

综合微观组织和衍射图谱分析可知,7055 - 30 mm 厚板经回归再时效后,表层和心层析出相的尺寸及相体积分数等存在较大的不均匀性。其中表层析出组织基本由非平衡相 η′ 构成,而心层组织则包含 η′ 相和一定体积分数的 η 平衡相。表层析出组织相对细小弥散,相体积分数大,而心层组织发生一定程度的粗化,导致相体积分数和密度减小。

图 2-11 所示为 7055 - 30 mm 厚板回归再时效后不同层晶界析出相及晶界无析出带(Precipitate-Free Zone, PFZ)的典型透射照片。从图中可以看出,晶界析出相呈棒状。研究表明,晶界析出相为 η 平衡相。合金经三级时效后,晶界 η 相发生了很大程度的粗化,其尺寸远远大于晶内析出相。比较不同层晶界相可知,晶界相的不均匀性规律与晶内相不同:心层晶界相尺寸较小,为 30 ~ 40 nm,而表层晶界 η 相尺寸则达到或超过 50 nm。由于晶界附近的溶质原子与过饱和空位扩散到晶界,在晶界上析出粗大的沉淀相,这造成晶界两侧溶质原子和空位贫化而没有沉淀相析出。因此,晶界析出相越粗大,晶界两侧的无析出带也就越宽。合金板材心层 PFZ 也因此相对较窄,只有 35 nm 左右,而表层 PFZ 则拓宽至 45 nm。

鉴于在实验室条件下,对 7055 - 30 mm 厚板进行回归再时效处理时受到板材尺寸,炉膛容积及热处理炉本身加热、冷却速率等条件的约束,下面再对国内某厂提供的工业化回归再时效(RRA)状态 7055 - 30 mm 厚板进行厚向组织的不均匀性分析,以做对比。该板材尺寸为 30 mm × 2 300 mm × 16 m,在板材的宽向中心处取表层和心层试样。

图 2-12 为工业化 RRA 态 7055 铝合金 - 30 mm 厚板的典型透射照片。与实验室回归再时效组织相比,合金经 T7751 处理后,晶内和晶界析出相粗化更加明显,且晶界相的不连续性增强。对比各层析出组织可知,表层合金的晶内析出相相对密度较高,尺寸略小,但不明显。选区电子衍射分析(见图 2-12e)表明,表层晶内析出相由非平衡相 η′ 和部分 η 平衡相组成。中心层晶内出现大量

棒状析出相,说明 η 平衡相体积分数增多,且晶内析出相粗化严重,部分析出相长轴尺寸达到 40 ~ 50 nm;表层和心层的晶界析出相都呈完全断续分布状,但是心层析出相尺寸相对较小,为 50 ~ 60 nm,表层晶界相尺寸略大且断续程度更高。各层的无沉淀析出带宽度相差不大,约为 80 nm。

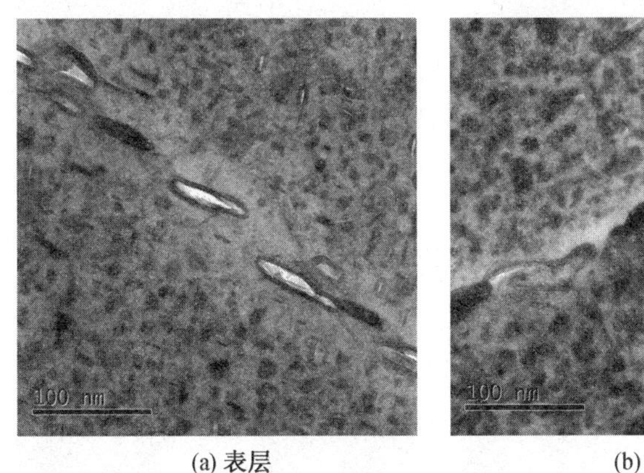

(a) 表层　　　(b) 心层

图 2-11　7055 − 30 mm 厚板回归再时效态晶界析出相的典型透射照片（实验室条件）

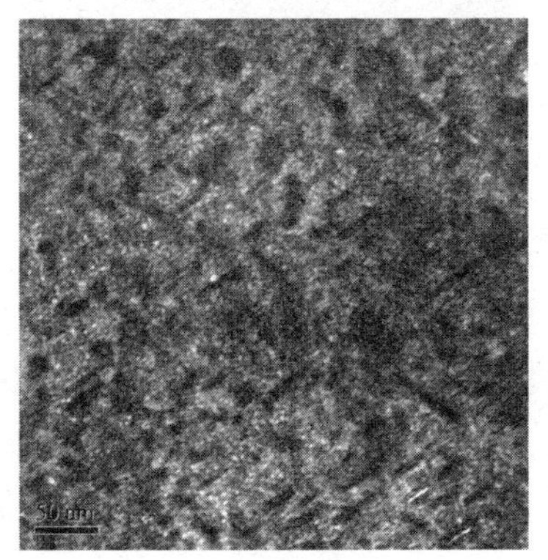

(a) 表层晶内

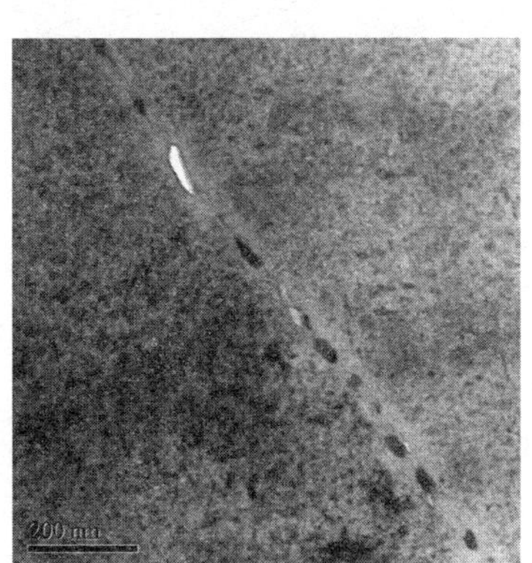

(b) 表层晶界

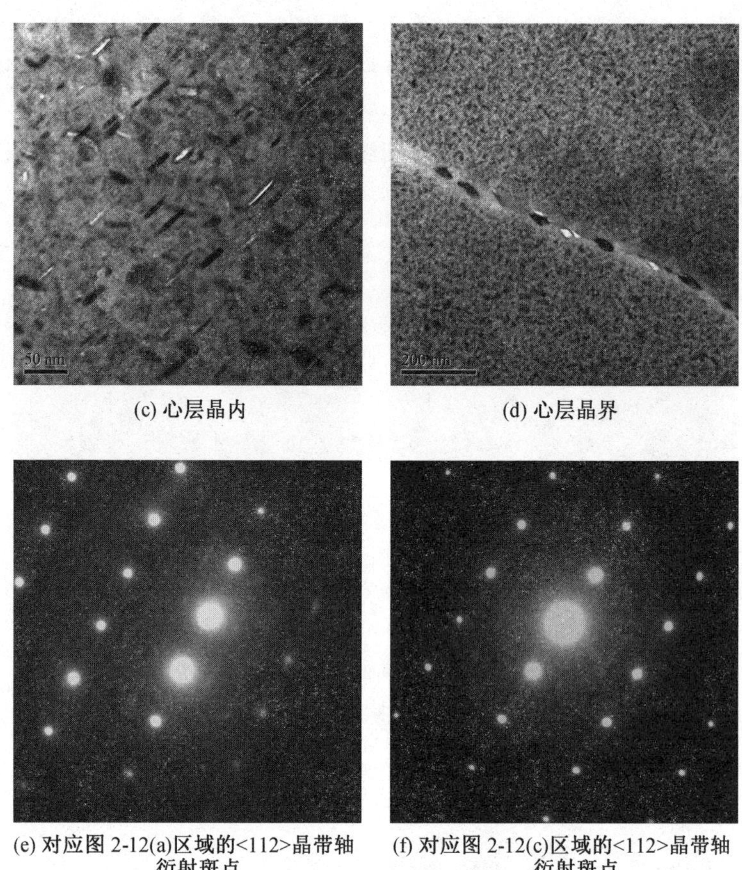

(c) 心层晶内

(d) 心层晶界

(e) 对应图 2-12(a)区域的<112>晶带轴衍射斑点

(f) 对应图 2-12(c)区域的<112>晶带轴衍射斑点

图 2-12　7055 – RRA 态铝合金厚板的典型透射照片(工业生产条件)

对比不同板材尺寸和处理过程的 7055 – 30 mm 厚板,在经过三级时效处理(实验室回归再时效或者工厂 RRA)后,其厚向微观组织都存在较大程度的不均匀性。总的来说,表层晶内析出相相对细小,体积分数高,心层析出相有一定程度的粗化,平衡相数量增多;表层晶界相相对粗大,断续程度更高。对于时效强化合金来说,强化相的差异将在很大程度上决定合金强化效果的不均匀性。

图 2-13 为实验室回归再时效状态 7055 – 30 mm 厚板的硬度、电导率及强度等性能的对比。

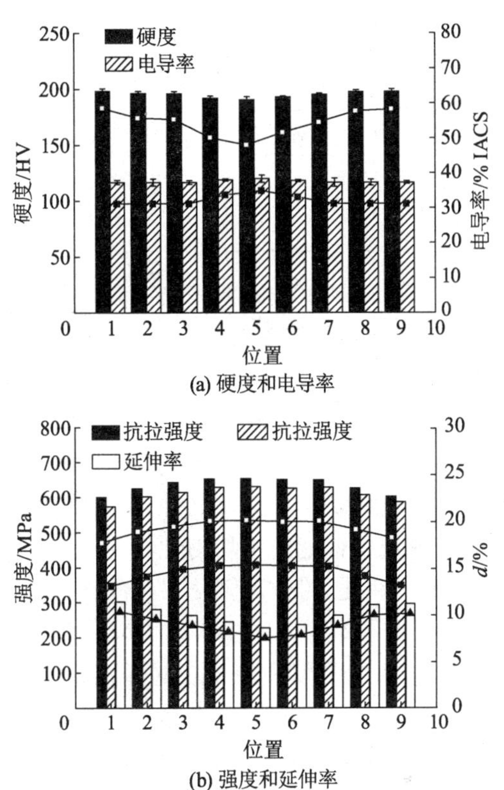

(a) 硬度和电导率

(b) 强度和延伸率

1,10—板材表层；5—板材心层。

图 2-13　7055 –30 mm 厚板回归再时效状态性能对比(实验室条件)

表 2-2 给出了 7055 –30 mm 厚板工业 RRA 状态下不同层的性能对比。7055 –30 mm 厚板经回归再时效后，其硬度值由表层至心层逐渐降低，表层硬度比心层高出约 10 HV。作为合金抗应力腐蚀能力的间接指标，其电导率则呈相反的变化趋势，即由表层至心层逐渐增加。相比硬度值的差异，电导率的不均匀性较小，只有约 1% IACS。其抗拉强度和屈服强度由表层至心层逐渐增加，且中心层抗拉强度达到 653 MPa，比表层高出约 50 MPa，屈服强度的不均匀性也达到 45 MPa 左右。与硬度值相比，强度的演变规律呈截然相反的趋势。延伸率随着厚度的增加逐渐下降，这与表层比心层

的再结晶程度高有关。

表 2-2 7055 - 30 mm 厚板工业化 RRA 状态下不同层的性能对比

T7751	σ_b/MPa	$\sigma_{0.2}$/MPa	δ/%	硬度/HV	导电率/%IACS
表层	568	538.4	8.2	193	38.3
心层	577	543.3	7.8	186	38.8

由表 2-2 可知,7055 - 30 mm 厚板工业化 RRA 状态下,其强度、延伸率、硬度及电导率的演变规律与实验室回归再时效状态相同,即抗拉强度、屈服强度和电导率都是表层高于心层,而硬度和延伸率则为心层高于表层。对比两种状态,我们发现,由于 T7751 状态的合金析出相粗化较为严重,因而其强度和硬度较 RRA 态小,电导率有一定幅度的增加。除此之外,随着析出相粗化程度的增加,不同层力学和腐蚀性能的不均匀性出现一定程度的下降,这是因为随着析出相的粗化,时效可强化材料的性能逐渐趋于一致,即强度下降而电导率升高。

有文献报道,材料的强度和硬度之间存在正比例关系。然而从我们的实验结果发现,这一规律并不是完全适用的,该规律的成立应该遵循一个前提条件:不考虑其他强化因素(如织构)的条件下,材料强度和硬度的正比例关系存在。对于本书所研究的厚板来说,由于不同层材料不仅仅存在析出相的均匀性差异,还存在如织构种类和含量差异导致的取向因子等不均匀性因素,因而还需对导致材料产生不均匀性的其他因素进行综合分析,以彻底解释厚板厚向不均匀性产生的根本原因。

2.1.5 织构及取向因子

对 7055 - 30 mm 板材工业化回归再时效状态样品的表层和心层进行织构分析测试,得到板材厚度方向不同位置处的 ODF 图(见图 2-14)。由图 2-14 可知,7055 铝合金厚板的织构由主要由形变织构(轧制型和剪切型)和再结晶织构两大类组成。从图中可看出板材中心层附近为典型的轧制织构,即织构组分分别是黄铜型 B{011} <211>取向、S{123} <634>取向和铜型 C{112} <111>取向。板材表层附近除了典型的轧制织构外，还存在再结晶织构和剪切织构，即织构组分分别是 Cube 型{001} <100>取向和 R－Cube 型{111} <110>取向。

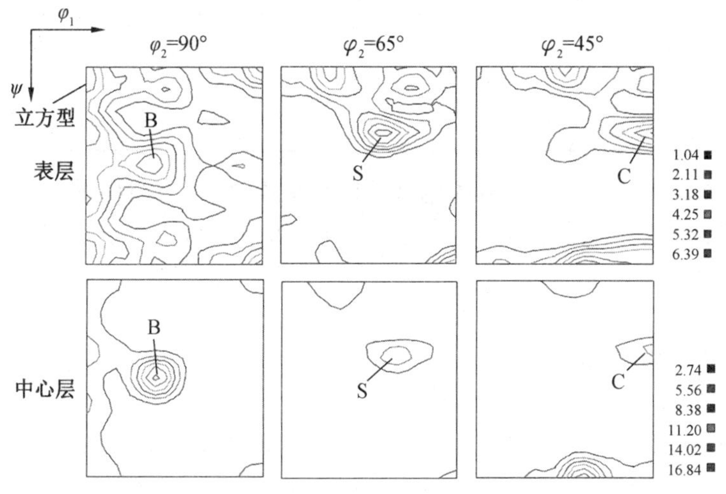

图 2-14　7055－30 mm 厚板不同层的 ODF 图

利用 Texture Calc 软件计算各型织构在 7055 铝合金厚板厚度方向不同层的含量，如表 2-3 所示。由表可知，轧制型织构中三个取向的相对含量从表层的 45. 8% 增加到心层的 60. 1% 。轧制型织构中黄铜型织构的含量最大，S 型织构次之，铜型织构的含量最小。再结晶型织构和剪切织构只存在与表层，或者说心层的再结晶型织构和剪切织构的含量很少，实验结果反映不出来。再结晶织构虽然不能充分说明 7055 铝合金的再结晶程度，但是结合 7055 铝合金不同层再结晶程度的比较可知，不同层再结晶织构的不均匀性正是因为表层的再结晶程度高于心层所致。而剪切织构的不均匀性则来自于 7055 铝合金厚板不同层的应变状态不同，表层和心层受轧辊和板材之间的摩擦力作用高于心层，而心层基本处于平面应变状态，因此无剪切织构存在。

表 2-3　7055 - 30 mm 厚板时效态不同层的织构种类和体积分数

织构类型	表层/%	心层/%
黄铜型	12. 4	29. 5
S 型	17. 8	22. 3
C 型	15. 6	8. 3
立方型	22	

综上所述，对于 7055 铝合金厚板来说，轧制型织构含量从表层至心层逐渐增加，而再结晶织构和剪切型织构的含量从表层至心层逐渐减少。

2. 2　分析与讨论

2. 2. 1　三级时效（RRA）微观组织及性能的厚向不均匀性

图 2-15 所示为 100 mm × 70 mm × 30 mm 尺寸板材在实验用热处理炉中的温度场。由图可知，在板材从预时效温度（65 ℃或者 120 ℃）过渡至预设回归温度（190 ℃）的过程中，温度梯度存在于升温阶段，但是随着回归时间的延长，温度梯度逐渐消失。

众所周知，对于铝合金薄板或者厚向尺寸较小的试样和产品来说，理论时效制度一般可直接应用于工业化生产。然而，对于铝合金中厚板和厚板来说，导热率的存在产生了以下两个客观现象：① 厚板本身存在一个相对较长的自升温阶段，即中厚板或者厚板需要一段时间加热才能达到预设的时效温度，该阶段持续时间的长短取决于板材的厚度、尺寸及热处理炉的功率等因素；② 因为板材厚度的增加，在板材高向上存在温度梯度，该温度梯度同样受到板材的厚度、尺寸及热处理炉功率的影响。除此之外，热处理加热方式也是决定板材厚向温度梯度大小的重要因素。由实测温度场可知：温度梯度主要存在于加热阶段。随时效时间的延长，温度梯度逐渐减小，板材整体温度最终趋于一致。

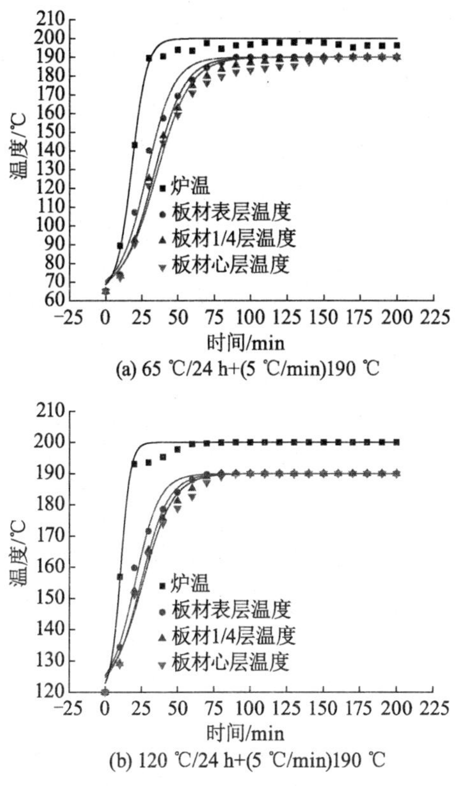

(a) 65 ℃/24 h+(5 ℃/min)190 ℃

(b) 120 ℃/24 h+(5 ℃/min)190 ℃

图 2-15　回归处理温度场

RRA 是一个包含预时效(峰时效或者稍微欠时效)、高温回归以及再时效(峰时效)处理的三级过时效制度。在回归阶段,合金晶内析出相的演变规律十分复杂,既包括小于临界尺寸的预时效析出相的回溶,大于临界尺寸的预时效析出相的长大,也包括少量强化相的再析出,在回归的后期还伴随着析出相的粗化以及平衡相的出现等。相对于预时效和再时效阶段,回归处理要求高温短时。对于常规回归温度来说(180 ~ 200 ℃),其对应的有效回归时间通常只有几分钟到几十分钟,继续延长回归时间将导致晶内相严重粗化,恶化合金的力学性能。微观组织则对回归温度极为敏感,因此回归阶段的温度控制难度较大,极小的温度梯度就可以造成厚向析出组织的演变特征发生较大程度的不均匀性。图 2-16 所示为预时效制度(105 ℃,24 h)相同的条件下,不同回归温度等温回归所对应的硬度演变规律。由图可知,10 ℃左右的回归温度差异导致回归硬度的演变规律发生明显的不同,如表 2-4 所示。

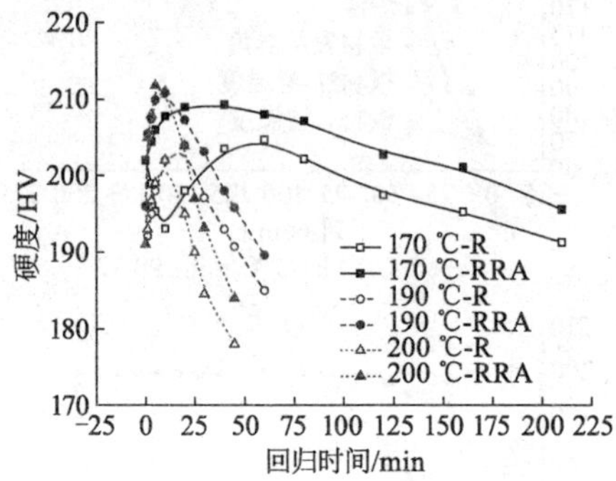

图 2-16　回归及再时效硬度曲线对比

表 2-4　7055 铝合金回归硬度值及对应时间

温度/℃	HV_1	t_1/min	HV_2	t_2/min	HV_3	t_3/min
170	193.1	10	204	60	209.3	40
190	192.1	1	204	20	211	10
200	191		202	10	212	5

表 2-4 中,HV_1、HV_2 对应回归硬度谷值和峰值,HV_3 对应再时效硬度峰值,t_1、t_2、t_3 为各硬度值在硬度曲线上所对应的时间。由表可知,各回归温度下,谷值点、峰值点硬度对应的时间相差很大。换句话说,相同回归时间条件下,各回归温度对应的硬度存在较大的差异。如前所述,温度梯度主要存在于加热和板材升温阶段,因此,图 2-17 所示相同预时效状态下的等温回归及再时效硬度演变曲线并不能完全反映包含升温阶段的厚板非等温回归硬度演变过程。这是因为在升温过程中,温度梯度已经改变了材料的初始组织状态,等温回归阶段实际上已经演变为对不同预时效组织的回归处理。

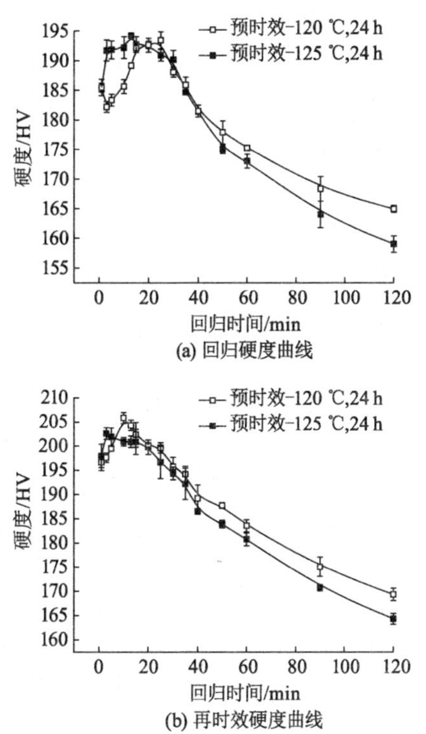

图 2-17　不同预时效制度下,7055 铝合金回归及再时效硬度曲线对比(回归温度 190 ℃)

下面做一个理想状态的假设:假设预时效为峰值时效,那么回归的初始组织会出现两种情况:① 回归加热速率极快,以至于加热时间可忽略不计,那么回归阶段的初始组织就是峰时效组织;② 当回归加热速率降低,加热阶段延长,此阶段的温度高于预时效温度但低于回溶温度。可以认为是未发生回溶的二次时效,预析出相继续长大。此这种情况下,初始组织偏离峰时效状态,呈现部分过时效特征。对于厚板的回归,表层的回归加热速率相对较快,对应情况①,心层相对升温较慢,类似情况②。不同的初始组织在随后相同的等温回归处理时发生了不同程度的回溶和粗化。心层的过时效特征导致回溶量减少,回归硬度峰值和回归的粗化阶段提前,在相同的回归时间下,表现出硬度值下降。

图 2-17 所示为不同预时效处理后相同回归温度(190 ℃)等温处理后的回归及再时效硬度演变曲线,以模拟 30 mm 厚板不同层在经过升温阶段的温度梯度影响后的实际硬度变化。其中 120 ℃,24 h 预时效和 125 ℃,24 h 预时效组织分别模拟对应表层和心层的初始回归组织。由图 2-17a 可知,120 ℃,24 h 预时效组织在 10 min 左右才出现硬度谷值点,而 125 ℃,24 h 预时效组织的回归硬度谷值点几乎没有,即在等温阶段已经几乎观察不到回溶。相应地,125 ℃,24 h 预时效组织的回归峰值点提前大约 15 min,其硬度随后即开始下降,对应析出相的粗化阶段提前到来。而峰时效组织的硬度在回归 25 min 达到峰值,其组织粗化开始时间也推迟了大概 15 min。由图 2-17b 可知,由于回归行为的不同,125 ℃,24 h 预时效组织在回归再时效后其硬度值始终较低,这就是因为析出相的粗化程度较高所致。

实际上,厚板整体都存在一个升温阶段,因此其表层的回归初始组织也偏离了预时效状态。当预时效为峰时效时,表层组织也出现了一定程度的过时效特征,只是其长大或者粗化程度较低而已。因此,对厚板的回归而言,将峰时效作为预时效制度并不是最佳的选择。慢速升温条件下,近峰时效的欠时效制度可有效避免板材向过时效状态转变,从而提高其强度。

图 2-18 给出了 7055 - 30 mm 厚板表层和心层组织从预时效到回归结束状态的演变过程,其回归再时效制度为:105 ℃,24 h (3 ℃/min 回归加热速率) + 190 ℃,100 min + 120 ℃,24 h。从图中可以清楚地看出微观组织不均匀性的产生和演变过程。由图 2-18a,b 可以看出,经预时效处理后,表层和心层的析出相无论在尺寸、密度及相种类等方面,都没有出现明显的不均匀性。虽然等温预时效前同样存在升温阶段,但是该阶段温度低于预时效温度,且该阶段持续时间远远小于 24 h,因此析出相在此阶段基本不会出现明显的均匀性差异。当预时效结束后,板材进入回归加热阶段。与预时效的加热阶段不同,该阶段持续时间在回归过程中所

占比例较大，不可忽略，且该阶段温度高于预时效温度，强化相的时效程度相应加剧，温度梯度导致不均匀性程度增大（见图 2-18c，d）。在等温回归过程中，各层析出相都开始粗化，但加热阶段出现的组织不均匀性被保留下来。在回归结束后，表层析出相较为细小，而心层粗化程度相对较大（见图 2-18e，f）。

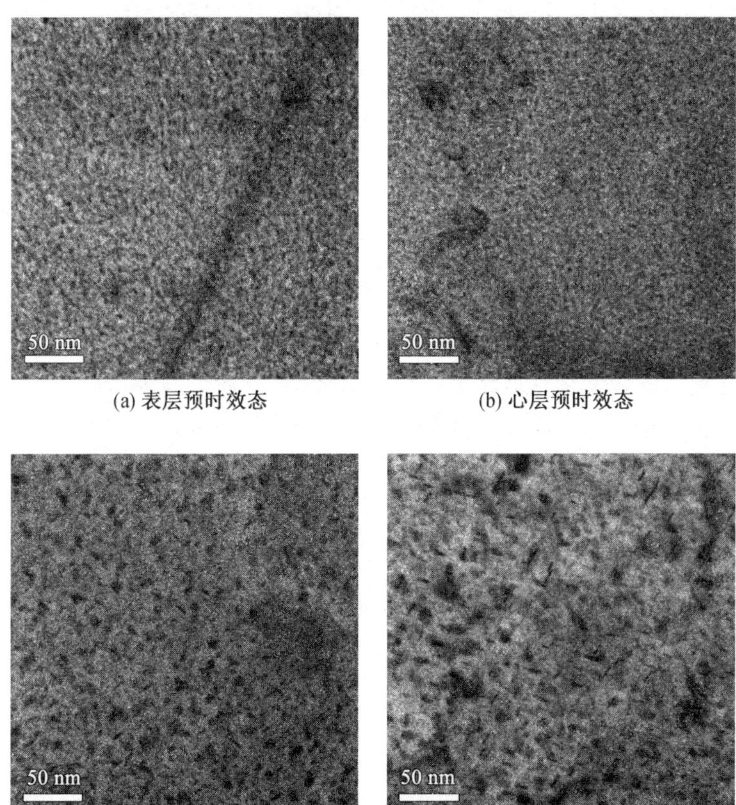

(a) 表层预时效态　(b) 心层预时效态

(c) 表层回归开始(加热结束)　(d) 心层回归开始(加热结束)

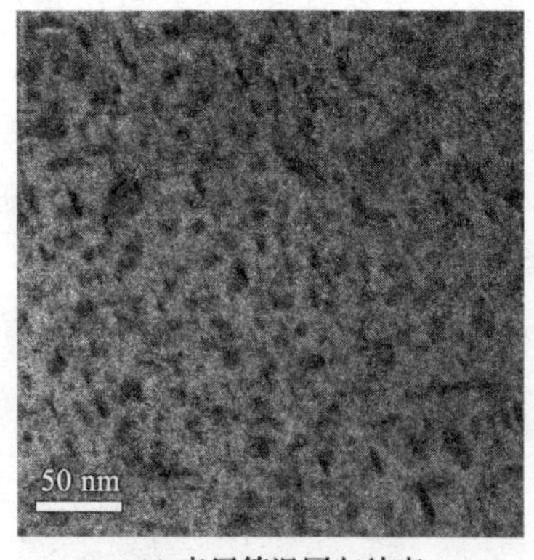

(e) 表层等温回归结束

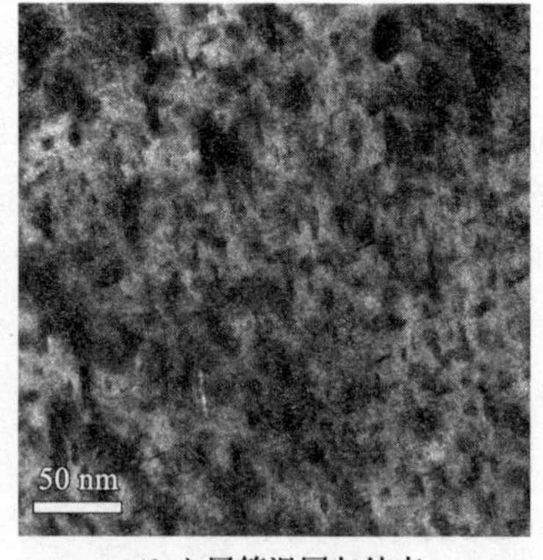

(f) 心层等温回归结束

图 2-18　7055－30 mm 厚板表层和心层组织演变的 TEM 观察

2.2.2　板材厚度方向织构梯度的影响

由于7055铝合金厚板的轧制变形存在厚向应变量的不均匀性,表层的应变量远远高于心层,板材经轧制变形后表层的变形储存能相对较高,其固溶再结晶程度较高(见图2-6a,d),因此产生了相对较多的再结晶型织构。而板材心层的变形储存能低,再结晶程度相对较小(见图2-6c,f),因而形变织构保留较高,再结晶型织构含量少。此外,摩擦力的影响导致表层和1/4层出现剪切织构。

文献[90,118－120]指出,多晶体材料的屈服强度$\sigma_{0.2}$可以表示为

$$\sigma_{0.2}=\sigma_{gb}+M\tau \tag{2-1}$$

式中,σ_{gb}为来自(亚)晶界强化的屈服强度;M为泰勒因子,由晶粒取向和受力方向决定;τ为临界分切应力,包括本征临界分切应力及来自固溶强化、析出强化的所引起的临界分切应力。

表2-5所示为典型织构在轧向拉伸状态下的泰勒因子。由表可知,典型轧制取向的泰勒因子值要明显高于再结晶取向的泰勒因子值。

表 2-5　轧向拉伸状态下典型结构的泰勒因子 M 值[62,96]

织构类型		泰勒因子
形变织构	B	3.17
	S	3.33
	C	3.7
	R-Cube(剪切织构)	2.85
再结晶织构	Cube	2.45

结合屈服强度表达式可知,由于心层至表层的再结晶程度逐渐增加,因此 σ_{gb} 值是从表层至心层逐渐增大的。对于析出强化型合金来说,临界分切应力 τ 主要取决于析出强化。由 7055 铝合金厚板不同层析出不均匀性的分析可知,表层的析出强化效果稍高于心层,因此 $\tau_{表}$ 略高于 $\tau_{心}$,但是 $M_{表}$ 低于 $M_{心}$,M 值越大,强化效果越好。因此屈服应力的不均匀性由晶界强化,析出强化和泰勒因子不均匀性共同决定。从强度的比较可知,表层强度小于心层强度,正是因为晶界强化和泰勒因子的反向不均匀性抵消并超过了析出不均匀性所致。

综上所述,为了提高 7055 铝合金厚板的强度,应该尽量降低板材的固溶再结晶程度,保证板材具有高含量的轧制型织构并提高析出强化效果。而为了提高 7055 铝合金厚板的强度均匀性,应该降低厚向再结晶程度的差异、厚向织构类型的差异及减小析出强化效果的不均匀性。其中再结晶的控制主要取决于热轧变形参数和固溶处理,应避免在发生较大程度动态再结晶的加工参数区域(温度和应变速率)进行热轧。此外,固溶时应采用多级固溶制度以增加回复程度,减小静态再结晶。再结晶程度的总体减小有利于降低因晶界强化不均匀性引入的厚向性能不均匀性。厚板厚向织构的不均匀性来自于热轧本身,降低织构不均匀性难度较大,该研究内容不作为本书的阐述重点。对于 7055 铝合金厚板来说,T7751 是其最终的热处理状态,因此其厚向析出不均匀性主要来自回归阶段。回归参数的合理匹配(回归加热/冷却速率)是降低厚向析出不均匀性的关键。

2.3　小结

本章针对各7055铝合金铸锭及厚板各状态,从晶粒度、再结晶程度、晶粒形貌、织构、粗大第二相、析出相及强度等方面详细地研究了厚板厚向的组织和性能不均匀性,得到的主要结论如下:

① 在铸锭的冷却过程中,存在温度场的不均匀性,导致7055铝合金铸锭的心部晶粒组织相对粗大,约为150 μm。铸锭表层组织晶粒尺寸较小,为70～80 μm。

② 7055铝合金30 mm轧板晶内存在大量的η相,晶界上富集粗大的S(Al_2CuMg)相和Al_7Cu_2Fe相。30 mm厚板心层晶界相比表层和1/4层更为粗大,且心层晶界相的分布比表层和1/4层略显连续。

③ 7055铝合金固溶态粗大第二相以再结晶晶界处的S相(Al_2CuMg)和Al_7Cu_2Fe相为主。粗大第二相以链状形式沿轧制方向分布,其尺寸由表层向中心逐渐增大。

④ 7055铝合金固溶后再结晶分数由表层到中心层呈减小趋势。板材表层再结晶分数约为55%,心部再结晶分数约为31%,1/4层介于两者之间,约为49%;表层再结晶晶粒长宽比最小,1/4层的再结晶晶粒宽度减小,长宽比增加,心部再结晶晶粒保留了最多的形变组织特征,其长宽比最大。不同层再结晶程度和晶粒形貌的大小将导致不同层强度的不均匀性。

⑤ 7055-30 mm厚板在经过三级时效处理后,其晶内析出相以η′相和η相为主,晶界相为粗大、断续分布的η相,且其厚向析出组织存在较大程度的不均匀性:表层晶内析出相相对细小,体积分数高,心层析出相有一定程度的粗化,平衡相η相数量增多;表层晶界相相对粗大,断续程度更高。

⑥ 7055-30 mm厚板经回归再时效后,其硬度值由表层至心层逐渐降低,表层硬度比心层高出约10 HV。电导率由表层至心层

逐渐增加。电导率的不均匀性较小，只有约 1% IACS。但是 7055 - 30 mm 厚板各层的抗拉强度、屈服强度和延伸率由表层至心层逐渐增加，其中强度差异为 45 ~ 50 MPa。

⑦ 7055 铝合金固溶再时效态厚板中心层附近为典型的轧制织构：黄铜型 B{011} <211> 取向，S{123} <634> 取向和铜型 C{112} <111> 取向。板材表层附近除了典型的轧制织构外，还存在再结晶织构和剪切织构：Cube 型{001} <100> 取向和 R-Cube 型{111} <110> 取向。轧制型织构的相对含量从表层至心层逐渐增加，其总体积分数从表层的 45.8% 增加到心层的 60.1%。再结晶型织构和剪切织构只存在于表层。

⑧ 7055 铝合金厚板回归再时效态厚向强度的差异主要与晶粒尺寸和织构有关。轧制型织构的泰勒因子高于再结晶和剪切型织构，厚向织构梯度产生不同的泰勒因子不均匀性导致 7055 铝合金厚板心部强度高于表层。

第3章 铸锭组织不均匀对7055铝合金厚板热加工参数的影响

对于常温塑性变形能力较差的铝合金而言,通常用热变形来重组合金组织结构,从而得到所需产品的尺寸及相应的机械性能。在热变形过程中,温度、应变速率和变形量(应变量)的综合作用改变了合金的宏、微观组织,而合金制品的最终性能部分或完全取决于热变形组织特征。因此,研究诸如热加工温度和速度等变形参数是如何影响合金的热变形行为就显得非常重要。此类研究通常采用不同温度、应变速率和应变量的高温等温压缩或者扭转实验,建立本构方程,利用位错理论和动力学分析研究材料在热变形过程中的动态软化行为(动态回复和动态再结晶)及某种动态软化行为对应的温度和应变速率区间。在此基础上,针对合金的性能需求,制定合适的热变形工艺规程。7055 铝合金热轧板(厚板)是大飞机上机翼壁板、机翼桁条和龙骨梁等高强结构件的前序产品,精确的热变形本构模型和正确的热变形行为分析,对制定合适的热轧工艺及得到优良性能的热轧板有着重要的意义。通过第 2 章对 7055 铝合金铸锭,30 mm 厚板再结晶等组织的厚向均匀性分析可知,大尺寸铸锭由于存在冷却速率的问题,导致不同层晶粒尺寸、初生相的大小、体积分数出现差异。铸锭组织的不均匀将使厚向组织的热变形行为出现一定程度的差异,导致动态软化行为对应的热变形参数区间发生变化,进而影响热变形组织的均匀性。比如动态再结晶程度的不同会进一步影响后续固溶再结晶和合金时效态的力学和腐蚀性能。

目前,已经有大量有关材料本构模型和热变形行为的报道,但是这些报道多集中于 Al - Mg 合金[177,178]、钢铁[179-183]及镁合金[184-186]等,有关7055铝合金热变形行为的研究甚少,而且关于7055铝合金不同初始组织热变形行为的研究未见报道。本章针对7055铝合金铸锭组织的不均匀性,详细介绍了7055铝合金铸锭表层和心层组织的本构方程、热加工图和动态再结晶方程的建立,深入研究了各层热变形行为及动态再结晶程度的差异。本章的研究结果一方面可以进一步解释厚板厚向再结晶组织不均匀性产生的原因;另一方面,将为7055铝合金厚板热轧工艺的制定奠定理论基础。

3.1 实验材料和方法

实验用材料与第2章相同,为7055铝合金420 mm厚铸锭,已经过均匀化处理,分别从表层和心层取热压缩试样。样品为直径10 mm,高15 mm,且两端带有0.2 μm深凹槽的圆柱试样,压缩时凹槽内添加75%石墨+20%机油+5%硝酸二甲苯脂以减少试样与夹头之间的摩擦。在试样的半高处钻直径为0.8 mm,深5 mm的小孔以安放热电偶。不同层试样取样位置如图3-1所示。

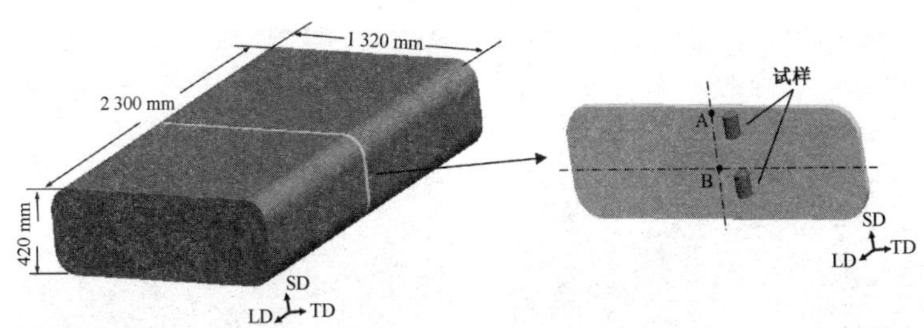

图3-1 热压缩实验分层取样示意图

等温热压缩实验在 Gleeble - 3500 热模拟试验机上进行。热变形条件见表3-1。样品热压缩后立即水冷至室温以保留变形组织。沿平行压缩轴线方向切开变形后试样,选取纵剖面制备样品进行显微组织观察,取剖面的中心部位作为组织观察面。初始组织(均匀化态)和热压缩后组织的 EBSD 观察在 Sirion 200 场发射扫描电镜(SEM)上进行,其中 EBSD 测试的扫描步长为 2.5 μm,EBSD 结果分析在 TSL OIM Analysis 5 软件上完成。分析未考虑晶粒取向差小于 2°的晶界[36]。热压缩金相组织使用 MX3000 型金相显微镜观察,透射组织观察由 TECNAI G^2 F20 S-TWIN TMP 场发射透射电镜完成。

表 3-1 热压缩实验条件

变形参数	温度/℃	压缩量/%	应变速率/s^{-1}
表层	270,300,350,400,450	80	0.1,1,5,10,25
心层	300,350,400,450	70	0.01,0.1,1,10

3.2 铸锭不同层组织的应力-应变曲线

图 3-2 所示为铸锭不同位置样品的扫描组织图片。结合第 2 章可知:相对于表层,心层晶粒尺寸明显粗大,这是因为铸锭心层的低冷却速率使晶粒有充足的时间长大。心层晶粒平均尺寸为 150~200 μm,而表层晶粒平均尺寸则只有 70~80 μm。

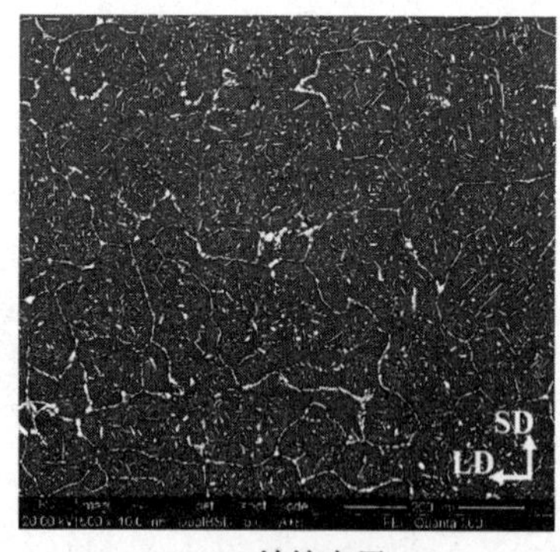

(a) 铸锭表层

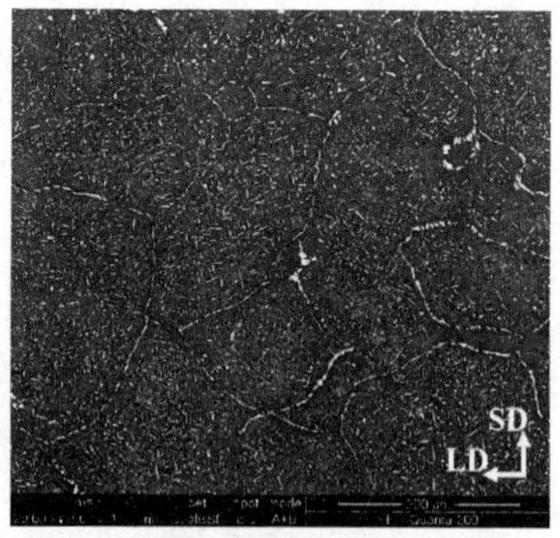

(b) 铸锭心层

图 3-2 热压缩前的初始组织

在高温变形下细晶组织晶界的增多将会对热变形行为产生一定的影响。热变形行为的差异导致动态软化程度及形变储能的不均匀性,进而影响固溶再结晶程度,乃至后续的时效热处理强化效果。

图 3-3 所示为铸锭心层和表层组织不同变形条件下对应的真应力 - 应变曲线。首先总结不同晶粒度试样应力 - 应变曲线的类似特征:

① 应变量较小时,变形抗力随着应变量的增加而快速增大。这是因为在小变形量条件下,形变储能低,不足以激发更大程度的动态软化,此时加工硬化起主导作用。

② 应变继续增大时,动态软化的作用开始体现出来。众所周知, 动态软化包括动态回复和动态再结晶,不同动态软化机制对应不同的流变特征。随着应变量的增加,当变形应力增大到某一峰值后,其变化趋于平缓或基本保持不变,此类流变特征一般标志着动态回复的发生。相对应地,随着应变量的增加,变形抗力曲线迅速升高至峰值后下降,呈现出不连续屈服的现象。这种流变特征一般被认为是材料内部组织发生了动态再结晶,同时也可能是某种动态失效行为的标志。

③ 相同应变量和应变速率条件下,随变形温度的增加,流变应力水平都呈下降趋势。这是因为随着温度的升高,合金内部有更多的滑移系参与变形。此外,基体中原子的振动加剧以及位错攀移能力的增强都使塑性增强,流变应力降低。

④ 在相同应变量和变形温度条件下,随着应变速率的增加,流变应力水平都呈上升趋势。这是因为位错密度随着应变速率的增加而增大,位错运动时相互作用的概率相应提高,提高了材料的变形抗力。

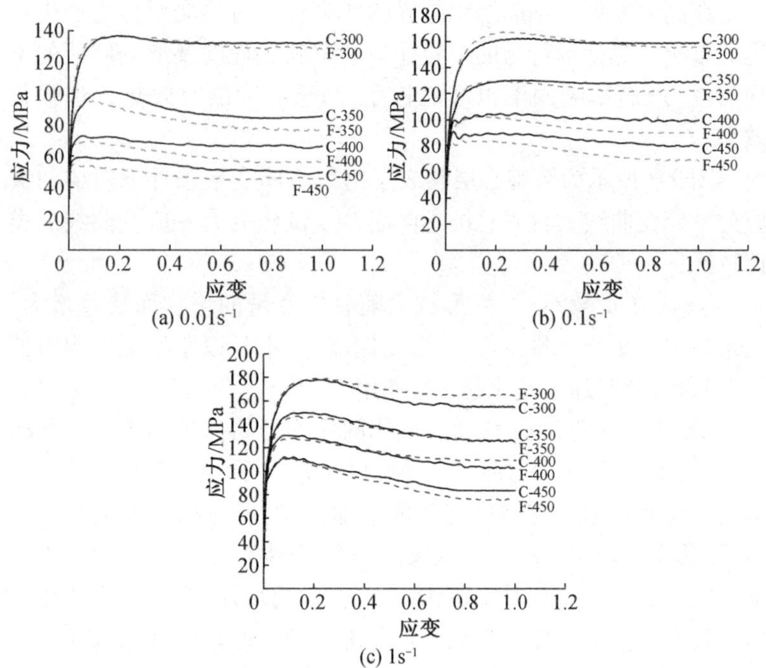

F—表层细晶组织试样；C—心层粗晶组织试样。

图 3-3　不同应变速率条件下的应力－应变曲线

下面再比较两组应力－应变曲线的不同点：

① 由表 3-2 和表 3-3 的对比可知：相同变形条件下，两组曲线的流变应力峰值水平不同。在高温（400～450 ℃）和低应变速率条件下（$0.1s^{-1}$和$1s^{-1}$），即低 Z 值条件下，心层试样的流变应力大于表层试样的流变应力。然而，当应变速率增大，表层试样与心层试样的流变应力差距减小，且表层组织的流变应力峰值略大于心层。

表 3-2　心部材料应力应变曲线峰值应力

MPa

应变速率/s^{-1}	温度/℃			
	300	350	400	450
0.01	97.2	68.9	50.2	38.4
0.1	126.8	93	74.2	61.6
1	161.5	126.1	101	90
10	194.5	164.3	134.4	116.3

表 3-3　表层材料应力应变曲线峰值应力

MPa

应变速率/s^{-1}	温度/℃					
	270	300	350	400	430	450
0.1	164.4	133.1	95.2	69.8		55
1	189	161.6	126.6	102		84
5	197.3	180.6	153.2	127.4		101.6
10	196.3	194.2	165.2	133.8	111.8	试样破裂
25	199	191.5	160.2	135.6	125.8	试样破裂

② 在温度为 450 ℃时，当应变速率大于或等于 10 s^{-1}时（10 s^{-1}和 25 s^{-1}），表层试样出现流变失稳现象，低于或者等于 430 ℃失稳现象消失。心层试样在 450 ℃ − 10 s^{-1}变形条件下未出现流变失稳。

③ 对于表层试样来说，变形温度过低（270 ℃）时，大应变速率下流变应力峰值几乎没有差异，这也可能与某些动态失效行为有关。

④ 当应变速率较低时（0.1 s^{-1}和 1 s^{-1}），相同应变速率条件下，从 300 ℃至 450 ℃的温度范围内，表层试样的应力差较心层试样大。由峰值应力对比可知，这是由于高温低应变速率下，表层试

样的流变应力值较低造成的，与某种动态软化机制的增强有关。

综合组织和流变应力特征可知，因为初始组织的不均匀性，可能导致了上述流变应力特征的差异，具体的分析还需要结合热变形行为以及形变后组织来进一步说明。

3.3 热加工图的建立

图 3-4 所示为不同层(不同晶粒度)试样在真应变为 0.7 条件下对应的热加工图。不同灰度表示功率耗散因子大小，数字与灰度匹配，点线上方代表流变不稳定区域。由图可知，两种组织都在高应变速率条件下出现流变失稳现象(见图 3-4a,b)。在变形温度较高的时候，发生流变失稳的应变速率下限约为 1.6 s^{-1}，且该下限随着变形温度的降低而降低；当变形温度为 300 ℃和 270 ℃时，流变失稳出现的应变速率下限已经分别降低至 1 s^{-1}和 0.1 s^{-1}。在上述热变形条件下 7055 铝合金存在特殊的显微组织或流变失稳机制，热加工时应避免这些区域。由上述分析可知，7055 铝合金在本实验条件下的安全加工参数对应变速率更为敏感，在应变速率低于 0.1 s^{-1}时，本实验条件下的安全加工温度为 270 ~ 450 ℃；当应变速率高于 0.1 s^{-1}时，需在 350 ℃以上温度加工才能保证较大的功率耗散因子。

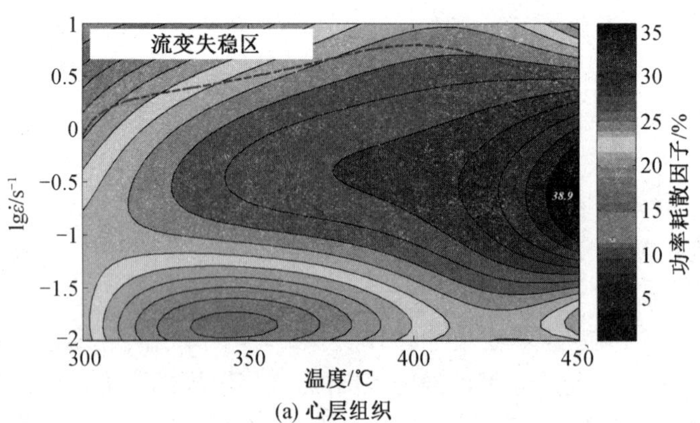

(a) 心层组织

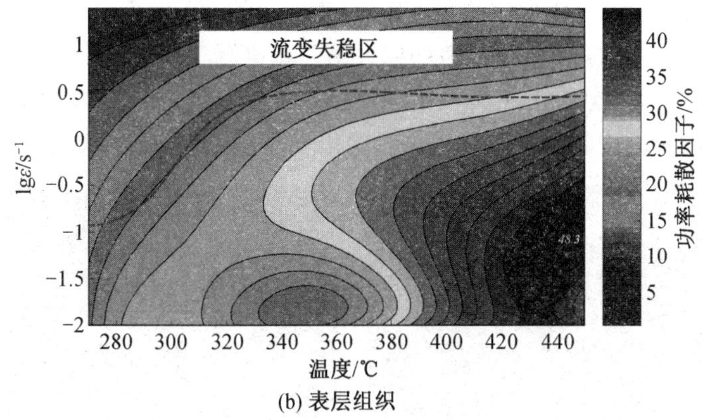

(b) 表层组织

图 3-4　不同晶粒度组织对应的热加工图(ε=0.7)

在材料安全加工区域,功率耗散因子越大,即能量状态越低,越容易加工,所以最优变形工艺应当选定安全加工区域内功率耗散因子最大值所对应的加工条件。通过加工图可知,两种组织都在高温低应变速率下(低 Z 值)出现耗散峰值,其中细晶组织(表层)的功率耗散因子峰值出现的应变速率范围为 0 ~ 0.3 s^{-1},温度范围为 420 ~ 450 ℃,而粗晶组织(心层)的功率耗散因子峰值出现的应变速率范围为 0.1 ~ 0.5 s^{-1},温度范围为 440 ~ 450 ℃。其中细晶组织的功率耗散因子峰值比粗晶组织的约高 23%。这说明在几乎相同的热变形条件下,细晶试样发生了更大程度的动态组织演变。一般认为功率耗散因子峰值条件下的动态组织演变为动态再结晶(DRX)。在高合金化铝合金中,DRX 的峰值耗散低于 50%,约为 35%。因此功率耗散因子峰值区域的热变形行为可认为对应 7055 铝合金发生 DRX 的热加工参数范围。

图 3-5 所示为不同变形条件下表层试样对应的热变形组织。由图可知,在高变形温度条件下(450 ℃),热变形组织中出现大量的再结晶晶粒。这些再结晶晶粒一般存在于原始大角度晶界上,如图 3-5a,b 中的细小近等轴晶粒。其中,应变速率为 0.1 s^{-1}时,其再结晶程度相对较高,且再结晶程度随应变速率的增大而下降。当应变达到 10 s^{-1}时,热变形组织显示出剪切变形特征,如图 3-5c

所示,这意味着表层组织在450 ℃ $-10\ s^{-1}$条件下出现流变失稳。随着变形温度的降低,未回溶的粗大第二相也逐渐增加(见图3-5d)且无明显的动态再结晶晶粒出现,这说明在低于450 ℃的变形条件下,热变形中的动态软化机制已经由动态再结晶演变为动态回复。

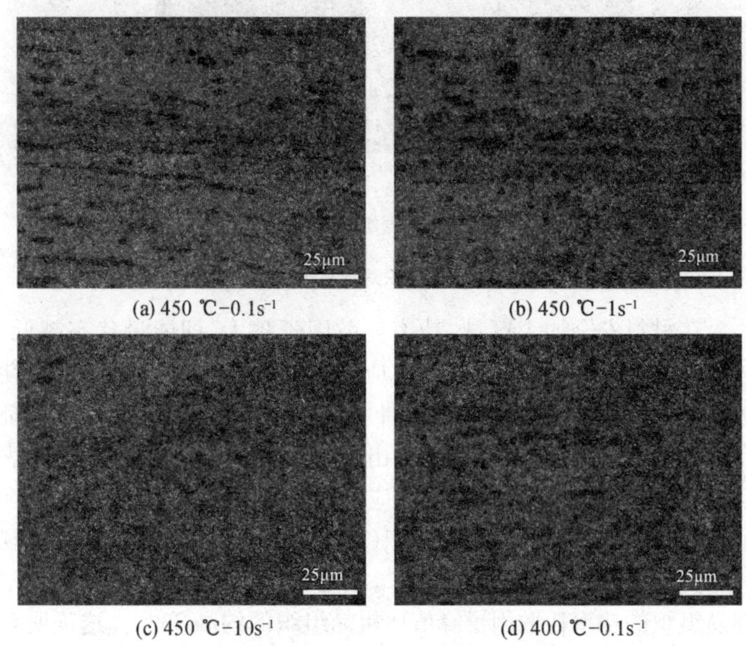

(a) 450 ℃$-0.1s^{-1}$　(b) 450 ℃$-1s^{-1}$　(c) 450 ℃$-10s^{-1}$　(d) 400 ℃$-0.1s^{-1}$

图3-5　不同热变形条件下表层试样对应的热压缩组织

图3-6所示为心层组织对应的典型热变形组织。其组织演变规律与表层组织相类似,在低应变速率和高温下,动态再结晶程度相对较高。随着变形温度的降低和应变速率的增加,动态回复成为主要的动态软化机制。

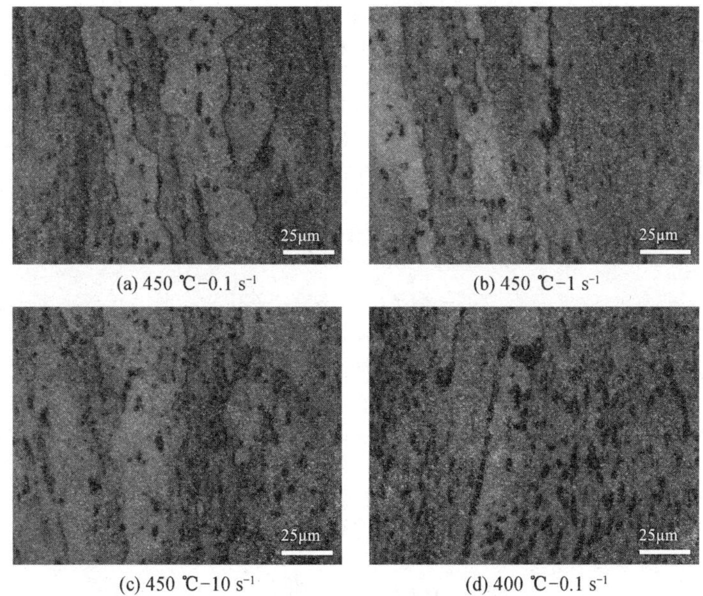

(a) 450 ℃−0.1 s^{-1}　(b) 450 ℃−1 s^{-1}

(c) 450 ℃−10 s^{-1}　(d) 400 ℃−0.1 s^{-1}

图 3-6　不同热变形条件下心层试样对应的热压缩组织

比较相同变形条件下不同层热变形组织的不同,可以明显地发现:① 心层组织的再结晶程度较低;② 心层再结晶晶粒尺寸明显增大。再结晶程度的不同说明变形过程中形变储能消耗程度的不同,较低的再结晶程度保留了相对较高的形变储能。在随后的固溶过程中,这部分形变储能将促使合金在高温条件下产生更高程度的静态再结晶,且较大的动态再结晶晶粒同时在固溶过程中继续长大,发展成为大尺寸的再结晶晶粒。再结晶程度的增加及不同层再结晶程度的不均匀性导致 7055 铝合金厚板力学和腐蚀性能的不均匀性。这种热变形组织的不同显然是由初始组织的不同造成的。

3.4　本构方程的建立

考虑到高合金化 7055 铝合金同时存在动态回复和动态再结晶两种软化机制,因此本节将对 7055 铝合金的表层和心层组织建立动态回复和动态再结晶双阶段本构方程。其中,动态再结晶阶段本构方程的数据将进一步应用到动态再结晶动力学方程的建立中。

(1) 动态回复阶段本构方程

动态回复本构方程的建立依据包含 Zener - Hollomon 参数的 Arrhenius 关系式,该理论描述如下:

$$Z = \dot{\varepsilon}\exp\left(\frac{Q}{RT}\right) \tag{3-1}$$

$$\dot{\varepsilon} = AF(\sigma)\exp\left(-\frac{Q}{RT}\right) \tag{3-2}$$

式中,Z 为 Zener - Hollomon 参数;Q 为表观激活能;$\dot{\varepsilon}$ 为应变速率;T 为变形温度;R 为气体常数;A 为常数。

$F(\sigma)$ 可描述为

$$F(\sigma) = \begin{cases} \sigma_{sat}^{n}, & \alpha\sigma_{sat} < 0.8 \\ \exp(\beta\sigma_{sat}), & \alpha\sigma_{sat} > 1.2 \\ [\sin h(\alpha\sigma_{sat})]^{n}, & \text{所有应力}(\sigma_{sat})\text{水平} \end{cases} \tag{3-3}$$

首先计算 n 和 β 值。将 $F(\sigma) = \sigma_{sat}^{n}, \alpha\sigma_{sat} < 0.8$ 和 $F(\sigma) = \exp(\beta\sigma_{sat}), \alpha\sigma_{sat} > 1.2$ 的关系式分别带入公式(3-3),对其两边取自然对数分别得到 $\ln\dot{\varepsilon} - \ln\sigma_{sat}$ 和 $\ln\dot{\varepsilon} - \sigma_{sat}$ 关系图。不同晶粒度试样对应的 $\ln\dot{\varepsilon} - \ln\sigma_{sat}$ 和 $\ln\dot{\varepsilon} - \sigma_{sat}$ 关系图分别如图 3-7 和图 3-8 所示。对各图中直线斜率的平均值取倒数即可得到 n_1 和 β 值,并由此得到 $\alpha(\alpha = \beta/n_1)$。

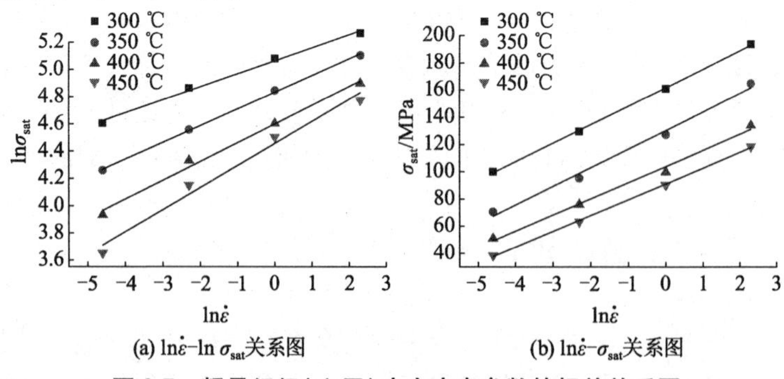

(a) $\ln\dot{\varepsilon}-\ln\sigma_{sat}$关系图　(b) $\ln\dot{\varepsilon}-\sigma_{sat}$关系图

图 3-7　粗晶组织(心层)应力应变参数的相关关系图

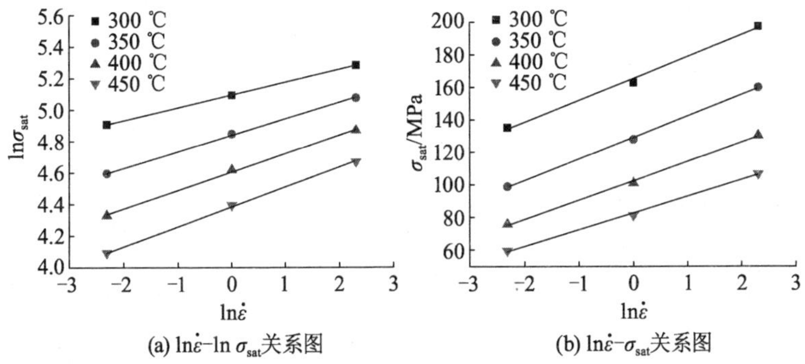

(a) $\ln\dot{\varepsilon}-\ln\sigma_{sat}$关系图　(b) $\ln\dot{\varepsilon}-\sigma_{sat}$关系图

图 3-8　细晶组织(表层)应力应变参数的相关关系图

当不考虑饱和应力水平的限制,由公式(3-2)可得:

$$\ln\dot{\varepsilon}=\ln A+n[\ln\sinh(\alpha\sigma)]-\frac{Q}{RT} \tag{3-4}$$

将 α 带入得到 $\ln[\sinh(\alpha\sigma_{sat})]$和 $\ln\dot{\varepsilon}$ 的关系图,得到更为准确的 n 值,即 n_2。再作 $\ln[\sinh(\alpha\sigma_{sat})]$与 $1/T$ 的关系图(见图 3-9),得到热变形激活能 $Q=Rn_2\{\mathrm{d}[\ln(\sinh(\alpha\sigma_{sat}))]/\mathrm{d}(1/T)\}$。不同晶粒度试样各参数见表 3-4。

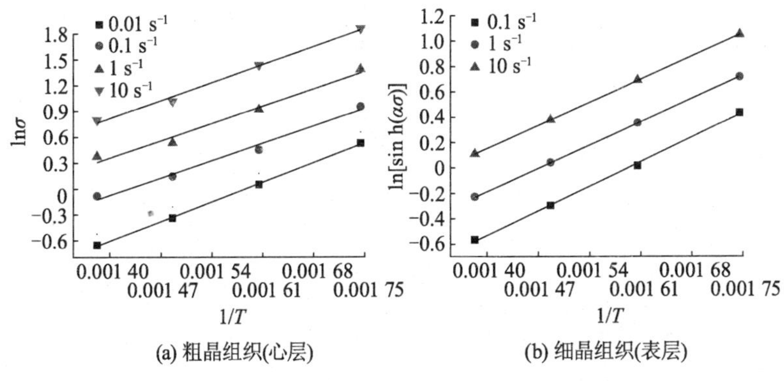

(a) 粗晶组织(心层)　(b) 细晶组织(表层)

图 3-9　$\ln[\sinh(\alpha\sigma_{sat})]-1/T$ 的关系图

表 3-4　不同层材料的动态回复本构方程参数及激活能

试样	n_1	n_2	α	β	A	$Q/(\mathrm{kJ\cdot mol^{-1}})$
粗晶(心层)	7.65	5	0.01	0.079	2.3×10^{8}	125.4
细晶(表层)	9.3	7	0.009	0.082	3.2×10^{10}	140

不同层试样对应的 σ_0 与 Z 参数,位错因子 r 与 Z 参数之间的关系分别如图 3-10 和图 3-11 所示。

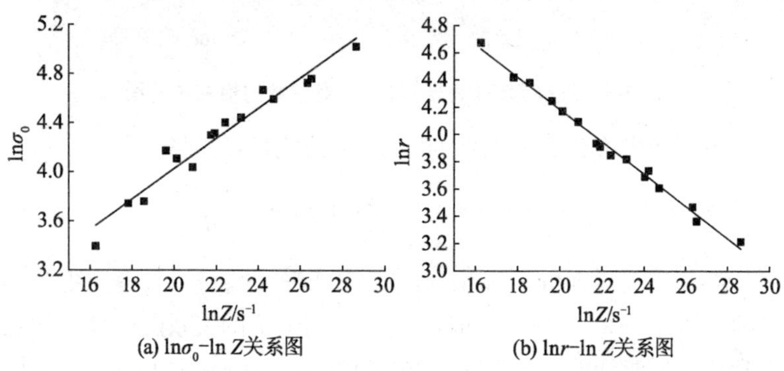

(a) $\ln\sigma_0$-ln Z关系图　　(b) $\ln r$-ln Z关系图

图 3-10　粗晶组织(心层)屈服应力及位错因子与 Z 参数的关系图

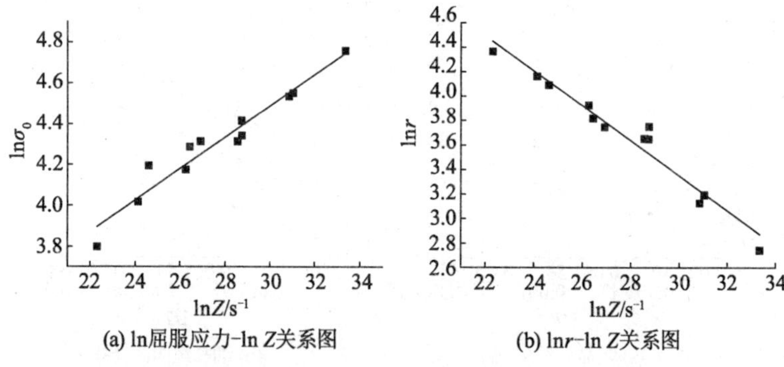

(a) ln屈服应力-ln Z关系图　　(b) $\ln r$-ln Z关系图

图 3-11　细晶组织(表层)屈服应力及位错因子与 Z 参数的关系图

对散点图做线性拟合得到不同层组织的屈服应力,位错因子与 Z 参数的关系式如下:

粗晶组织(铸锭心层):

$$\sigma_0 = 4.72Z^{0.12} \tag{3-5}$$

$$r = 7.35 \times 10^2 Z^{-0.12} \tag{3-6}$$

细晶组织(铸锭表层):

$$\sigma_0 = 10.6Z^{0.07} \tag{3-7}$$

$$r = 2.4 \times 10^3 Z^{-0.15} \tag{3-8}$$

综上所述,不同层组织对应动态回复阶段的本构方程可分别描述为

$$\text{铸锭心层:}\begin{cases}\sigma_{DRV} = \{\sigma_{sat}^2 - (\sigma_{sat}^2 - \sigma_0^2)\exp[-r(\varepsilon - \varepsilon_0)]\}^{1/2} \\ \sigma_{sat} = 76.9\sinh^{-1}[(Z/2.3 \times 10^8)^{0.196}] \\ \sigma_0 = 4.72Z^{0.12} \\ r = 7.35 \times 10^2 Z^{-0.12} \\ Z = \dot{\varepsilon}\exp\left(\dfrac{125\ 404}{RT}\right)\end{cases} \tag{3-9}$$

$$\text{铸锭表层:}\begin{cases}\sigma_{DRV} = \{\sigma_{sat}^2 - (\sigma_{sat}^2 - \sigma_0^2)\exp[-r(\varepsilon - \varepsilon_0)]\}^{1/2} \\ \sigma_{sat} = 111.1\sinh^{-1}[(Z/3.2 \times 10^{10})^{0.14}] \\ \sigma_0 = 10.62Z^{0.07} \\ r = 2.4 \times 10^3 Z^{-0.15} \\ Z = \dot{\varepsilon}\exp\left(\dfrac{140\ 000}{RT}\right)\end{cases} \tag{3-10}$$

(2) 动态再结晶阶段本构方程

根据饱和应力 σ_{sat}(单纯回复行为对应应力)与动态再结晶行为对应稳态流变应力水平 σ_{ss} 的关系可知,完全由动态再结晶产生的软化程度 X 可以通过动态回复曲线与动态再结晶曲线的差值 $\Delta\sigma$ 得到,具体表述如下:

$$X = \Delta\sigma / \Delta\sigma_{max} = \frac{\sigma_{DRV} - \sigma_{DRX}}{\sigma_{sat} - \sigma_{ss}}, \varepsilon > \varepsilon_c \tag{3-11}$$

式中,σ_{DRV} 为动态回复型曲线应力;σ_{DRX} 为动态再结晶型曲线应力。

由应力应变关系(见图3-3)及热加工图(见图3-4)分析可知,不同层组织都在高变形温度和低应变速率(低 Z 值)条件下产生较大程度的动态软化,因此选取该条件范围(0.01 ~ 0.1 s^{-1},450 ℃)

下应力应变曲线作为目标曲线,建立动态再结晶阶段的热变形本构方程。根据 Avrami 方程,完全由动态再结晶产生的软化程度 X 还可以表示成如下形式:

$$X = 1 - \exp\left[-\beta_d \left(\frac{\varepsilon - a_1 \varepsilon_p}{\varepsilon_{0.5}} \right)^{R_d} \right] \tag{3-12}$$

式中,β_d, a_1 和 R_d 为材料常数(与化学成分和组织有关)。$\varepsilon_{0.5}$ 表示动态再结晶完成 50% 对应的应变量大小。其中常数 a_1 一般设置为 0.8。

将式(3-11)带入式(3-12)可得

$$\frac{\sigma_{DRV} - \sigma_{DRX}}{\sigma_{sat} - \sigma_{ss}} = 1 - \exp\left[-\beta_d \left(\frac{\varepsilon - a_1 \varepsilon_p}{\varepsilon_{0.5}} \right)^{R_d} \right] \tag{3-13}$$

式中,σ_{DRV} 和 σ_{sat} 由已建立的动态回复阶段本构方程式(3-9)或者式(3-10)计算得到。其中,ε_p 与 Z 参数之间的关系通过线性拟合得到,即

铸锭心层: $$\varepsilon_p = 2.7 \times 10^{-3} Z^{0.172} \tag{3-14}$$

铸锭表层: $$\varepsilon_p = 2 \times 10^{-3} Z^{0.16} \tag{3-15}$$

将所选动态再结晶行为对应的应力 - 应变曲线相关参数带入公式,得到动态再结晶软化程度与应变的相互关系,从而得到完成动态再结晶 50% 对应的真应变数值。对该值与 Z 参数进行双对数关系的线性拟合,建立如下关系式:

铸锭心层: $$\varepsilon_{0.5} = 0.044 Z^{0.072} \tag{3-16}$$

铸锭表层: $$\varepsilon_{0.5} = 0.012 Z^{0.1} \tag{3-17}$$

将峰值应变、动态再结晶发生 50% 对应的应变及动态再结晶软化程度等参数再次带入式(3-12),并对其进行对数关系的线性回归得到材料常数 β_d 和 R_d。综上所述,不同层组织对应动态再结晶阶段的本构方程可分别描述为

$$\text{铸锭心层:}\begin{cases} \sigma_{DRX} = \sigma_{DRV} - (\sigma_{sat} - \sigma_{ss}) \left\{ 1 - \exp\left[-0.85 \left(\dfrac{\varepsilon - 0.8\varepsilon_p}{\varepsilon_{0.5}} \right)^{1.2} \right] \right\} \\ \varepsilon_p = 2.7 \times 10^{-3} Z^{0.172} \\ \varepsilon_{0.5} = 0.044 Z^{0.072} \end{cases} \tag{3-18}$$

$$
\text{铸锭表层:}\begin{cases}\sigma_{\mathrm{DRX}}=\sigma_{\mathrm{DRV}}-(\sigma_{\mathrm{sat}}-\sigma_{\mathrm{ss}})\left\{1-\exp\left[-0.54\left(\dfrac{\varepsilon-0.8\varepsilon_{\mathrm{p}}}{\varepsilon_{0.5}}\right)^{1.1}\right]\right\}\\ \varepsilon_{\mathrm{p}}=2\times10^{-3}Z^{0.16}\\ \varepsilon_{0.5}=0.012Z^{0.1}\end{cases}\tag{3-19}
$$

3.5　热变形组织观察

图 3-12 所示为心层组织经热压缩后的典型透射(TEM)照片。由图可知,ln Z = 26.5 时,基体内位错密度很大,存在大量的胞状组织,亚晶尺寸较小,只有 1 ~ 1.5 μm,亚晶界不明显。随着 Z 参数的减小(应变速率降低或者变形温度升高),位错密度逐渐降低,亚晶尺寸逐渐增大,亚晶界逐渐清晰且更加平直(见图 3-12d)。

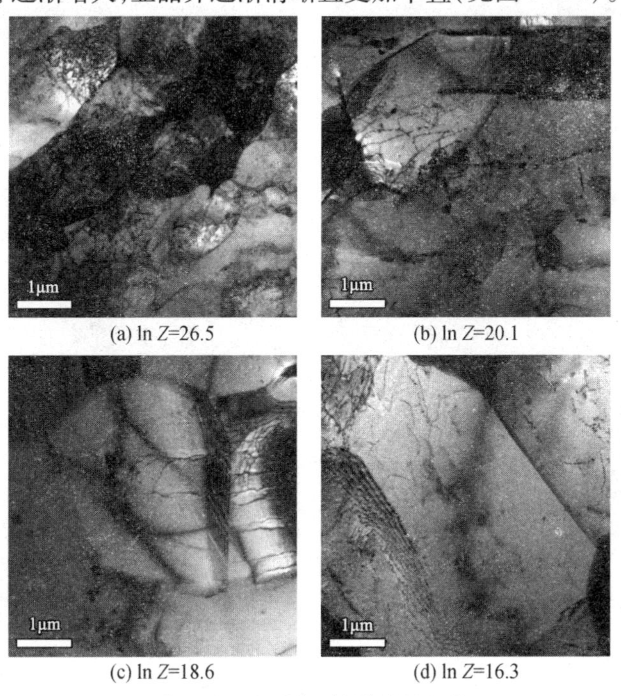

(a) ln Z=26.5　(b) ln Z=20.1

(c) ln Z=18.6　(d) ln Z=16.3

图 3-12　心层变形组织(TEM)

图 3-13 所示为表层组织经热压缩后的典型透射(TEM)照片。与心层组织的演变随 Z 参数变化的演变规律相类似,在高 Z 值条件下(见图 3-13a),包含大量位错缠结的胞状亚结构是其主要的组织特征;随着温度的升高和应变速率的减小,位错密度逐渐减小,亚晶尺寸增加。值得指出的是,在相同的热变形条件下,与心层组织相比,表层组织亚结构中位错密度相对更小,晶内更干净,且亚晶界更加明显和平直。这意味着在相同变形条件下,表层组织比心层组织发生了更大程度的动态软化,导致更多的位错在动态软化过程中消失。热变形组织亚结构的实验结果与宏观金相实验结果相符合,即心层组织的动态再结晶程度相对较低,形变储能保留程度大。

(a) ln Z=29.3　(b) ln Z=25

(c) ln Z=22.7　(d) ln Z=21

图 3-13　表层变形组织(TEM)

3.6　分析与讨论

3.6.1　初始组织不均匀性对热变形激活能的影响

纯铝的热变形激活能一般认为是 142 kJ/mol，本实验得出的不同层激活能都小于纯铝。这是因为 7055 合金为高合金化铝合金，其溶质原子浓度随变形温度的变化产生一定程度的波动，导致固溶强化作用的不同，使得 7055 合金与纯铝在相同温度下的应力水平出现差异。如前所述，7055 铝合金大规格铸锭在均匀化后采用空冷降温，该阶段持续时间可达数个小时。由初始组织观察和分析可知，大量的粗大第二相在晶内晶界大量析出（Al_7Cu_2Fe，Al_2CuMg，AlZnMgCu 及 $MgZn_2$ 相）。因此，均匀化空冷后的组织特征类似过时效状态，合金溶质原子浓度降低，强度很低。当变形温度较高时，大量的第二相回溶，基体溶质原子浓度上升，固溶强化作用提高，此时 7055 铝合金应力水平远远高于纯铝在相同变形温度下的应力水平。而在低温条件下变形时，第二相部分回溶，尺寸较大的第二相粒子仍然存在于基体中（对比图 3-5 和图 3-6 中不同温度下第二相的存在情况），此时由固溶强化产生的变形抗力程度低，与高温状态相比，其与相同变形温度下纯铝的应力水平差异相对较小。因此相同热变形参数条件下，不同变形温度导致应力水平差距减小。Cerri[187] 指出，与纯铝相比，铝合金变形抗力随着变形温度的降低而增加的程度可直接衡量该铝合金的热变形激活能。本章中，无论表层或者心层组织都类似过时效，因此其热变形激活能皆小于纯铝。

然而，由于 7055 铝合金铸锭表层相对心层的冷却速度快，其粗大第二相的尺寸相对较小（见图 3-2）。因此在相同热变形温度条件下（高温），表层组织第二相回溶量增多，固溶强化作用相对更大，此时变形抗力相对心层应该有所增加；在低温条件下，由于两层组织的固溶强化作用都很小，二者的应力水平几乎相同。根据 Cerri 的理论[187]，7055 铝合金均匀化态铸锭表层的热变形激活能理应低于心层。然而，通过计算，我们发现心层的热变形激活能(125.4 kJ/mol)反而低于表层(140 kJ/mol)。实际上，铸锭组织的不均匀性更大程度体现在晶粒尺寸的粗细方面。在高温条件下，晶界滑动成为材料变形的重要组成部分，此时金属或者合金材料的屈服强度随晶粒尺寸的演变规律不再遵循 Hall - Pethch 公式[48]，即粗晶材料的屈服强度更高。在 450 ℃时，表层组织由于晶粒较细，晶界含量增多，此时晶界滑移程度相对心层粗晶组织更为明显(450 ℃ - 10 s^{-1}条件下出现明显的剪切变形)，导致变形抗力下降，抵消了由于固溶强化产生的流变应力上升部分。除此之外，同样由于表层细晶组织的晶界增多，提供了更多的动态再结晶形核位置，这导致相同热变形条件下动态再结晶程度的增加，再次降低了该组织特征下合金的流变抗力水平。综合上述分析可知，表层组织的热变形应力水平对变形温度的影响更为敏感，随着变形温度的降低，其应力水平差异增大，导致其热变形激活能大于心层组织。

3.6.2 初始组织不均匀性对动态软化行为的影响

图 3-14 和图 3-15 所示分别为心层组织和表层组织在不同热压缩条件下的 EBSD 显微组织及其对应的晶界角度分布统计结果。初始晶粒垂直于压缩方向被压扁和拉长。400 ℃和 450 ℃变形时，由图 3-14a，c 及图 3-15a，b，c 可知：晶粒内部存在较高密度的亚晶界，局部大角度晶界(>15°)呈现锯齿状。研究表明：锯齿晶界形貌与大角度晶界两侧亚结构密度不同所产生的界面张力有关，是动态回复行为的一种典型表现，并能为后续的动态再结晶提供优先的形核位置。在大角度晶界处可观察到少量的等轴小晶粒(再结晶晶粒)。由于动态再结晶的发生必须达到临界变形量，观察可知大角度晶界处优先出现再结晶晶粒，而材料的连续不断变形又使得新晶粒内部产生高密度位错，有利于再结晶晶核的再次形成，进而抑制了再结晶晶粒的长大。因此，只在大角晶界处观察到连续链状分布的细小等轴再结晶晶粒。

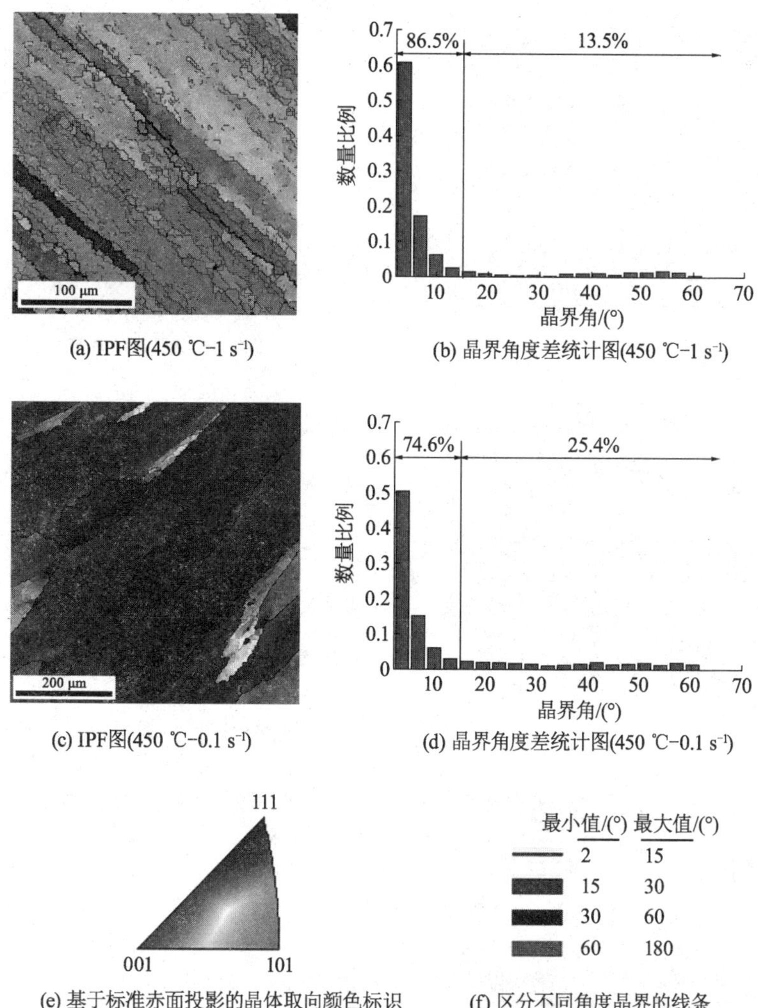

(a) IPF图(450 ℃−1 s^{-1})　(b) 晶界角度差统计图(450 ℃−1 s^{-1})

(c) IPF图(450 ℃−0.1 s^{-1})　(d) 晶界角度差统计图(450 ℃−0.1 s^{-1})

(e) 基于标准赤面投影的晶体取向颜色标识　(f) 区分不同角度晶界的线条

图 3-14　部分热变形条件下心层组织的 EBSD 图片及晶界角度分布图

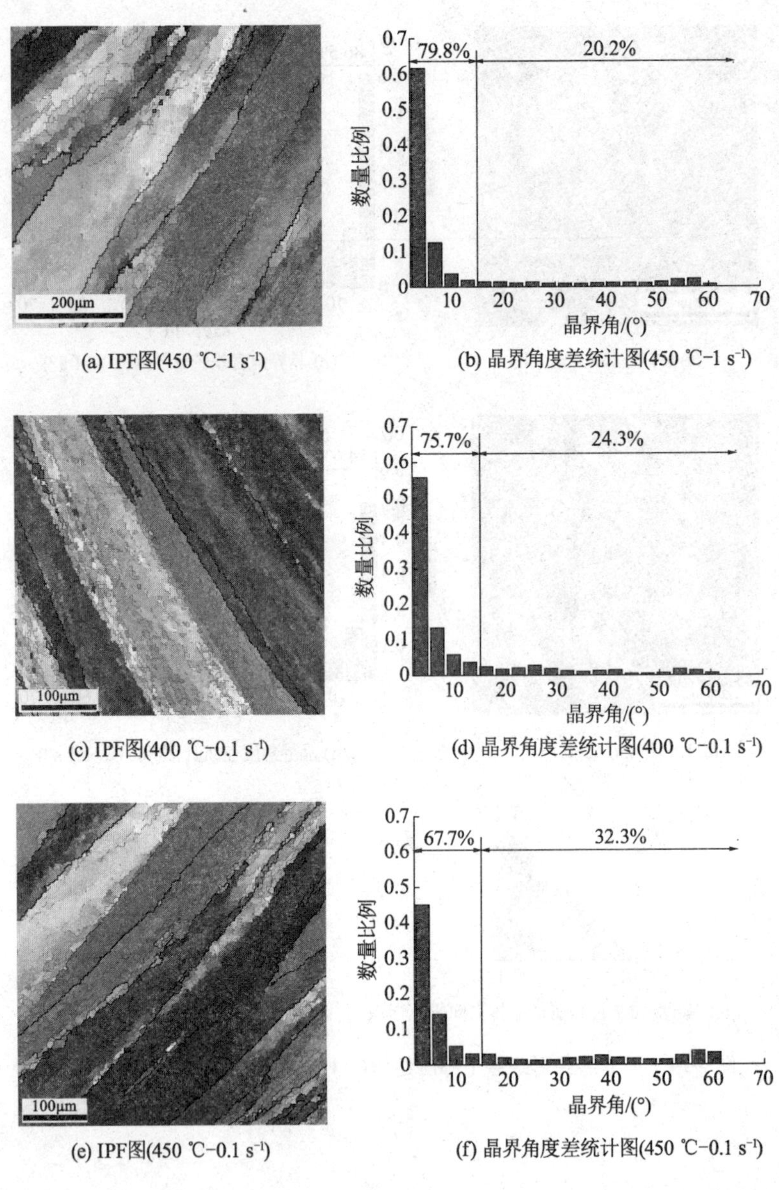

(a) IPF图(450 ℃-1 s^{-1})

(b) 晶界角度差统计图(450 ℃-1 s^{-1})

(c) IPF图(400 ℃-0.1 s^{-1})

(d) 晶界角度差统计图(400 ℃-0.1 s^{-1})

(e) IPF图(450 ℃-0.1 s^{-1})

(f) 晶界角度差统计图(450 ℃-0.1 s^{-1})

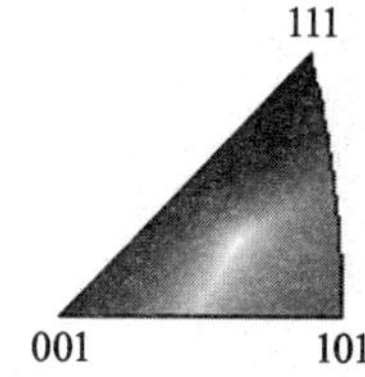

(g) 基于标准赤面投影的晶体取向颜色标识

	最小值/(°)	最大值/(°)
	2	15
	15	30
	30	60
	60	180

(h) 区分不同角度晶界的线条

图 3-15　部分热变形条件下的表层组织 EBSD 图片及晶界角度分布图

此外,对比不同温度和应变速率下大角度和小角度晶界的数量可知:两种不同尺寸晶粒组织的大角度晶界都随着变形温度的升高或应变速率的降低而增加,这说明低 Z 参数促进合金发生动态再结晶。

下面尝试对 7055 铝合金的动态再结晶机制做初步解释。图 3-16 所示为心层粗晶试样在 400 ℃和 0.1 s^{-1}条件下的 EBSD 组织观察。在左上角出现明显的尺寸约为 10 μm 的低位错密度区,表现出晶界弓出或锯齿晶界特征。可以预测,如果继续变形,则此处应成为再结晶形核的核心并形成如图中所示的细小等轴再结晶晶粒。此种动态再结晶形核机制类似"应变诱导晶界弓出(SIBM)",即原始大角度晶界两侧因位错密度的较大差异而产生晶界向高密度位错方向的局部弓出行为,当达到临界应变量的时候,在晶界迁移方向的反向留下无位错区域从而形成再结晶核心[188]。然而在本实验结果中,未发现晶界两侧存在明显的位错或亚结构密度差异,如图 3-16 所示。研究指出,如果 SIBM 现象出现在回复行为发生很充分的组织中,那么达到临界尺寸的单个亚晶粒的晶界迁移即可以完成形核而无须位错差,即所谓的"单亚晶 SIBM"机制[188]。

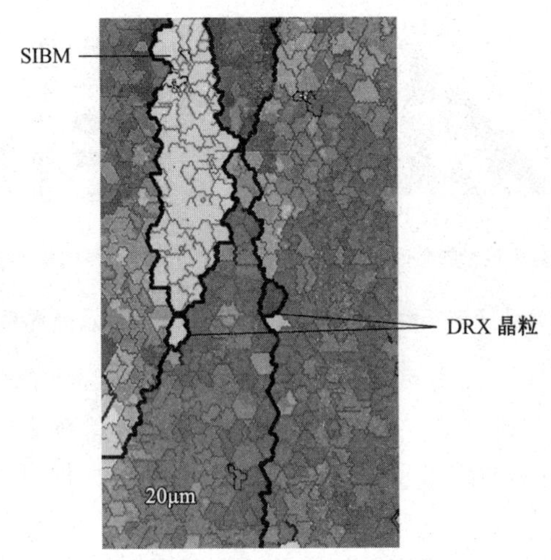

图 3-16　EBSD 应变诱导晶界析出观察(400 ℃ -0.1 s^{-1})

综合上述组织观察可知,无论晶粒大小如何,7055 铝合金的动态回复(DRV)行为发生在较宽泛的低温范围内,而动态再结晶则以“单亚晶 SIBM”的形核机制发生于高温和低变形速度条件下,且动态再结晶体积分数较小。

此时就可以通过图 3-14b,d 和图 3-15b,d,f 的晶界角度分布图统计说明晶粒尺寸对动态软化程度的影响。由初始组织分析可知,表层材料晶粒较细,相应的晶界密度增大。在热变形时,位错大量在晶界处塞积,细晶组织导致晶界处位错塞积的几率和密度更大,动态回复行为更为充分,且再结晶的临界位错密度也更容易达到,因此可以有相对较多的达到临界尺寸的亚晶粒通过“单亚晶 SIBM”机制完成再结晶形核。此外,研究表明 7055 铝合金高温动态再结晶的速率控制机制为晶界自扩散[189]。因此,在高温低速的低 Zener - Hollomon 参数条件下,细晶组织发生了更大程度的晶界自扩散行为,导致再结晶程度增加。

3.7 小结

本章针对 7055 铝合金铸锭晶粒组织的不均匀性,分别建立了 7055 铝合金铸锭表层和心层组织的本构方程和热加工图,深入研究了各层热变形行为以及动态再结晶程度的差异。该章的研究结果一方面可以进一步解释厚板厚向再结晶组织不均匀性产生的原因;另一方面为 7055 铝合金厚板合适热轧工艺的制定提供理论指导。本章得到的主要结论如下:

① 7055 铝合金 420 mm 厚铸锭的表层晶粒组织比心层组织细小。表层晶粒平均大小为 70 ~ 80 μm,心层组织平均晶粒尺寸为 150 ~ 200 μm。铸锭冷却过程中表层冷却速率快,心层冷却速率慢是产生铸锭组织不均匀性的原因。

② 7055 铝合金的热变形行为以动态回复为主,在高温低应变速率条件下发生部分动态再结晶。表层组织细小,再结晶可形核位置增多,其动态再结晶程度高于心层组织。表层和心层组织动态再结晶对应的温度和应变速率范围分别为:420 ~ 450 ℃,$<0.3\ s^{-1}$和 440 ~ 450 ℃,$0.1 \sim 0.5\ s^{-1}$。

③ 表层和心层组织的热变形表观激活能分别为 140 kJ/mol 和 125.4 kJ/mol。铸锭晶粒尺寸不均匀性是导致形变激活能不同的主要原因。

④ 分别建立了表层和心层组织的动态回复、动态再结晶本构方程和热加工图。考虑铸锭组织晶粒尺寸对动态再结晶程度的影响,得到了 7055 铝合金合适的热变形参数范围:应变速率,$0.1 \sim 0.3\ s^{-1}$和变形温度 440 ~ 450 ℃。

⑤ 7055 铝合金铸锭本身存在厚向晶粒组织的尺寸差异,表层细晶组织更容易产生动态再结晶,动态再结晶晶粒将在固溶过程中直接成为静态再结晶核心,从而优先长大成为粗大的等轴再结晶组织。铸锭本身的晶粒组织不均匀性同样是导致 7055 铝合金再结晶(动态和静态)不均匀性的原因之一。

第 4 章　7055 铝合金及其厚板的固溶热处理

固溶热处理包含再结晶及粗大第二相溶解两个过程。固溶温度越高,第二相溶解越充分,但再结晶程度增加,且有可能出现过烧。粗大相与基体之间具有电位差,从而形成电偶腐蚀,再结晶组织及过烧组织降低合金的局部腐蚀性能和力学性能。因此固溶热处理的关键在于最大化溶质过饱和程度的同时,尽可能降低静态再结晶体积分数。先前的研究工作在降低 AlZnMgCu 合金的固溶再结晶及促进粗大第二相溶解方面做了大量探索。研究表明,采用双级固溶制度在促进粗大相溶解的同时可有效利用回复行为降低再结晶程度及减小再结晶晶粒尺寸,从而提高合金的综合性能。

本章针对 7055 铝合金及其 30 mm 热轧板的固溶热处理技术的研究进行归纳和阐述。首先利用 DSC 测得 7055 铝合金热轧板中低熔点非平衡共晶相的温度为 475 ℃。考虑第二相熔化温度范围及炉温的波动,分别取 450,460,470,480,490,500 ℃为单级固溶温度进行单级固溶技术的研究,为双级固溶制度的建立提供理论基础和对比。然后进行双级固溶技术的研究。由于低温固溶时,低熔点共晶相会先行溶解,而剩余粗大相回溶温度升高,多级固溶中第二级温度的适当提升不会导致过烧。本章设置双级固溶的第二级温度为 480 ℃,并分别以 S、DS5 和 DS7 代表 470 ℃,1 h;450 ℃,1 h + 480 ℃,30 min 和 470 ℃,1 h + 480 ℃,30 min 三种固溶制度。最后,在上述固溶参数的基础上,深入探讨考虑尺寸因素的厚板固溶技术。

4.1　轧板组织分析

由图 4-1 的显微组织和表 4-1 的能谱分析结果可知,7055 铝合金热轧板中沿着轧制方向分布大量的粗大初生相。这些第二相主要是 S 相(Al_2CuMg)、难溶富 Fe 相(Al_7Cu_2Fe)和 AlZnMgCu 相。其中,具有规则形状、边缘较为圆滑的为 S 相(见图 4-1b 中 A),富 Fe 相为硬脆相(见图 4-1b 中 B),在轧制过程中难以破碎,沿着轧向成断续分布,表现为断续状或为边缘不规则的块状,AlZnMgCu 相呈条状(见图 4-1b 中 C)。基体中其余白色细小的为 $MgZn_2$ 相。

(a) 低倍(500×)

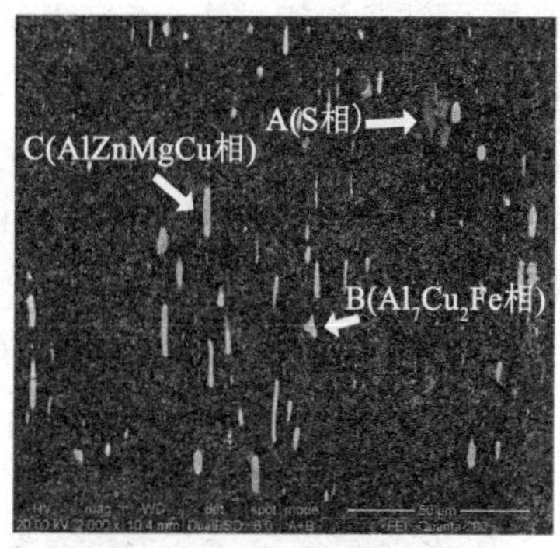

(b) 高倍(2 000×)

图 4-1　7055 铝合金轧板中的粗大第二相形貌

表 4-1　7055 铝合金轧板中粗大第二相 EDS 分析结果

%

粒子	Al	Zn	Mg	Cu	Fe	成分
A	58.31	2.27	20.32	19.10		S 相
B	44.06	20.66	19.17	14.87	1.23	Al_7Cu_2Fe 相
C	37.98	23.52	24.98	13.52		AlZnMgCu 相

4.2 单级固溶热处理

4.2.1 单级固溶温度

单级固溶时间皆为1 h,固溶淬火后立即进行时效处理。不同单级固溶处理后的金相显微组织如图4-2所示。由图可知:① 晶粒沿着轧制方向被拉长压扁,具有较大的长宽比(见图4-2a)。样品经腐蚀后,图中白色区域为再结晶组织,黑色区域为亚结构。再结晶晶粒尺寸较大,450 ℃时再结晶晶粒尺寸达到100 μm,再结晶体积分数较小。随着固溶温度的升高,白色区域即再结晶区域增多,未再结晶组织减少,而且再结晶组织逐渐粗化。500 ℃固溶后发生完全再结晶,晶粒粗大,近似等轴状,晶粒尺寸达到300 μm。② 随着固溶温度的升高,第二相数量减少。固溶温度为450 ℃时,晶界低熔点相、杂质相比较多而且粗大,490 ℃时基本消失。但是,从480 ℃开始出现一些空洞,发生轻微过烧现象。材料500 ℃固溶后完全再结晶,并观察到更多过烧位置,如复熔球和局部晶界宽化。

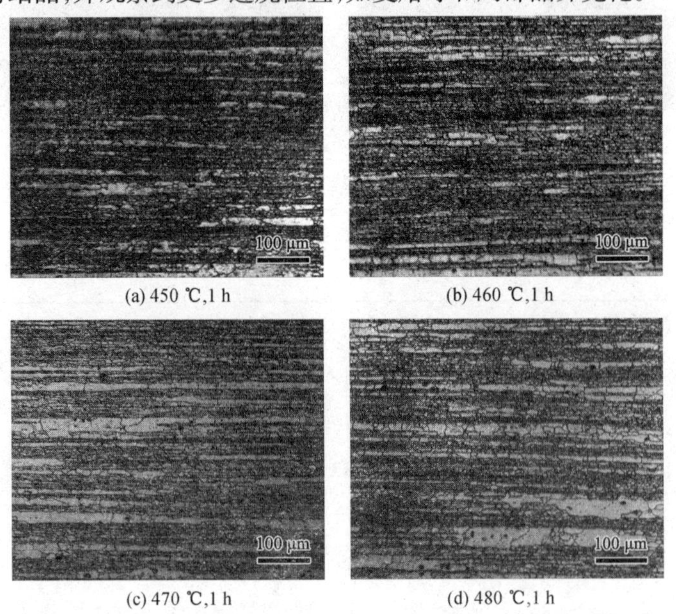

(a) 450 ℃,1 h　(b) 460 ℃,1 h

(c) 470 ℃,1 h　(d) 480 ℃,1 h

(e) 490 ℃,1 h

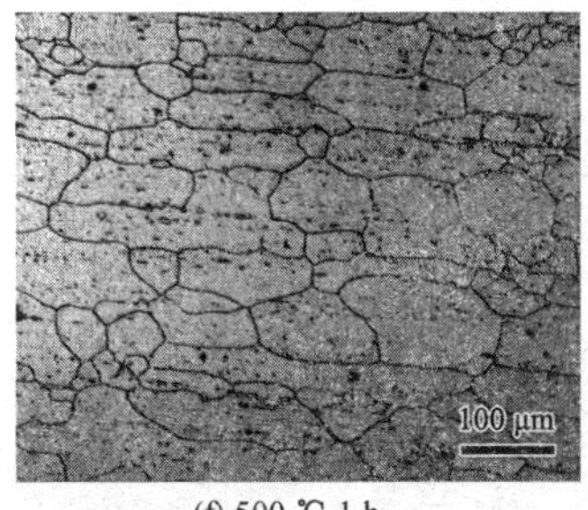

(f) 500 ℃,1 h

图 4-2　不同固溶制度下的金相组织

图 4-3 所示为不同固溶制度下的扫描组织图片，图 4-4 为相应粗大相的能谱分析。由图可知，当固溶温度较低时，大量细小的 $MgZn_2$ 相和 AlZnMgCu 相回溶入基体，S 相及 Al_7Cu_2Fe 相未能充分回溶。当固溶温度为 470 ℃时，$MgZn_2$ 相和 AlZnMgCu 相基本回溶完全，且 S 相部分回溶。由于含 Fe 相为不可回溶相，因而 Al_7Cu_2Fe 没有减少。固溶温度继续升高至 480 ℃，S 相进一步回溶，但合金出现黑色空洞，这是由于低熔点 $MgZn_2$ 相和 AlZnMgCu 相熔化产生的过烧现象。继续提高固溶温度，过烧孔洞的尺寸增大，数量增多，过烧越来越严重。而在 480 ~ 500 ℃范围内，形状比较规则的 S 相进一步减少，且变得更细小，不规则块状初生相数量减少不多，剩下的相为难溶的 Al_7Cu_2Fe 相。综上所述，7055 铝合金较为合适的单级固溶温度应为 470 ℃。

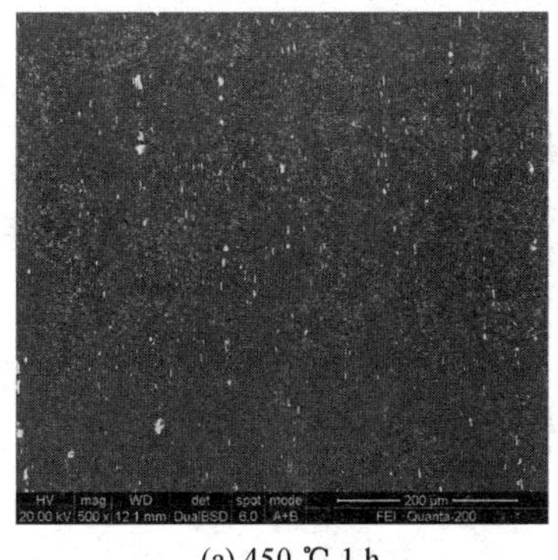

(a) 450 ℃,1 h

(b) 460 ℃,1 h

(c) 470 ℃,1 h

(d) 480 ℃,1 h

(e) 490 ℃,1 h

(f) 500 ℃,1 h

图 4-3　不同固溶制度下的 **SEM** 观察

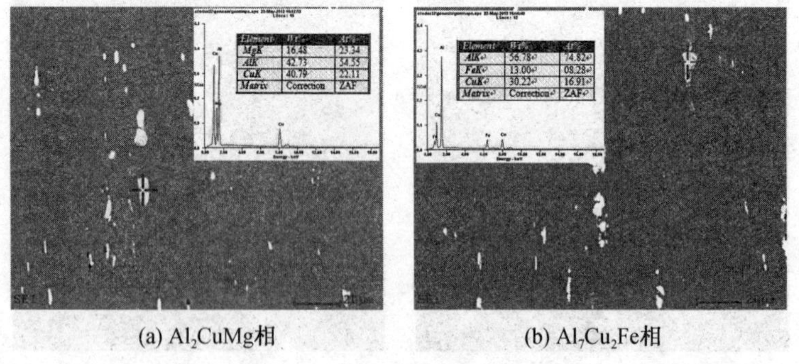

(a) Al_2CuMg相

(b) Al_7Cu_2Fe相

图 4-4　残余粗大相的能谱分析

4.2.2 单级固溶时间

为得到 470 ℃下的最佳固溶时间，将合金在 470 ℃下分别固溶 1 h，2 h，4 h 和 8 h 后进行金相和扫描组织观察，结果如图 4-5 和图 4-6 所示。

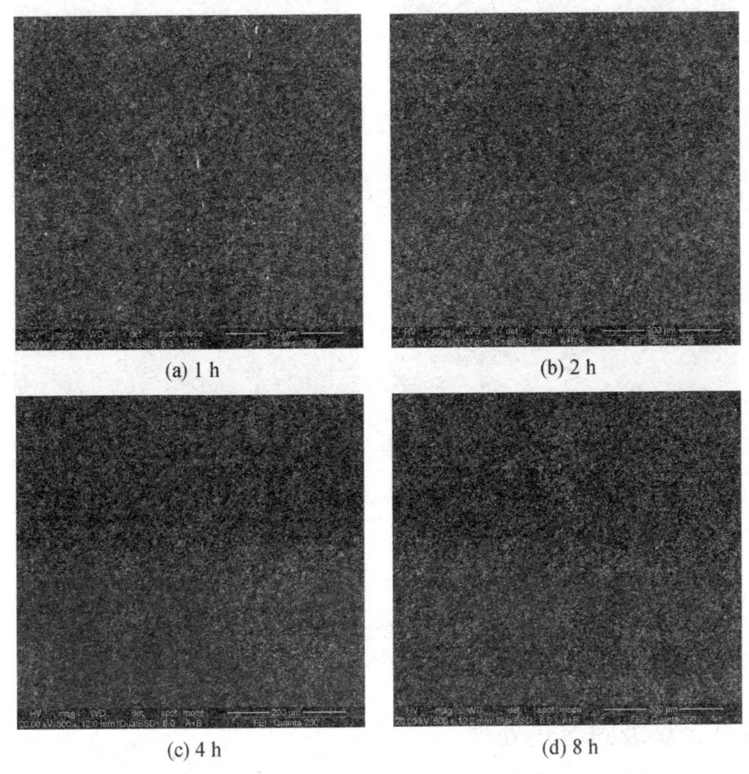

(a) 1 h　(b) 2 h　(c) 4 h　(d) 8 h

图 4-5 不同固溶时间下合金的第二相观察（固溶温度 470 ℃）

从图 4-5 可以看出，当固溶时间增加至 2 h 时，第二相回溶量有较为明显的增加，但是继续延长固溶时间，粗大第二相的回溶量并未继续增加。由图 4-6 可知，随固溶时间的延长，再结晶程度逐渐增加，固溶 2 h 后即出现较大的再结晶晶粒，固溶 8 h 后再结晶晶粒粗化严重，晶粒沿着轧向可以达到 300 μm。再结晶程度的提高将大大降低合金的强度、断裂韧性及腐蚀性能。综上所述，在

470 ℃温度下，延长固溶时间所起的固溶效果不大，但是再结晶分数的增加幅度却较明显。因此确定最佳固溶制度为 470 ℃，2 h。

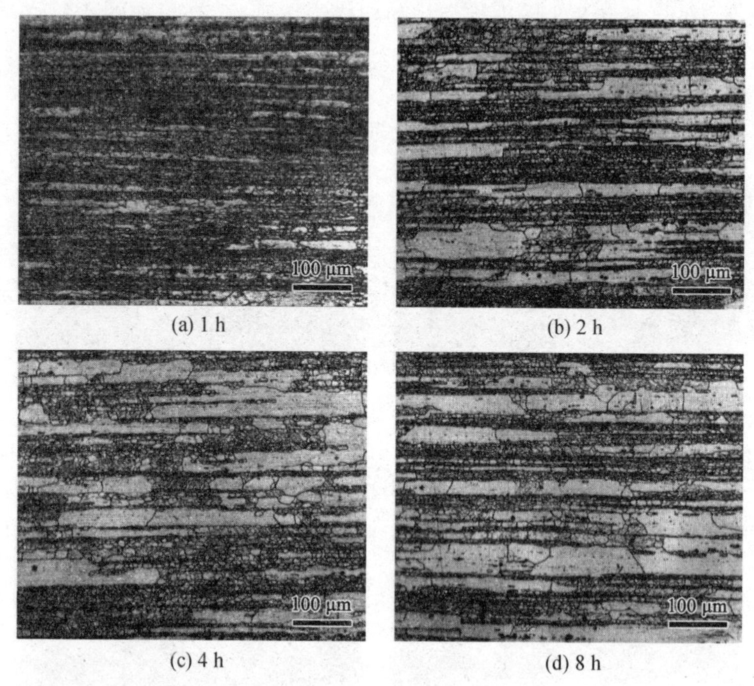

(a) 1 h　(b) 2 h　(c) 4 h　(d) 8 h

图 4-6　不同固溶时间下合金的金相组织观察(固溶温度 470 ℃)

4.3　双级固溶热处理

4.3.1　再结晶及第二相回溶分析

图 4-7 为合金经不同固溶处理并 T6 峰时效后的显微组织。由图可知，晶粒沿着轧制方向被拉长压扁，再结晶晶粒为宽而长的条状，DS5 态的再结晶分数最小，且再结晶晶粒的长宽比较大，其次是 S7 态。DS7 态则具有最大的再结晶分数，再结晶晶粒的长宽比变小。相比轧态，经固溶处理之后，基体中第二相分数明显降低。基体中 AlZnMgCu 相和 $MgZn_2$ 相的回溶点较低，经固溶处理后，基体中只剩下 S 相和 Al_7Cu_2Fe

相。DS5 和 DS7 态的第二相体积分数相差不大,均少于 S7。

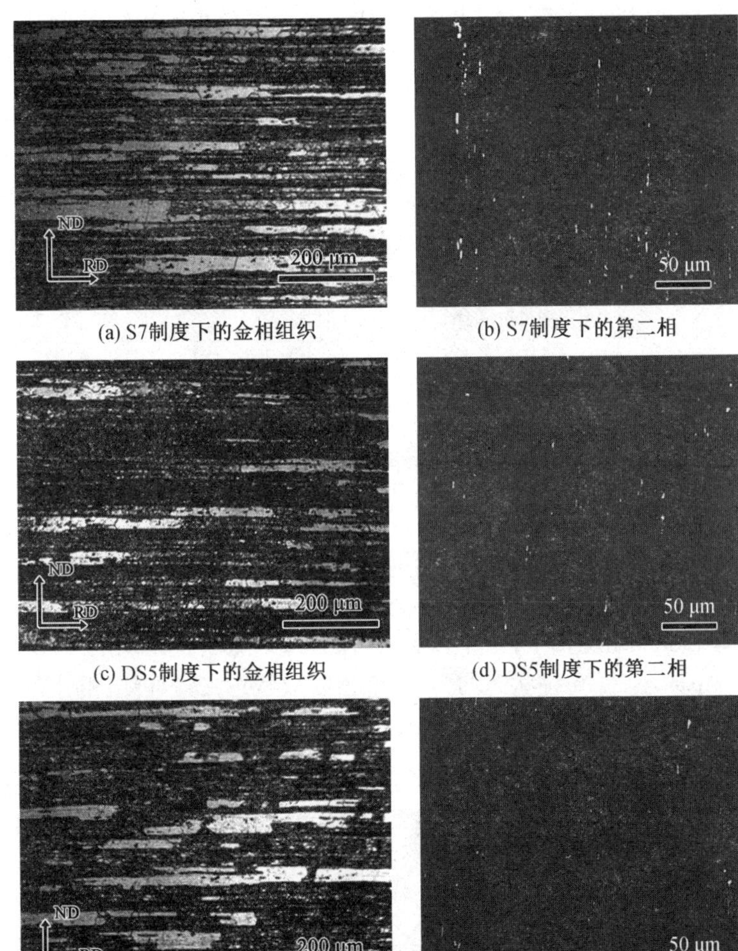

(a) S7制度下的金相组织　(b) S7制度下的第二相

(c) DS5制度下的金相组织　(d) DS5制度下的第二相

(e) DS7制度下的金相组织　(f) DS7制度下的第二相

图 4-7　不同固溶制度下的金相组织和第二相分布

再结晶分数及第二相分数统计结果如图 4-8 所示。S7 态处理后,基体中还有大量 S 相残留,再经 480 ℃,30 min 处理后,其残余第二相由 1.44% 降到 0.53%(即 DS7)态,这说明提高固溶温度可以将 S 相继续溶解，但是其再结晶分数则由 S7 态的 17% 提高到 DS7 态的 28% 左右。综上所述，DS5 态具有最小的再结晶分数及更低的残余第二相分数。

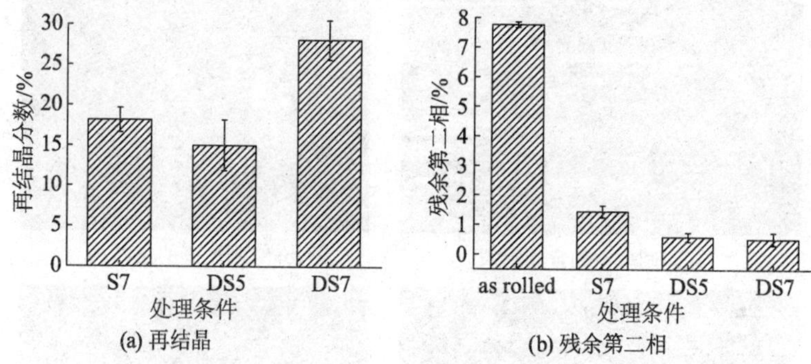

(a) 再结晶　　(b) 残余第二相

图 4-8　不同固溶处理后合金再结晶及残余第二相体积分数统计

4.3.2　透射组织观察

对 3 种固溶处理并峰时效的样品进行 TEM 观察，结果如图 4-9 所示。S7 态亚晶组织开始长大，部分晶界平直，尺寸为 3 μm 左右，DS5 态亚晶组织细小，尺寸为 2 μm 左右，DS7 态亚晶组织最大，尺寸为 7 μm 左右。3 种状态均为 T6 峰值时效状态，晶界析出相分布相似，均呈连续链状分布。从 TEM 分析中得出亚晶组织大小顺序为：DS7 > S7 > DS5。

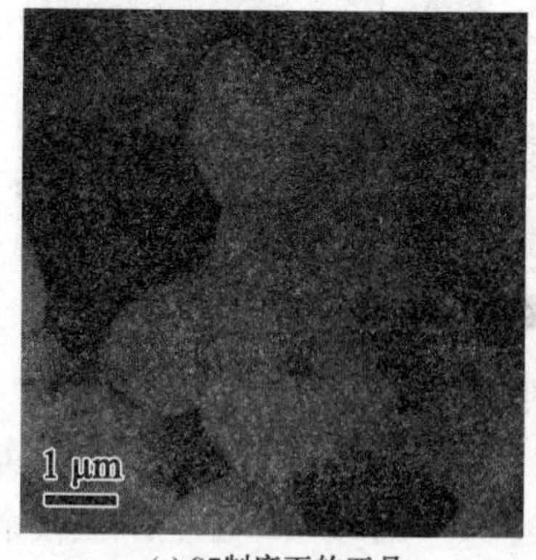

(a) S7制度下的亚晶

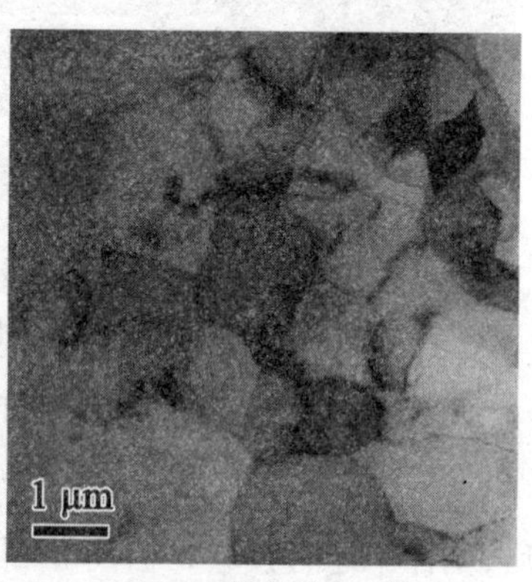

(b) DS5制度下的亚晶

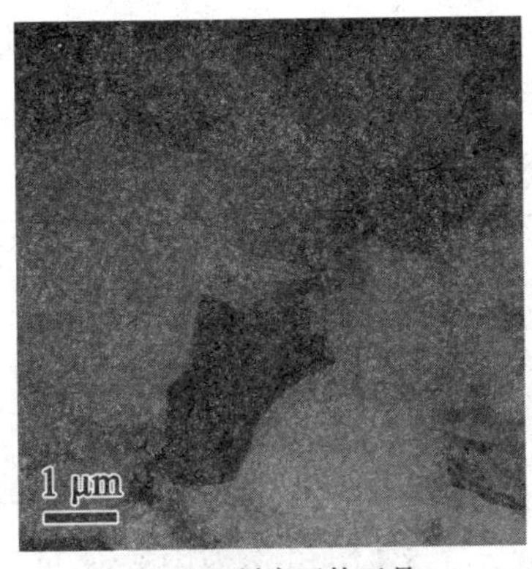

(c) DS7制度下的亚晶

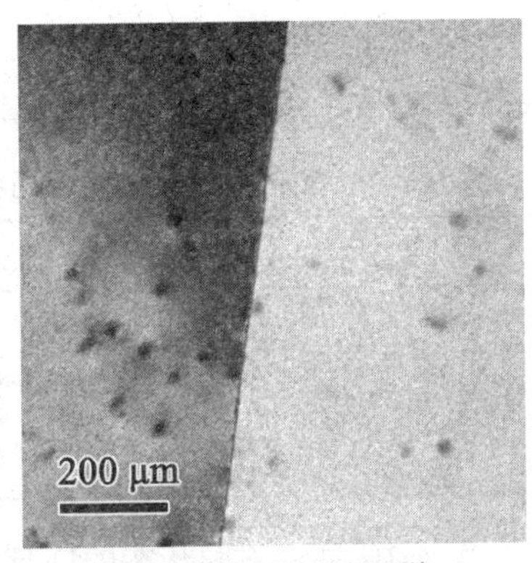

(d) S7制度下的晶界形貌

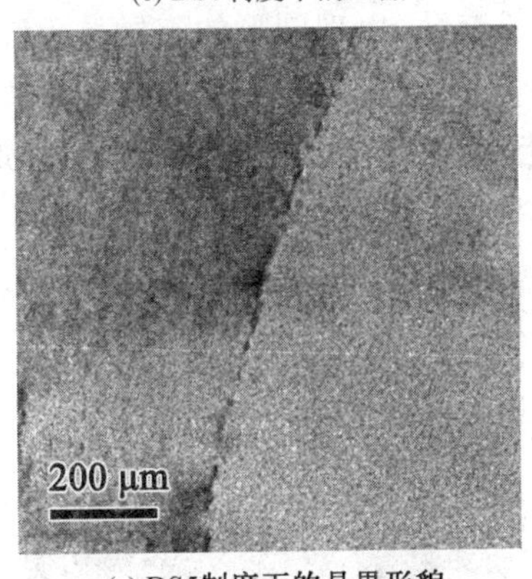

(e) DS5制度下的晶界形貌

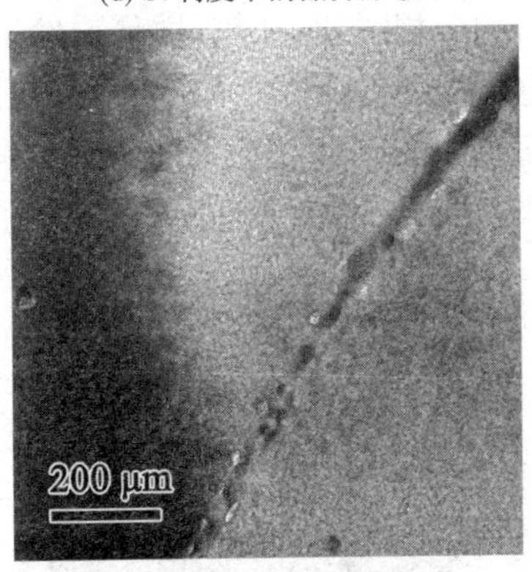

(f) DS7制度下的晶界形貌

图 4-9　固溶时效后的亚晶组织和晶界

4.3.3　耐蚀性能测试

在 3.5% NaCl 溶液中进行极化曲线测试的结果表明：轧板未经固溶处理，自腐蚀电位最低，为 −0.816 V，耐腐蚀性能最差。经固溶处理后样品自腐蚀电位上升至 −0.7 V 左右，耐蚀性能提高。

由表 4-2 的电化学腐蚀参数可看出，轧态样品腐蚀电位最低而腐蚀电流最高，DS5 态腐蚀电流最小而腐蚀电位最高，耐蚀性能最好，DS7 态腐蚀电位比 S7 态更高，但其腐蚀电流比 S7 的大。腐蚀电位代表发生电化学腐蚀的难易程度，而腐蚀电流则代表腐蚀速率的快慢。因此，腐蚀倾向由高到低的顺序为：轧态 > S7 > DS7 >

DS5；腐蚀速率由高到低的顺序为：轧态 > DS7 > S7 > DS5。极化曲线测试反映了合金整体的腐蚀性能，因此，DS5 态的耐蚀性能最好。

表 4-2　7055 合金不同状态的电化学腐蚀参数

条件	E_{corr}/mV	J_{corr}/(μA · cm^{-2})	R_p/(Ω · cm^{-2})
轧态	-816	151.6	380
S7	-747	65.6	997
DS5	-690	31.2	1 512
DS7	-704	86.3	715

图 4-10 是将不同状态的样品放入 3.5% NaCl 溶液中浸泡 24 h 后的金相图片。所有样品均发生了点蚀，出现圆形的点蚀坑。轧态样品的点蚀坑很大，同时还有密集分布的很多小点蚀坑，整个表面呈现出严重的腐蚀倾向。S7 态也出现较多点蚀坑，DS5 态和 DS7 态的点蚀区别不大，但点蚀密度均比 S7 态少。

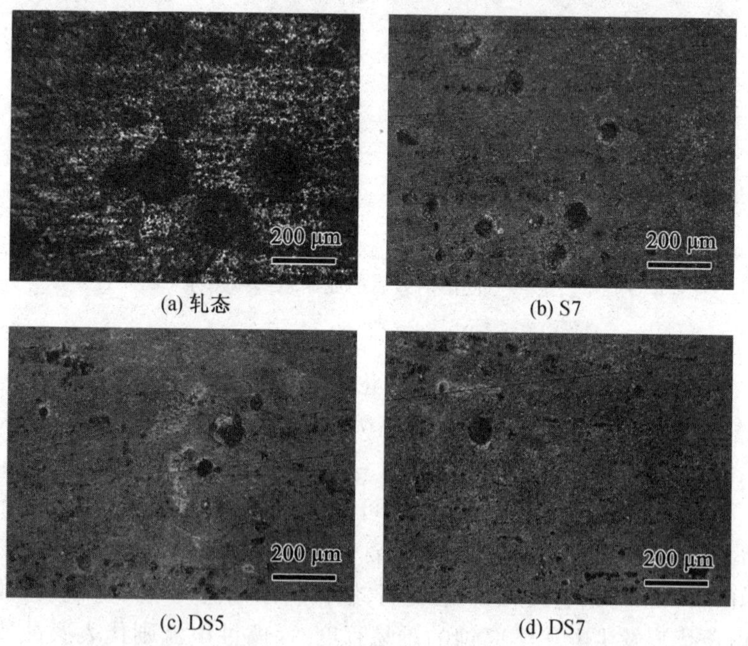

(a) 轧态　(b) S7　(c) DS5　(d) DS7

图 4-10　NaCl 溶液中浸泡 24 h 后样品表面形貌

点蚀坑的面积分数统计如图 4-11 所示，点蚀坑的面积分数从大到小为：轧态样品 > S7 > DS7 > DS5。图 4-12 为点蚀面积分数与第二相的关系。由图可知，点蚀面积分数与残余第二相几乎呈线性关系，点蚀面积随着第二相的增加而增多。局部腐蚀都是由点蚀发展而来，因此点蚀的倾向越大，合金的局部腐蚀倾向越大。

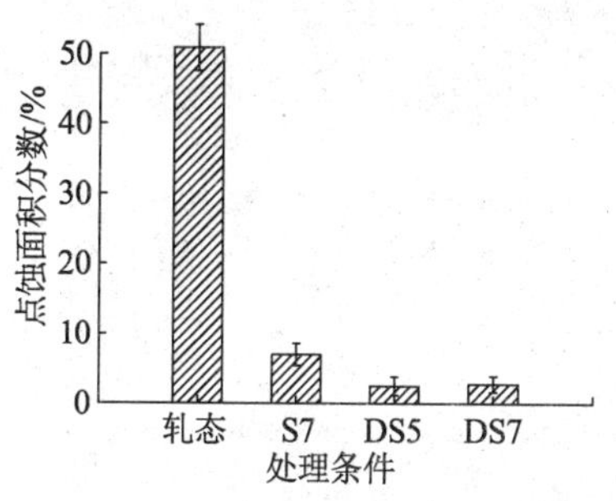

图 4-11　不同状态点蚀面积分数

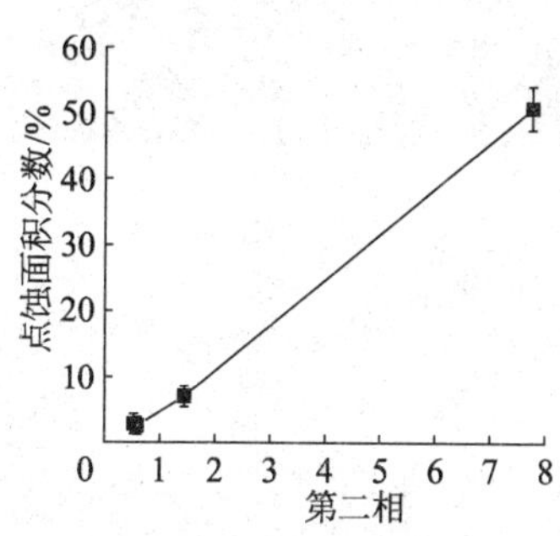

图 4-12　点蚀面积分数与第二相的关系

将轧板及不同固溶制度的样品按标准进行剥落腐蚀浸泡实验。在浸泡 10 min 后，轧板表面气泡最密集，且上升迅速，S7 态气泡较多，上升较快，而 DS5 态和 DS7 态气泡相对较少，上升缓慢。浸泡 2 h 后，轧板表面变黑，呈现出严重的点蚀特征，S7 态表面出现轻微的点蚀；DS5 态气泡逐渐减少，表面也出现轻微的点蚀；DS7 态气泡比 S7 少，比 DS5 稍多，表面也出现轻微的点蚀。浸泡 16 h 后，轧板表层已被完全腐蚀，容器内出现很多黑色腐蚀产物；S7 态表面出现明显的爆皮，DS5 态出现轻微的起皮现象，而 DS7 爆皮比 S7 更严重且容器内出现黑色腐蚀产物。浸泡 48 h 后的剥蚀照片如图 4-13 所示，所有样品表面出现暗红色，轧板表面平整，没有剥起形貌，但容器内有大量腐蚀产物，因此轧板的腐蚀应视为严重、全面的点蚀；S7 态表面爆皮严重，出现较明显的剥落，容器内腐蚀产物很多，DS5 出现较严重的起皮现象，腐蚀产物较少，剥落腐蚀倾向较轻，DS7 表面出现大面积的起层、剥落，容器内剥落的腐蚀产物比 S7 更多。

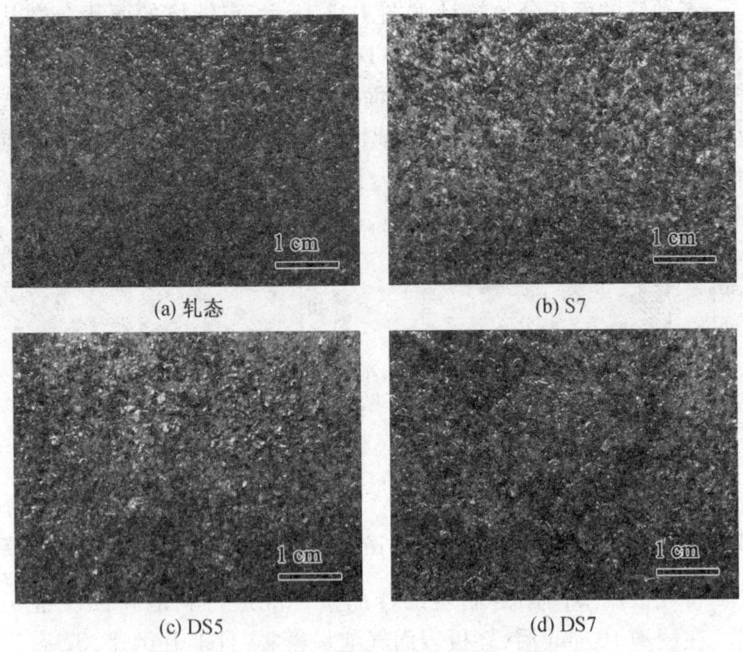

(a) 轧态　(b) S7

(c) DS5　(d) DS7

图 4-13　不同固溶处理和时效后,合金的剥落腐蚀形貌(48 h 浸泡)

浸泡实验结束后,截取剥蚀样品的纵截面进行金相观察,如图 4-14 所示。对比可知,轧板的腐蚀很深,但沿晶界腐蚀较轻,呈现出严重的点蚀形貌,DS5 态表面分层程度相对较轻,而 S7 和 DS7 态出现严重分层现象,并穿入金属深处,其中 DS7 态腐蚀裂纹很多,沿着轧制方向严重扩展。从图 4-14b,c,d 可以看出,腐蚀以再结晶晶界为通道不断扩展,再结晶晶粒被腐蚀并脱落。对图 4-14e 中 DS7 截面的裂纹进行扫描电镜下的观察(见图 4-14f)发现,即使遇到富 Fe 相,腐蚀裂纹仍然不会改变扩展方向,而是直接穿过并继续扩展。

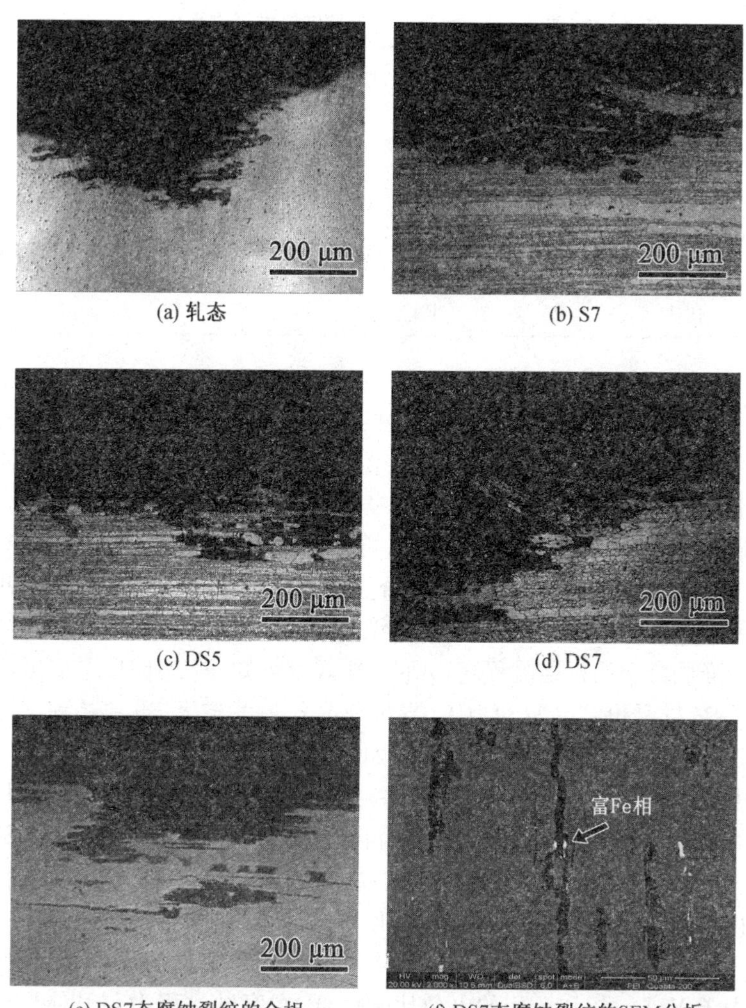

(a) 轧态　(b) S7

(c) DS5　(d) DS7

(e) DS7态腐蚀裂纹的金相　(f) DS7态腐蚀裂纹的SEM分析

图 4-14　不同固溶处理后,48 h 剥落腐蚀实验下的合金纵截面观察

结合剥蚀样品表面及截面形貌,根据标准《铝合金加工产品的剥落腐蚀试验方法》(GB/T 22639—2008)评定腐蚀等级,得到合金表面腐蚀的发展过程如表 4-3 所示。由表可知,样品的抗耐剥蚀性能由高到低依次为:DS5,S7,DS7,轧板。

表 4-3　合金表面剥落腐蚀的发展过程

状态	剥落腐蚀时间/h				
	2	6	16	24	48
轧态	PB	EA	EB	EC	ED
S7	PA	PB	PC	EA -	EB +
DS5	PA	PA	PB	PC	EB
DS7	PA	PB	PC	EA	EC

4.3.4　分析与讨论

由图 4-1 可知,轧板中大量的残留第二相富集了很多合金元素,在固溶时需尽可能地将残留第二相溶解,将合金元素溶入基体中。固溶过程中,轧板变形组织发生回复与再结晶,再结晶对超高强铝合金的综合性能是不利的,再结晶增多,合金耐腐蚀性下降。一般来说,通过较低温固溶,使合金未再结晶组织回复并溶解一些尺寸较小的第二相,可以减小再结晶驱动力并增大再结晶阻力,从而降低合金的再结晶程度。由 TEM 观察可知,S7 态因固溶温度比较高,样品再结晶驱动力大,导致亚晶粒尺寸较大,再结晶程度比较高。DS5 态经第一级 450 ℃较低温固溶后,基体发生回复,基体中亚晶组织细小。再进行第二级 480 ℃固溶时,第二相回溶增加的同时再结晶驱动力降低,因而再结晶分数可保持较低水平。DS7 态第一级固溶时,即已发生再结晶,再进行第二级 480 ℃固溶时,再结晶晶粒继续长大,再结晶程度更高。

由 NaCl 浸泡实验可知,基体发生点蚀与残留的第二相有关。由于 $MgZn_2$ 相和 S 相的电位比基体低,在腐蚀过程中与基体形成电位差,优先被腐蚀,从而形成点蚀坑;而富 Fe 相电位比基体高,其周围的基体优先被腐蚀。轧板中含有大量的 $MgZn_2$ 相和 S 相,因此轧板中出现密集的点蚀坑,表面腐蚀产物很多。经 S7 处理后,基体中 $MgZn_2$ 相和 AlZnMgCu 相完全溶解,只有残余的 S 相引发点蚀,因此点蚀坑变少。经 DS5 和 DS7 处理后,S 相大部分被溶解,因此浸泡实验出现的点蚀坑更少。点蚀是铝合金材料在氯化钠溶液中最常见的一种破坏现象,它是晶间腐蚀和剥落腐蚀等其他局部腐蚀的起源。因此,采用 DS5 制度有利于减少合金的局部腐蚀起源,延缓腐蚀进程。

剥落腐蚀性能与再结晶程度有密切的联系,时效制度相同时,再结晶分数越高,合金剥蚀越厉害。研究[135]认为,剥落腐蚀需要拉长的晶粒和晶界电偶腐蚀造成的腐蚀通道两个条件。腐蚀发生后,晶界上腐蚀产物的体积大于被腐蚀掉的基体体积,对周围的再结晶晶粒产生楔形应力的作用;楔形应力将再结晶晶粒推起,使其剥离合金表面而发生剥落。晶粒越长,楔形应力越大,剥落腐蚀越严重。再结晶程度越高,合金中大角度晶界越多,大角度晶界能量高,较亚晶界上的析出相尺寸粗大而连续,晶界附近的无沉淀析出带更宽,有利于腐蚀沿晶界连续进行。在 EXCO 溶液浸泡下,轧态样品和经固溶处理后的样品腐蚀现象不同,轧态样品沿晶界腐蚀更不明显,但呈现出很深的点蚀坑,因此轧板在 EXCO 溶液中浸泡发生的应该是严重的全面点蚀。其次,轧板中第二相很多,在腐蚀液的作用下合金表面腐蚀全面进行,腐蚀最严重,造成样品整个表面迅速腐蚀脱落。

极化曲线测试表明,腐蚀电位的高低顺序为:轧态 > S7 > DS7 > DS5。腐蚀电位是热力学参数,它反映的仅是材料腐蚀倾向的大小。DS5 态腐蚀电位最高,腐蚀倾向最小;DS7 态腐蚀电位比 S7 态高,腐蚀倾向比 S7 态低;轧板由于富含大量第二相,腐蚀电位最低,腐蚀倾向最严重,这与基体中第二相分数引发点蚀相吻合。腐蚀电流的大小顺序为:轧态 > DS7 > S7 > DS5。腐蚀电流是动力学因素,其数值大小表明了腐蚀速度的大小。DS7 态腐蚀电流比 S7 态大,因此腐蚀程度比 S7 严重;DS5 态腐蚀电流最小,腐蚀速度最慢。DS5 态具有最佳的耐蚀性能,这与剥落腐蚀实验吻合。

4.4　7055 铝合金厚板的固溶热处理

由前述可知,双级固溶处理有利于 7055 铝合金力学和耐蚀性能的提高。在实际使用中，7055 一般是被加工成 28 ~ 30 mm 厚板，再用于制造构件。因此 7055 铝合金厚板的固溶处理技术更具实际意义。本小节采用空气固溶炉对厚板进行热处理，热处理制度为 470 ℃，2 h 记为 1 号，450 ℃，1 h + 480 ℃，30 min 记为 2 号，450 ℃，1 h + 480 ℃，1 h 记为 3 号，470 ℃，1 h + 480 ℃，1 h 记为 4 号，双级固溶升温速率均为 1 ℃/min，固溶处理完毕立即进行 120 ℃，24 h 时效处理。

4.4.1 固溶处理后厚板各层显微组织分析

图 4-15 是采用先经不同固溶制度处理再人工峰值时效后的厚板不同层的金相组织（Graff 试剂腐蚀）。

由图 4-15 可知，经过固溶处理后厚板不同层都发生了再结晶。不同制度下，再结晶程度由表层到心层的变化规律相同，即表层再结晶程度最高，再结晶程度由表层到心层逐渐减少。从图中还可以看出，不同层的再结晶组织形貌是不相同的，表层组织粗大，宽度大，长宽比最小；1/4 层的再结晶组织宽度减小，长宽比增加；心部的再结晶晶粒宽度则进一步减小，保留了更多的轧制组织。

(a1) 470 ℃,2 h(表层)

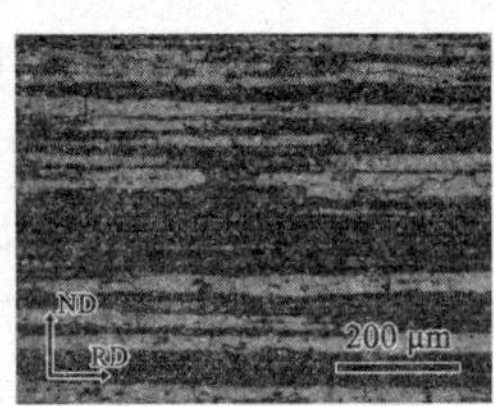

(a2) 470 ℃,2 h(1/4层)

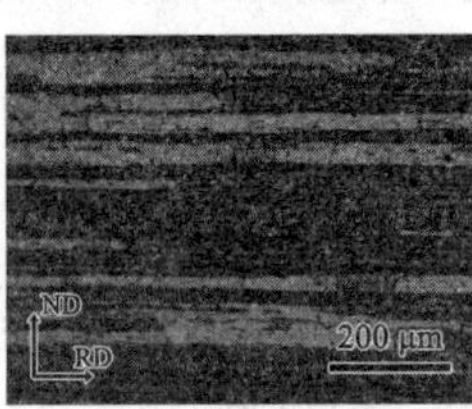

(a3) 470 ℃,2 h(心层)

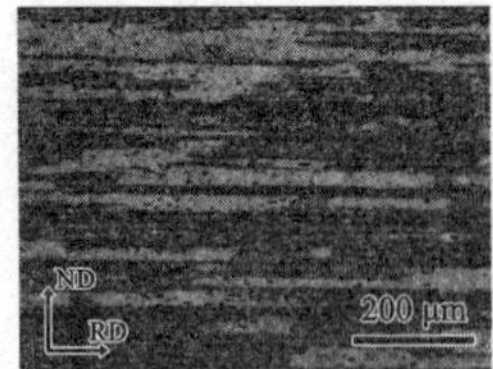

(b1) 450 ℃,1 h+480 ℃, 30 min(表层)

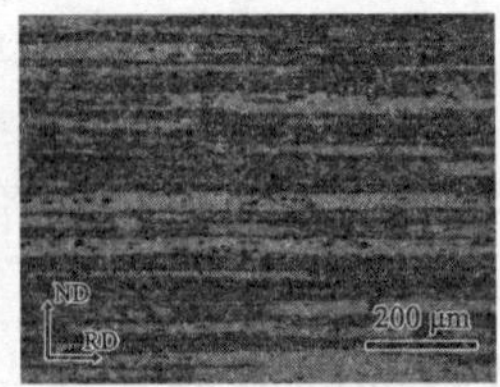

(b2) 450 ℃,1 h+480 ℃, 30 min(1/4层)

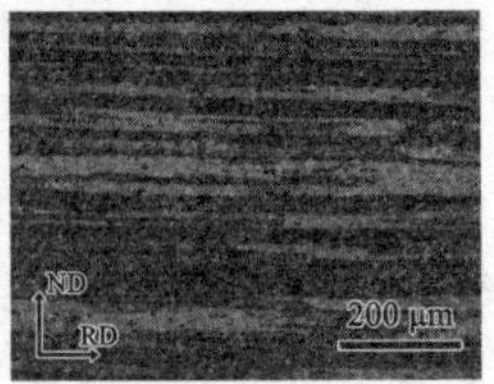

(b3) 450 ℃,1 h+480 ℃, 30 min(心层)

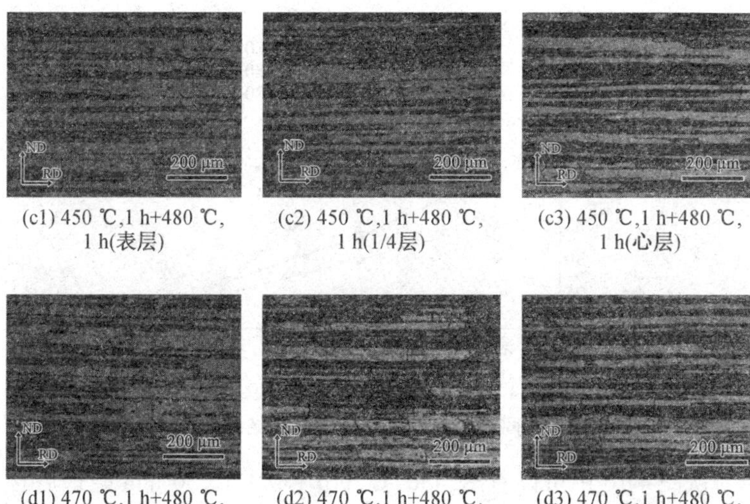

(c1) 450 ℃,1 h+480 ℃, 1 h(表层)　(c2) 450 ℃,1 h+480 ℃, 1 h(1/4层)　(c3) 450 ℃,1 h+480 ℃, 1 h(心层)

(d1) 470 ℃,1 h+480 ℃, 1 h(表层)　(d2) 470 ℃,1 h+480 ℃, 1 h(1/4层)　(d3) 470 ℃,1 h+480 ℃, 1 h(心层)

图 4-15　7055 铝合金不同固溶制度下的金相组织(固溶后经过峰值时效)

统计 470 ℃,1 h + 480 ℃,1 h 固溶制度下不同层的再结晶晶粒的长宽比,并统计不同层的再结晶程度,分别如表 4-4 和图 4-16 所示。表 4-4 表明再结晶晶粒的长宽比由表层到心层逐渐增加,说明表层的再结晶晶粒更接近等轴状。

表 4-4　不同层的再结晶晶粒长宽比

位置	表层	1/4 层	心层
长 × 宽/μm	326 × 61	352 × 31	379 × 19
长宽比	3. 89	11. 35	19. 9

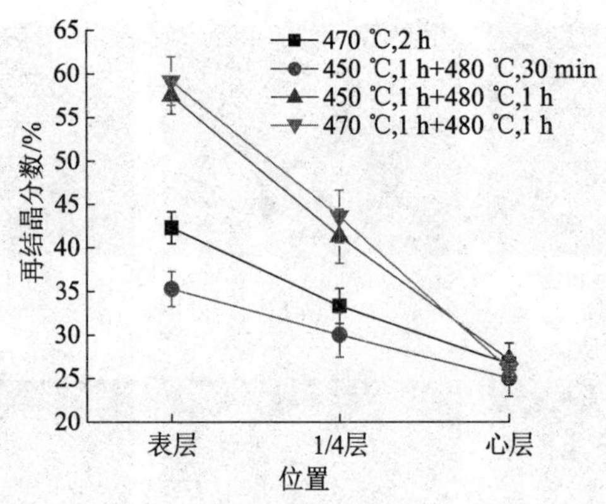

图 4-16　不同固溶处理后厚板各层再结晶分数统计

从图 4-16 中可以看出,450 ℃,1 h + 480 ℃,30 min 处理后合金的再结晶分数较低,其表层再结晶分数为 42%,甚至低于单级固溶470 ℃,2 h。其余两种双级固溶制度下的表层再结晶分数都比较高且差别不大,为 58% 左右,其余各层之间的区别也不大。研究表明,高于 50% 的固溶再结晶分数对合金的性能极为不利。但需要指出的是,450 ℃,1 h + 480 ℃,30 min 和 470 ℃,2 h 这两种固溶制度的金相组织中都可以观察到很多小黑点,这表明有大量第二相残余。虽然它们具有较低的再结晶分数,但是由于第二相残留的多,这会严重削弱时效动力,造成时效后力学性能下降。此外,各固溶制度下,板材表层与心层的再结晶分数差别都比较大,最大可达 20% 左右。尤其在 470 ℃,1 h + 480 ℃,1 h 制度下,板材心层再结晶分数为 26%,而 1/4 层的为 43%,表层则达到了 59%。

下面对轧板以及固溶处理后的厚板进行 SEM 分析,观察残余粗大第二相的回溶情况,如图 4-17 和图 4-18 所示。

从图 4-17 可知,轧板中各层的残余第二相相差不大,但从表层到心层可以发现粗大的规则粒子增多。经过轧制变形后,第二相沿着轧制方向被压扁呈带状分布,表面变形量大,因此几乎所有的第二相都被压扁呈带状,看不到圆形的第二相。心层变形量小,部分第二相仍然保持规则形状,而且体积大,这些圆形的第二相粒子在后续的固溶过程中较难溶解，需要更长的固溶时间。

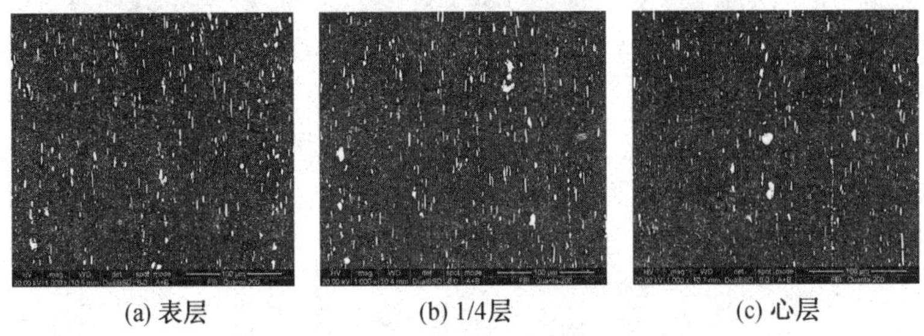

(a) 表层　　(b) 1/4层　　(c) 心层

图 4-17　厚板热轧态各层 SEM 分析

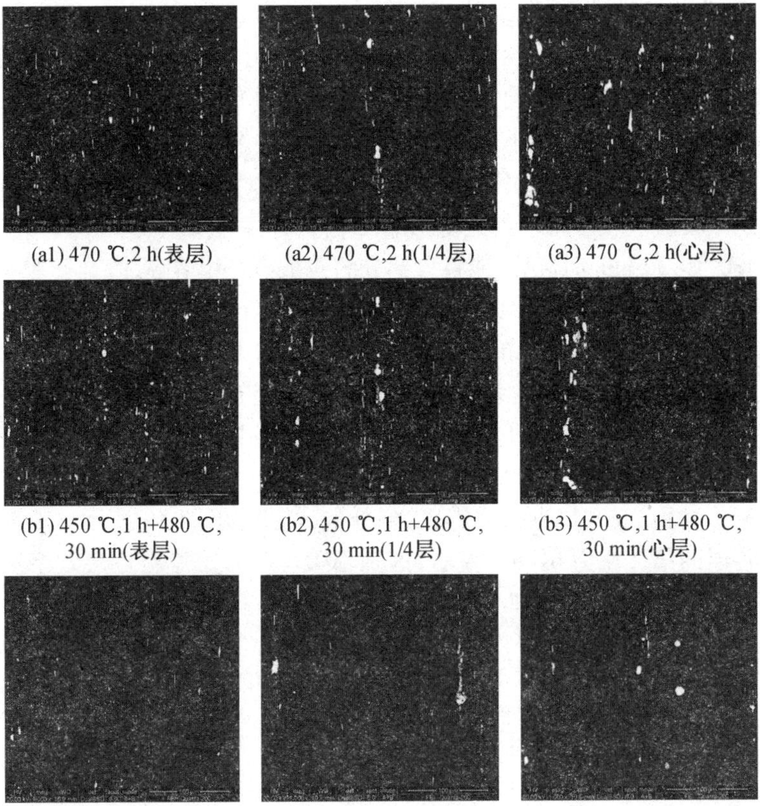

(a1) 470 ℃,2 h(表层)　　(a2) 470 ℃,2 h(1/4层)　　(a3) 470 ℃,2 h(心层)

(b1) 450 ℃,1 h+480 ℃, 30 min(表层)　　(b2) 450 ℃,1 h+480 ℃, 30 min(1/4层)　　(b3) 450 ℃,1 h+480 ℃, 30 min(心层)

(c1) 450 ℃,1 h+480 ℃, 1 h(表层)　　(c2) 450 ℃,1 h+480 ℃, 1 h(1/4层)　　(c3) 450 ℃,1 h+480 ℃, 1 h(心层)

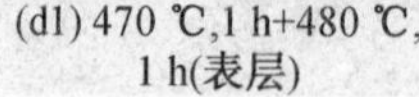

(d1) 470 ℃,1 h+480 ℃,1 h(表层)

(d2) 470 ℃,1 h+480 ℃,1 h(1/4层)

(d3) 470 ℃,1 h+480 ℃,1 h(心层)

图 4-18　固溶时效后厚板各层 SEM 分析

由图 4-18 可知,经过固溶处理后,第二相粒子大幅度减少,但并不能完全溶解,所有制度下都可以看到残留的沿着轧向分布的第二相。470 ℃,2 h,450 ℃,1 h + 480 ℃,30 min 固溶处理后第二相有较多残余,但是尺寸相比轧板细小。其中表层的第二相则分布均匀,尺寸最为细小,1/4 层与中心层有较多粗大的第二相粒子。从相形貌可以知,表层中的第二相主要为富 Fe 相,而 1/4 层与中心层中发现有较多暗色的近圆形第二相。对薄板采用 450 ℃,1 h + 480 ℃,30 min 时,已经能将大部分的残余第二相溶解,但对于本实验所用的厚板来说,450 ℃,1 h + 480 ℃,30 min 固溶时间不足,因此残余第二相偏多。单级固溶制度 470 ℃,2 h 的温度偏低,合金元素扩散相对更慢,因此第二相残余也较多。450 ℃,1 h + 480 ℃,1 h,470 ℃,1 h + 480 ℃,1 h 这两种制度下固溶第二相溶解的较为彻底,尤其是表层,残余的第二相大部分是沿轧向断续分布的富 Fe 相。利用 ImageJ 软件统计第二相分数,结果如图 4-19 所示。轧板各层的第二相为 6.85% 左右,区别不大。固溶态厚板各层残余第二相分数的变化规律为:在相同固溶制度下从表层到心层依次增加。

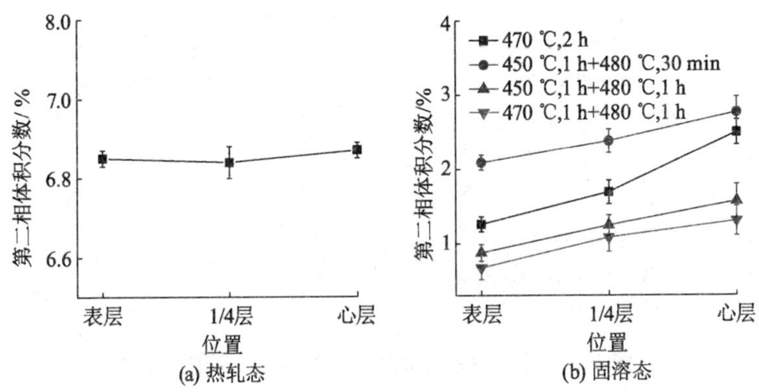

(a) 热轧态　(b) 固溶态

图 4-19　7055 厚板热轧态及固溶后第二相统计

从图 4-18 和图 4-19 中还可以看出，450 ℃，1 h + 480 ℃，1 h 和 470 ℃，1 h + 480 ℃，1 h 的残余第二相最少，表层只存在极少量圆形第二相，心层则仍然存在较粗大的第二相，但是心层其他的第二相都非常细小，这说明心层粗大第二相应当来自轧板中未溶的粗大第二相。对 470 ℃，1 h + 480 ℃，1 h 状态下的表面规则形状的细小第二相及心层较为粗大的第二相进行能谱分析表明，残余相主要为 S 相和 AlZnMgCu 相。这些相本应在 480 ℃ 固溶下几乎完全溶解，但是可能固溶时间有限，因此心层的原本比较粗大的第二相来不及回溶而被保留下来。

对比固溶结果可知，对于小尺寸薄板材料，470 ℃，2 h 和 450 ℃，1 h + 480 ℃，30 min 这两种制度都能将粗大第二相溶解得较为彻底（见 4.3 小节）。但是厚板中的粗大相在这两种制度下都回溶不充分，这将极大影响时效后的综合性能。450 ℃，1 h + 480 ℃，1 h 和 470 ℃，1 h + 480 ℃，1 h 两种固溶制度对粗大相的溶解相对较好，这是因为高温阶段（480 ℃）固溶时间的延长，使得第二相溶解较多。

4.4.2　固溶时效后厚板各层力学性能测试

固溶时效后沿厚向硬度和电导率的变化如图 4-20 所示。

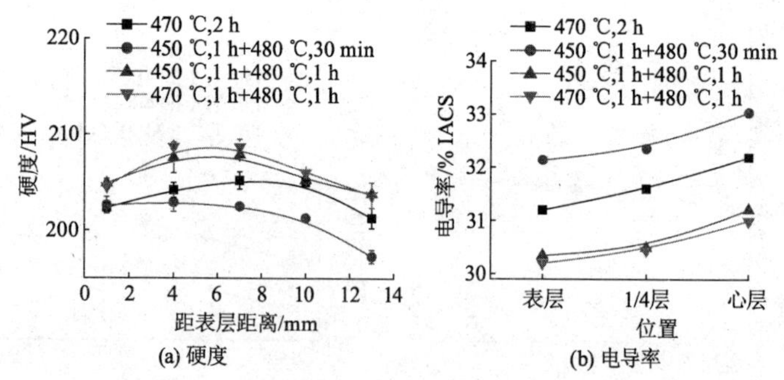

图 4-20　固溶时效后沿厚向硬度和电导率的变化

图 4-20 所示硬度测试结果表明,在相同固溶制度下,厚板表面到心层的硬度变化均是先增大后减小,心层的硬度值是最低的;电导率则呈相反的规律,表层到心层电导率依次升高。从 SEM 分析看出,表层的第二相溶解最多,时效后其析出动力更高,而心层未溶第二相更多,因此时效后析出动力低,时效强化效果不如表层和 1/4 层。其中,450 ℃,1 h + 480 ℃,30 min 状态下材料的硬度值最低,由于它固溶时间短,第二相回溶不充分,时效后析出强化相密度低因而硬度值下降,其电导率也因此最高。470 ℃,2 h 固溶温度偏低,残余第二相较多,其时效后硬度值较低而电导率较高。450 ℃,1 h + 480 ℃,1 h 和 470 ℃,1 h + 480 ℃,1 h 固溶后,硬度值都有明显的提高,其电导率也相应下降。所有固溶制度下都表现出 1/4 层的硬度值最高。硬度的变化趋势一般可以表明该材料强度的变化趋势。沉淀析出相和合金的再结晶程度是影响 7055 铝合金硬度的主要因素。对于 7055 铝合金来说,沉淀强化是影响硬度值的主要因素。但是当再结晶很严重时,再结晶晶粒粗大,硬度值也会显著下降。固溶温度对电导率的影响规律则相反,当合金的硬度升高时,代表基体中有更多的弥散沉淀相析出,由此造成的晶格畸变对电子的散射作用增强,因此合金的电导率降低。

一般来说,表层的固溶程度更高,其硬度也应该更高,但是从测试发现,厚板 1/4 层的硬度和电导率都高于表层。初步分析判断这应该是由于表层的再结晶太严重,再结晶晶粒粗大导致形变强化或细晶强化效果的下降所致。

下面对 470 ℃,2 h 和 470 ℃,1 h + 480 ℃,1 h 处理并再时效后的各层进行轧向常温力学性能测试,如图 4-21 所示。

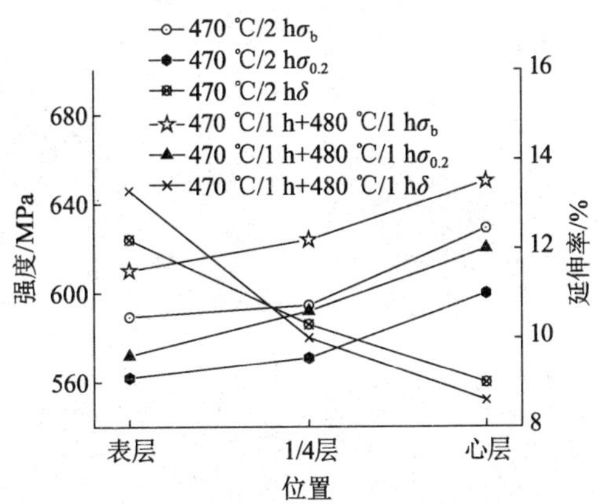

图 4-21 厚向不同层拉伸性能

从图 4-21 中可以看出,从表层到心层的抗拉强度逐渐升高,表层的强度最低,但是延伸率最高,心部的强度最高,延伸率最低。同一层时,双级固溶 470 ℃,1 h + 480 ℃,1 h 比单级固溶 470 ℃,2 h 处理后的强度更高(约高 20 MPa)。470 ℃,2 h 固溶并时效的厚板表层、1/4 层和心层的抗拉强度分别为 589 MPa、594 MP 和 629 MPa,而 470 ℃,1 h + 480 ℃,1 h 固溶并时效后厚板表层、1/4 层和心层的抗拉强度分别可达 610,623,650 MPa,双级固溶明显提高了厚板的力学性能。

4.4.3 固溶时效后板材不同层 TEM 及织构分析

对固溶(470 ℃,1 h + 480 ℃,1 h) + 120 ℃,24 h 时效的表层和心部进行透射组织分析,结果如图 4-22 所示。从透射组织中可以看出,表层亚晶平均尺寸大于心部,这进一步说明了再结晶行为导致表层亚结构充分成长,与金相观察结果相一致。晶内晶界析出相的差异不明显,晶内 η′相和 GP 区密度高,细小弥散。晶界析出相均为近似连续分布的 η 相,无沉淀析出带不明显。继续对时效态的表层和心层进行织构分析,统计不同层的织构类型和组分对比结果如图 4-23 所示。

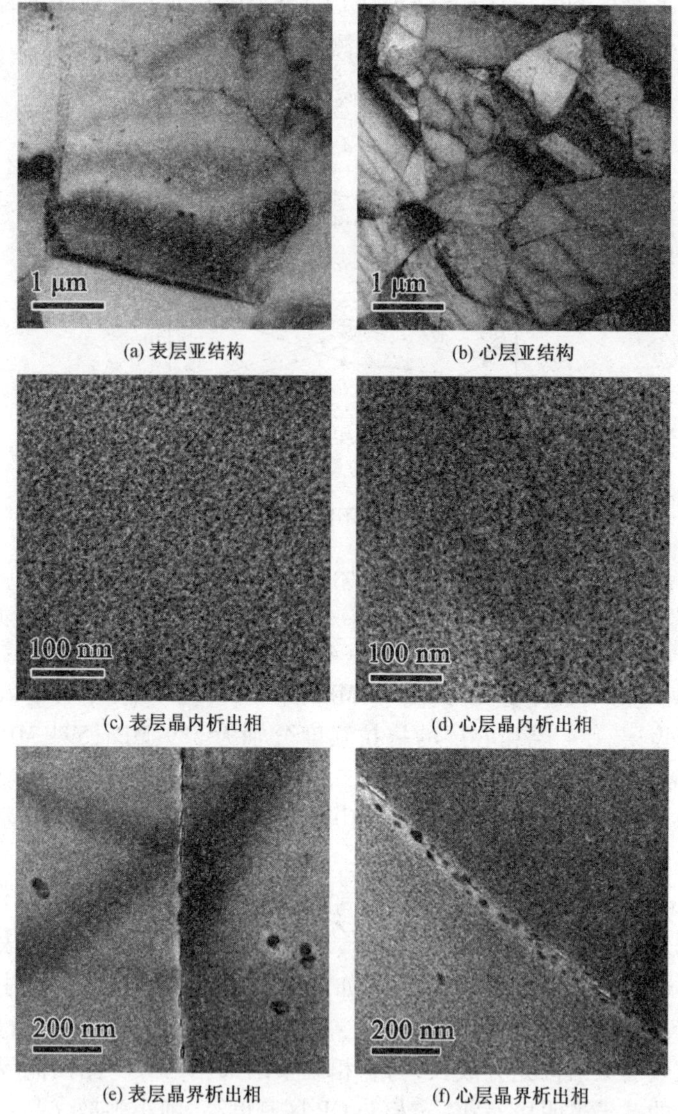

(a) 表层亚结构　　(b) 心层亚结构

(c) 表层晶内析出相　　(d) 心层晶内析出相

(e) 表层晶界析出相　　(f) 心层晶界析出相

图 4-22　表层与心层的亚结构、晶内析出相和晶界析出相观察

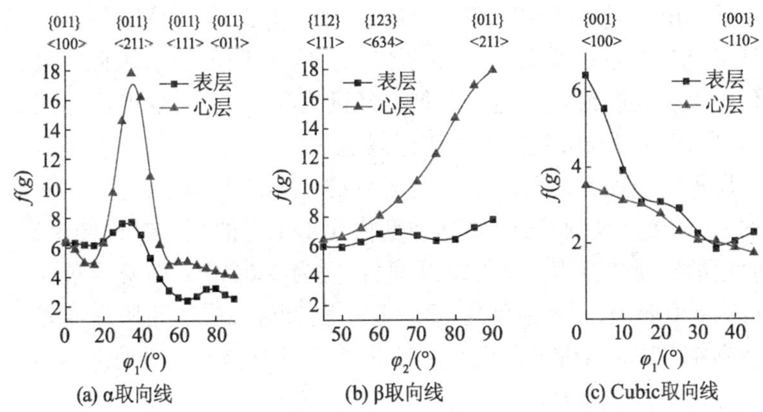

图 4-23　固溶后表层和心层的织构分析

研究表明:板材各层都存在铜织构({112}<111>)、黄铜织构({011}<211>)、高斯织构({011}<100>)、S 织构({123}<634>)。但是各层之间黄铜织构强度差异最大,中心层强度 18,表层 8。除黄铜织构外,α、β 取向线上各织构强度差别不大。从 Cube - ND 取向线可以看出立方织构({001}<100>)强度差较大。立方织构为再结晶织构,间接反映样品的再结晶程度。

以上分析了 7055 厚板从表层到心部的金相组织、第二相、硬度、电导率、拉伸性能及透射组织。由分析测试结果可知:虽然心层的硬度值更低,但其抗拉强度是最高的。下面尝试从以下两方面进行讨论。

轧板组织从表层到心层具有不均匀性,表层的第二相较为细小,而心层出现了更为粗大的第二相。这与铸锭组织的不均匀有关。在轧制过程中,各层的变形程度不同,表层应变量大,发生塑性变形的程度更大,心层应变量小,塑性变形程度低,因此粗大第二相在轧制过程中从表层到心层的破碎程度逐渐降低,心层保持了大量粗大近圆形的第二相,而表层相对较少。这些大尺寸的第二相聚集了大量的溶质原子,在固溶过程中需要更长时间来扩散,因而更难溶解,固溶之后心层仍存在尺寸较大的残余第二相。因此固溶淬火之后溶质原子的饱和度从表层到心层逐渐降低,这与电导率的变化趋势相符合，但同时时效析出动力心层最低。从TEM测试中可以看出，心层的析出相密度比表层略低，因此时效强化效果从表层到心层逐渐降低。经硬度测试，表层硬度比心层的高，1/4层的最高，差异为4 HV。表层硬度值比1/4层的低是因为表层再结晶程度太高，经统计已达59%，再结晶晶粒尺寸比1/4层的大，更接近等轴状，因此其硬度值比1/4层的低。经拉伸测试，表层的抗拉强度为610 MPa，屈服强度为580 MPa，而心层抗拉强度为650 MPa，屈服强度为621 MPa，表层与心层的屈服强度差异达到41 MPa，与析出强化的趋势不相符，这种差异主要是由再结晶程度及织构引起的。

根据Dixit的研究，合金的屈服强度与织构和微观组织相关，合金总的屈服强度为

$$\sigma_{tot} = \sigma_{gb} + M[(\Delta\tau_{ss}^2 + \Delta\tau_D^2 + \Delta^2\tau_{rods} + \Delta\tau_{sf}^2 + \Delta^2\tau_{mod})^{1/2}] \quad (4\text{-}1)$$

式中，σ_{gb}代表晶界强化；$\Delta\tau_{ss}$代表固溶强化；$\Delta\tau_D$代表位错强化；$\Delta\tau_{rods}$代表析出相强化；$\Delta\tau_{sf}$代表层错强化；$\Delta\tau_{mod}$代表模量强化；M代表泰勒因子。对于厚板表层和心层来说，表层到心层的析出相差异不大，溶质原子溶解程度的差异也不大，根据文献中的具体计算公式可知，$\Delta\tau_{ss}$、$\Delta\tau_D$、$\Delta\tau_{rods}$、$\Delta\tau_{sf}$、$\Delta\tau_{mod}$均差别不大。因此可以将公式表示成

$$\sigma_{tot} = \sigma_{gb} + M\tau_{tot} \quad (4\text{-}2)$$

根据Marthinsen等的研究有

$$\sigma_{gb} \cong \alpha_2 Gb(1 - f_{Rex})\frac{1}{\delta} \quad (4\text{-}3)$$

式中，G是Al的剪切模量，为26 GPa；b是柏氏矢量；f_{Rex}为再结晶分数；δ为未再结晶区域的亚晶粒尺寸；α_2为常数，一般取2。因此，表层和心层的屈服强度差异受到再结晶程度的强烈影响。再结晶一方面减少了亚晶界，从而弱化合金的强度。另外，再结晶减少了轧制织构，增加了随机取向织构和再结晶织构。泰勒因子M一般用来表示织构和拉伸方向对屈服强度的影响，对于典型的轧制织构，其M值比再结晶织构的大15%以上，如表4-5所示。从表中可

以看出，轧制型织构 Copper、S 和 Brass 的 M 值要大于再结晶织构 Cube、Cube－ND，以及随机取向织构 Random。

表 4-5 常见的泰勒因子

类型	轧制织构			再结晶织构		随机织构
	C	S	B	Cube	Cube－ND	Random
M 值	3.7	3.33	3.17	2.45	2.85	3.07

在轧制过程中，厚板沿着厚度方向变形不均匀，表层与心层的应变量差异较大，板材表层直接与轧辊接触，轧制时造成表面受到很大的剪切应力，产生剪切应变；剪切应变使表层晶粒转向稳定的{001}<110>取向，形成剪切织构。而心层应变量更小，板材中心层处于理想的平面应变状态。在平面应变状态下，晶粒组织转向稳定的轧制型织构。由于变形量的差异，表层和心层的形变储能相差很大，表层的储能高于心层，因此在固溶过程中表层发生了严重的再结晶（可达到 59%），再结晶晶粒更接近等轴状，且表层的亚晶粒尺寸大于心层的，心层的再结晶程度为 26%。文献表明，当再结晶分数超过 50% 时，合金的力学性能会严重下降。由式(4-3)可以得出，$\sigma_{gb(表)} < \sigma_{gb(心)}$。再由织构分析可知，表层再结晶织构最多，因此表层的泰勒因子 M 是最小的，由表层到心层逐渐增大，这造成了表层的屈服强度低于心层的屈服强度。

4.5 小结

本章详细讨论了 7055 铝合金材料及其厚板的固溶热处理技术，并比较了 7055 铝合金－30 mm 厚板经过不同固溶及时效后的不同层组织及性能差异。主要结论如下：

① 7055 铝合金热轧板的第二相包括 S 相（Al_2CuMg）、Al_7Cu_2Fe 相、高密度的 AlZnMgCu 相和 $MgZn_2$ 相。其中固溶热处理可有效减少 7055 铝合金中 AlZnMgCu 相、$MgZn_2$ 相和 S 相（Al_2CuMg）的体积分数，含高熔点 Fe 相不能在固溶热处理中消除。

研究得到适合 7055 铝合金的单级固溶参数为 470 ℃,2 h。双级固溶可在不过烧的前提下通过适当提高第二级固溶温度进一步减小粗大 S 相的体积分数。研究得到适合 7055 铝合金的第一级固溶温度为450 ℃,第二级温度可升至 480 ℃。7055 铝合金厚板的固溶热处理要充分考虑厚截面构件的慢速升温过程,应该根据具体升温路径设置有效固溶时间。

② 固溶时效态 7055 板材沿着厚度方向存在组织的不均匀性,从表层到心层再结晶程度降低,表层残余第二相结体积分数最低。7055 板材沿着厚度方向存在性能的不均匀性,从表层到心层电导率、拉伸力学性能逐渐升高,延伸率逐渐降低,硬度在 1/4 层最高,心层最低。7055 板材沿着厚度方向的力学性能的不均匀性主要由再结晶程度及织构类型决定。表层再结晶程度高,轧制型织构少,M 最小,屈服强度最低。

第 5 章　7055 铝合金热变形参数对固溶再结晶行为的影响

由第 3 章和第 4 章可知，固溶热处理的关键技术之一是控制再结晶程度，而热变形组织对固溶再结晶同样有很大的影响。因此热变形参数与固溶参数共同决定了固溶质量的高低。建立包含热变形组织特征的静态再结晶动力学模型，可在一定程度上指导 7055 铝合金热轧工艺及固溶参数的选择。因此，本章在第 3 章和第 4 章的基础上通过建立 7055 铝合金固溶再结晶动力学模型，研究不同变形条件下 7055 铝合金显微组织的演变对固溶再结晶的影响，以进一步优化板材的最终组织性能。

5.1　固溶过程中的再结晶

图 5-1 是变形条件为 300 ℃ $-1\ s^{-1}$ 的粗晶材料经过 70% 压缩，并经温度为(470 ± 5) ℃ 固溶不同时间的金相照片。由图可知：当固溶时间为 15 s 时(见图 5-1a)，热处理组织依然保留压缩态的纤维状，未发生静态再结晶。但是形变组织随固溶时间的延长而逐渐减少，再结晶组织所占的比例越来越大，直到大部分纤维组织被再结晶组织所代替，如图 5-1e 所示。此外，从图 5-1b，c，d 看出，部分变形组织先再结晶，这说明再结晶晶核的形成是不均匀的。当固溶时间 $t=1\ 800$ s 时(见图 5-1f)，形变组织已经基本消失，达到完全再结晶状态。此时新的晶粒不再生成且再结晶晶粒尚未粗化，得到的平均晶粒尺寸为 20 μm 左右。以上结果表明，再结晶温度以上，变形态 7055 铝合金在极短的时间内即可以发生再结晶，

且固溶时间越长，再结晶程度越高。

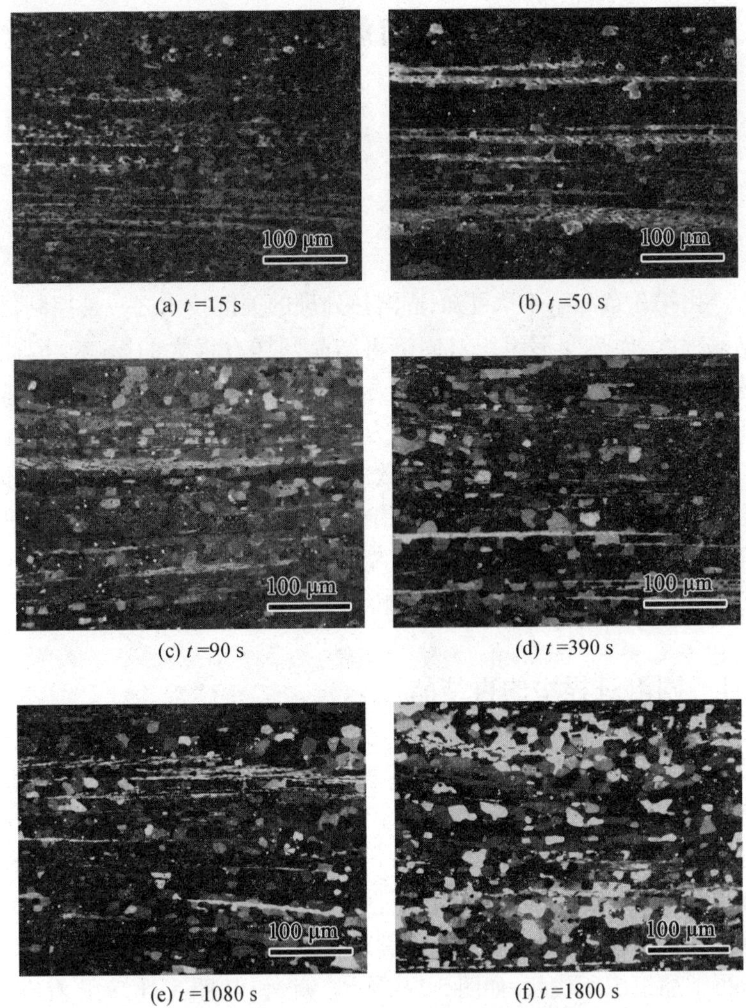

(a) t=15 s (b) t=50 s

(c) t=90 s (d) t=390 s

(e) t=1080 s (f) t=1800 s

图 5-1 心层粗晶材料，应变 70%，压缩变形条件 300 ℃ −1 s^{-1}，固溶温度(470 ±5) ℃条件下，不同保温时间的微观组织

5.2　*Z* 参数的影响

表 5-1 所示为铸锭心层粗晶材料在不同变形参数下的 ln*Z* 值。由表可知,*Z* 值随应变速率的增加和变形温度的降低而增加。结合第 3 章可知,表 5-1 中斜体 ln*Z* 值对应的变形态试样表现出较为明显的动态再结晶,尤其变形温度为 450 ℃时,动态再结晶体积分数更大。

表 5-1　不同变形条件下的 lnZ 值(粗晶材料)

变形温度/℃	应变速率/s^{-1}			
	0.01	0.1	1	10
300	21.05	23.35	25.66	27.96
350	19.00	21.29	23.60	25.90
400	*17.24*	*19.54*	21.84	24.15
450	*15.73*	*18.03*	*20.33*	22.64

图 5-2 所示为动态回复行为对应的变形条件下,7055 合金经过(470 ± 5)℃固溶相同时间后的金相照片。白色区域为再结晶组织,黑色区域为亚晶组织[17]。从图中可以看出,随着 *Z* 参数的增大,即应变速率增加或变形温度下降,再结晶体积分数逐渐增加,但是白色的再结晶晶粒尺寸有所减小。例如,ln*Z* = 21.05(见图 5-2a)时,再结晶体积分数约为 39%,平均晶粒尺寸为 84.7 μm;当 ln*Z* 增加到 27.96(见图 5-2d)时,再结晶体积分数增加为 51%,但是平均晶粒尺寸减小到 37.4 μm。

300 ℃变形后,7055 铝合金不同变形温度下的固溶再结晶体积分数 X_v 随固溶时间 t 的演变关系曲线如图 5-3 所示。由图 5-3 可知,$X_v - t$ 曲线都遵循 Avrami 方程[94],即呈现典型的 S 型。当 *Z* 值较大时(ln*Z* = 27.96),曲线上升速率很快,此时再结晶速率很高。t = 15 s 时曲线斜率变为 0,即再结晶完成且再结晶体积分数达到最高(X_v = 96%)。此时 X_v 达到 50% 所用的时间 $t_{0.5}$ 仅为 8.4 s,晶粒尺寸约为 12 μm。当 *Z* 值较小时(ln*Z* = 21.29),再结晶完成时间增加至 300 s,此时再结晶体积分数明显减小(X_v = 50%),$t_{0.5}$

增加到 49 s,平均再结晶晶粒尺寸增加为 53. 7 μm。

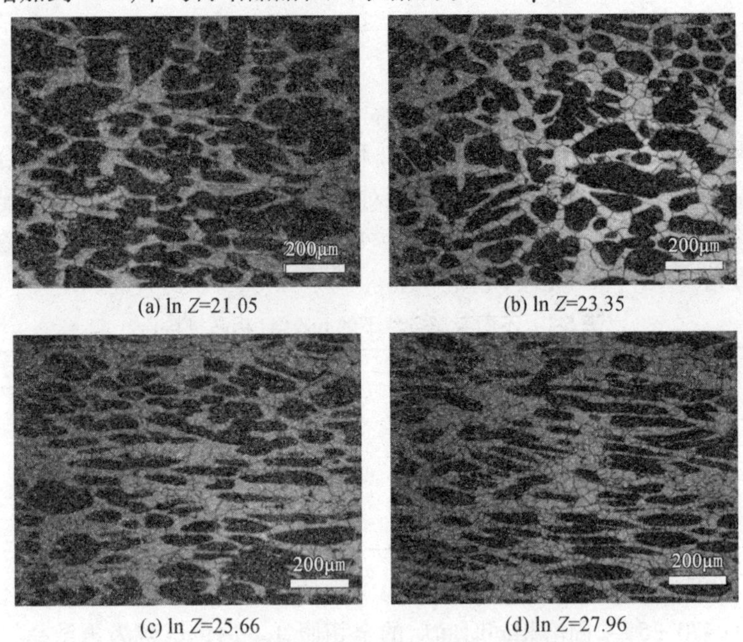

(a) ln Z=21.05　(b) ln Z=23.35

(c) ln Z=25.66　(d) ln Z=27.96

图 5-2　动态回复区域合金固溶时效后的金相组织

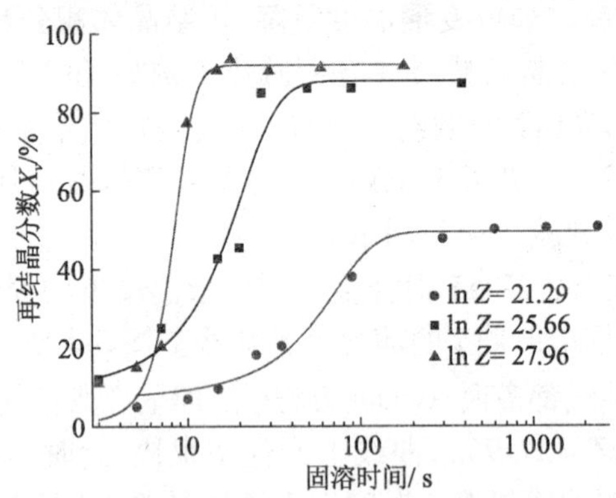

图 5-3　不同 Z 参数对再结晶行为的影响

由第 3 章可知,粗晶材料发生动态再结晶行为对应的应变速率和温度范围分别为 0. 1 ~ 0. 5 s^{-1}和 440 ~ 450 ℃。此时 ln$Z$≤20. 33。

图 5-4 为动态再结晶行为对应的变形条件下，7055 合金固溶后的金相照片。当 Z 值小（$\ln Z = 15.73$）时，变形组织中有部分动态再结晶产生，从对应的热处理后组织（见图 5-4a）中可以看出，固溶后未出现黑白分明的组织特征，而是出现了大量细小的等轴晶粒，其体积分数约为 28%，晶粒尺寸约为 20.5 μm。从金相组织可以初步判断其为细小的再结晶晶粒。当 $\ln Z$ 增加至 18.03 时，热处理组织（见图 5-4b）中的细小等轴晶尺寸有所减小，且部分位置出现较高密度亚结构特征（被腐蚀成黑色）。这说明该条件下材料保留了相对较多的形变组织且再结晶晶粒尺寸细小。当 $\ln Z$ 增加至 22.3 时，可以明显看出材料组织中出现了粗大的再结晶晶粒，其体积分数约为 24.2%，晶粒尺寸约为 65.5 μm。

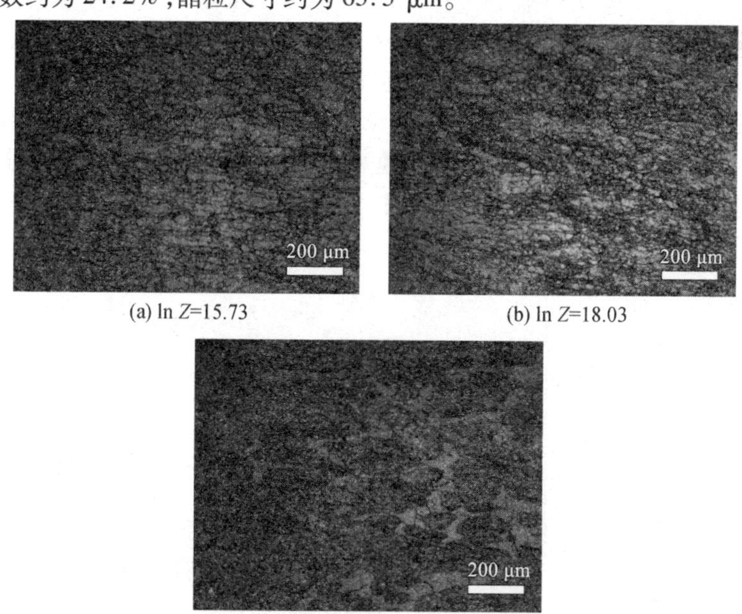

(a) $\ln Z=15.73$　(b) $\ln Z=18.03$　(c) $\ln Z=20.33$

图 5-4　动态再结晶区域合金固溶时效后的金相组织

综合考虑不同 Z 参数条件下的固溶再结晶程度可总结如下：在动态回复行为发生的应变速率和温度范围内（高 Z 值条件），7055 铝合金固溶再结晶的速率和体积分数都随着 Z 值的增加而增加。在动态再结晶对应的应变速率和温度范围内(低 Z 值条件),7055 铝合金的固溶再结晶体积分数及晶粒尺寸随着 Z 值的减小先减小再增大,亚结构特征逐渐消失。因此,为减小 7055 铝合金在固溶时候的再结晶体积分数,应该在动态再结晶行为对应的变形参数范围内,选择较小 Z 值条件对应的温度和应变速率作为终轧工艺参数。但是,需要指出的是,当变形温度太高或应变速率太低时,固溶再结晶程度及再结晶晶粒尺寸反而有所增加。

5.3 变形量的影响

图 5-5 是 7055 铝合金在 350 ℃ $-1\ s^{-1}$($\ln Z = 23.6$)变形条件下,经不同程度压缩后,再经(470 ± 5)℃固溶的 $X_v - t$ 图像。随着应变量的增加,再结晶速率增加($t_{0.5}$ 由 90 s 减小到 24 s),且再结晶完成时的体积分数也增加(X_v 由 73% 增加到 85%)。在固溶初期,当压缩应变为 0.36 时,再结晶速率很小,这是由于此时主要发生静态回复。而当真应变为 1.2 时,再结晶速率很大,此时主要发生静态再结晶行为。

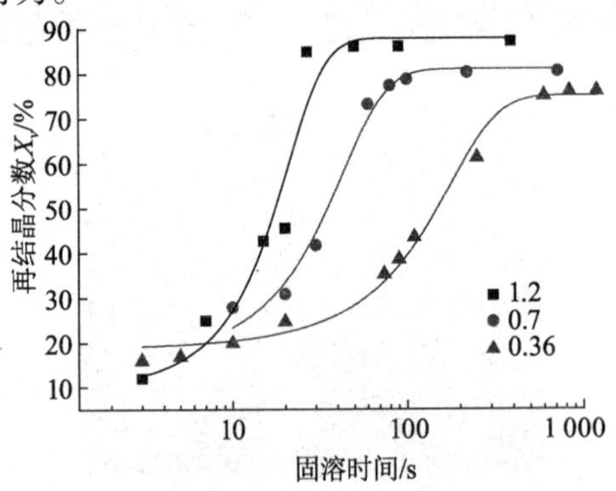

图 5-5 不同变形量对再结晶速率的影响

5.4 静态再结晶的 EBSD 分析

采用 EBSD 对不同 Z 参数变形并固溶(固溶温度为(470 ±

5)℃)不同时间的试样进行分析,结果如图5-6a~f所示。再结晶是一个以大角度晶界所区分出的新晶粒的形核和长大的过程,因此晶界取向角数据可区分出显微组织中的再结晶区域和非再结晶区域[190]。变形能取决于位错界面取向差角范围,大角度晶界储能高,是再结晶形核的优先位置[58]。各变形条件和固溶条件所对应的晶界角度取向差统计如图5-7a~f所示。一般来说,判断再结晶晶粒的两个条件[191]是:① 再结晶晶粒和变形基体间的晶界取向角大于15°;② 再结晶晶粒内部的平均取向差小于1°。因此,分别比较图5-6a,b,e和图5-6c,d可知,当固溶时间基本相同时,随着Z参数的减小,合金固溶后的再结晶程度逐渐降低。尤其在$\ln Z=18$的条件下,合金保留了很高程度的形变组织,再结晶仅仅在原始晶界处出现,且尺寸细小。由图5-7a,b,e可知,当$\ln Z$从23.4减小至18时,材料的小角度晶界比例从56.5%增加至70.7%。这说明当$\ln Z=23.4$时,即300 ℃-0.1 s^{-1}条件下,合金固溶后的再结晶体积分数比$\ln Z=18$,即450 ℃-0.1 s^{-1}条件下的再结晶程度高出14.2%,且再结晶晶粒粗大(见图5-6a,b的无缺陷白色粗大晶粒)。当$\ln Z$从20.3减小至18,即变形条件从450 ℃-1 s^{-1}变化为450 ℃-0.1 s^{-1}时,小角度晶界比例从72.9%增大至88.5%,如图5-7c,d所示。这说明450 ℃-1 s^{-1}条件下再结晶分数比450 ℃-0.1 s^{-1}时增加了15.6%。即使固溶时间增加1倍(至25 s,如图5-6f所示),比较图5-7c,f可知试样的再结晶体积分数也仅仅增加了5%。综上所述,经过相同固溶时间,高Z值变形试样更容易发生静态再结晶,且再结晶晶粒尺寸大。

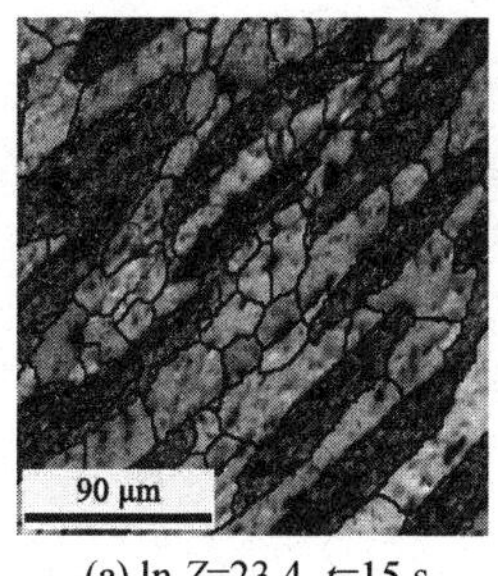

(a) ln Z=23.4, t=15 s

(b) ln Z=21.8, t=16 s

(c) ln Z=20.3, t=12 s

200 μm
100 μm
100 μm

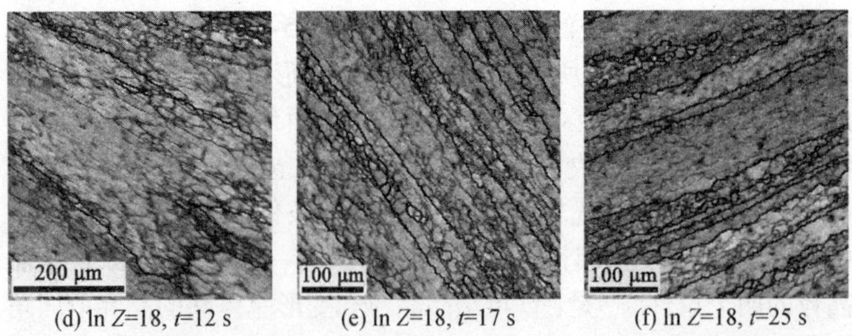

(d) ln Z=18, t=12 s　(e) ln Z=18, t=17 s　(f) ln Z=18, t=25 s

图 5-6　不同变形条件下合金固溶温度为(470 ±5)℃不同时间的 EBSD 图像

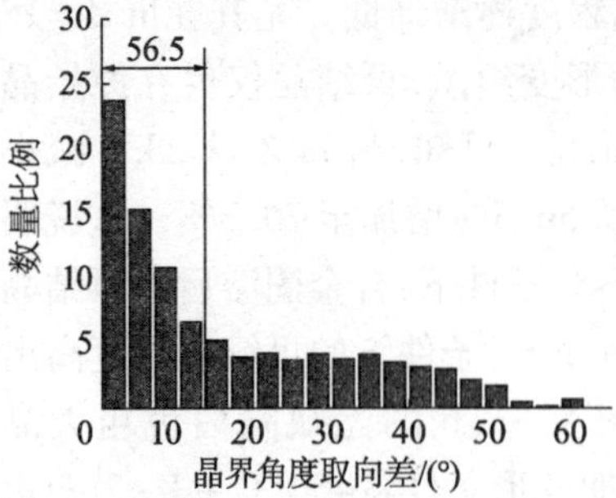

56.5
数量比例
晶界角度取向差/(°)

(a) ln Z=23.4, t=15 s

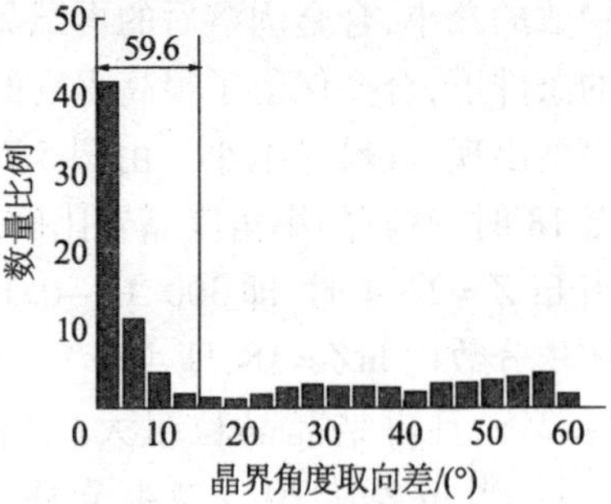

59.6
数量比例
晶界角度取向差/(°)

(b) ln Z=21.8, t=16 s

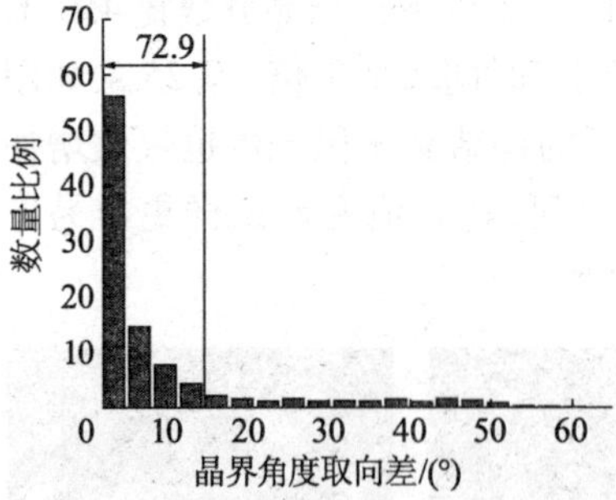

72.9
数量比例
晶界角度取向差/(°)

(c) ln Z=20.3, t=12 s

88.5
数量比例
晶界角度取向差/(°)

(d) ln Z=18, t=12 s

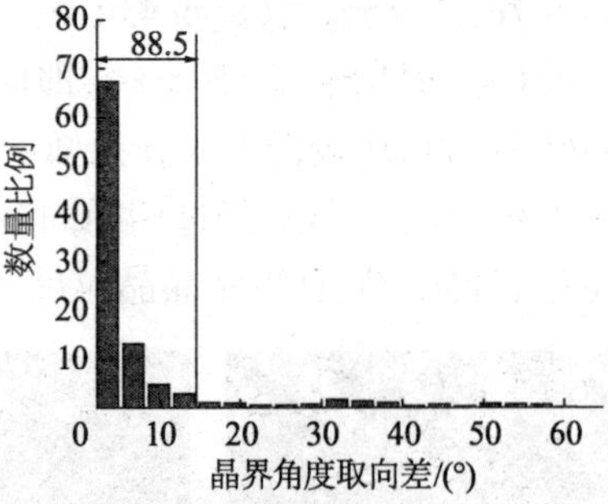

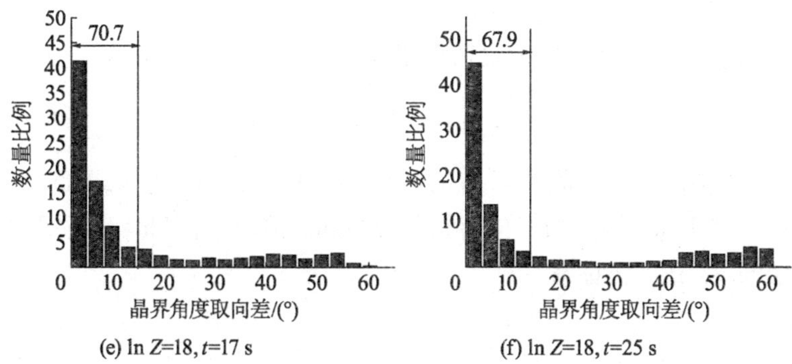

图 5-7　不同 Z 参数下，固溶温度为(470 ±5) ℃不同时间的取向差晶界角度

5.5　静态再结晶动力学方程的建立

由前述可知，再结晶分数和固溶时间 t 之间的关系曲线满足 Avrami 提出的相转变方程，因此本书采用 Avrami 方程来描述 7055 铝合金的静态再结晶动力学：

$$X_{\mathrm{v}} = 1 - \exp\left[-B \cdot \left(\frac{t}{t_{0.5}} \right)^{n} \right] \tag{5-1}$$

$$t_{0.5} = C\varepsilon^{a} Z^{b} d_{0}^{c} \exp \frac{Q_{\mathrm{rec}}}{RT_{\mathrm{rec}}} \tag{5-2}$$

式中，C，a，b，B 和 c 为材料常数；ε 为真应变；R 为气体常数，J/mol；T_{rec}为绝对温度，K；Q_{rec}为再结晶表观激活能，kJ/mol；d_0 为材料的原始晶粒尺寸；t 为退火的时间；X_{v} 为退火时间为 t 时对应的再结晶分数。

将式(5-2)两边同取对数可得

$$\ln t_{0.5} = \ln C + a\ln \varepsilon + b\ln Z + c\ln d_{0} + \frac{Q_{\mathrm{rec}}}{RT_{\mathrm{rec}}} \tag{5-3}$$

将 a，b，c，n，Q_{rec}，C，B 通过线性拟合的方式求出，就可以得到 7055 铝合金的静态再结晶动力学方程。

5.5.1 n 值的确定

将式(5-1)两边同取对数可得式(5-4)：

$$\ln\left(\ln\frac{1}{1-X_{v}}\right)=\ln B+n\ln t-n\ln t_{0.5} \tag{5-4}$$

将不同固溶时间和对应的各变形条件下的 X_v 代入式(5-4)中，可得到如图 5-8 所示的再结晶分数和固溶时间，即 $\ln 1/(1-X_v)$ 和 $\ln t/t_{0.5}$ 的关系曲线。

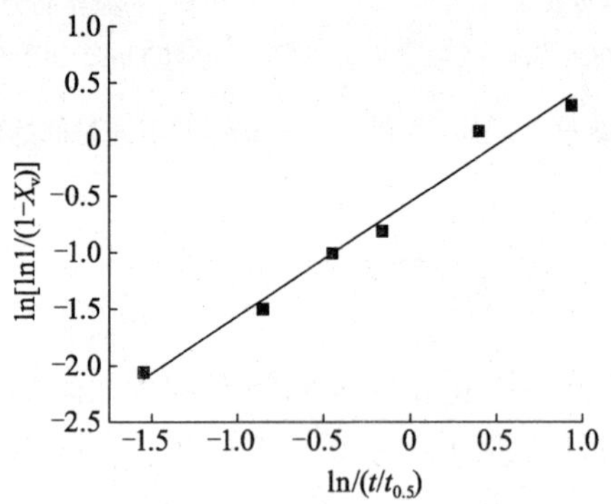

图 5-8　变形条件为 300 ℃ −0.1 s^{-1}，ε =1.2 时 $\ln[1/(1-X_v)]$ 和 $\ln(t/t_{0.5})$ 的关系曲线(线性部分)

不同变形条件下的 n 和 k 值如表 5-2 所示，计算出来的 n 值在 0.35 ~ 2.43 范围内，这和其他文献中所得出的 n 值是相符合的[192, 193]。从表 5-2 可以看出，当变形温度低(T <400 ℃)时，n 值接近 1，表示此时形核位置是饱和的，再结晶是通过晶界迁移形核和长大的。当变形温度高时，n 值小于 1。温度低而应变速率高时，n 值约等于 2，这说明再结晶可以在晶粒边缘形核。从表 5-2 中还可以看出，n 值与变形参数和固溶条件有关，可用式(5-5)表示：

$$n=AZ^{m}\varepsilon^{p}\exp-\frac{Q}{RT_{\text{rec}}} \tag{5-5}$$

式中，A，p，m 为常数；Q 为再结晶激活能，kJ/mol。

将表 5-2 中不同变形条件下的 n 值代入式(5-5)中，采用线性拟合的方法将各参数拟合出来，最终得到的 n 的表达式为

$$n = 1.49 \times 10^{11} Z^{0.16} \varepsilon^{1.13} \exp\left(-\frac{175.358}{RT_{\mathrm{rec}}} \right) \tag{5-6}$$

表 5-2　不同变形和固溶条件下 7055 合金的 n, $t_{0.5}$, d_{rec} 和 B 值

<table>
<tr><th>T_{def}/℃</th><th>$\dot{\varepsilon}$/s^{-1}</th><th>ε</th><th>T_{rec}/℃</th><th>$t_{0.5}$/s</th><th>n</th><th>d_{rec}/μm</th><th>B</th></tr>
<tr><td rowspan="5">300</td><td rowspan="2">0.1</td><td rowspan="2">1.2</td><td rowspan="2">475</td><td>23.5</td><td>1.01</td><td>22.2</td><td>0.55</td></tr>
<tr><td>14</td><td>2.1</td><td>14</td><td>0.58</td></tr>
<tr><td rowspan="2">1</td><td rowspan="2">1.2</td><td>465</td><td>20</td><td>1.45</td><td>17</td><td>0.45</td></tr>
<tr><td>455</td><td>30</td><td>0.49</td><td>21.9</td><td>0.32</td></tr>
<tr><td>10</td><td>1.2</td><td rowspan="7">475</td><td>8.4</td><td>2.43</td><td>11.5</td><td>0.61</td></tr>
<tr><td rowspan="4">350</td><td rowspan="2">0.1</td><td rowspan="2">1.2</td><td>49</td><td>0.81</td><td>53.7</td><td>0.62</td></tr>
<tr><td>24</td><td>1.75</td><td>29.5</td><td>0.63</td></tr>
<tr><td rowspan="2">1</td><td>0.7</td><td>38</td><td>1.06</td><td>43</td><td>0.58</td></tr>
<tr><td>0.36</td><td>90</td><td>0.45</td><td>49.9</td><td>0.61</td></tr>
<tr><td>400</td><td rowspan="2">1</td><td rowspan="2">1.2</td><td>49</td><td>0.35</td><td>37.3</td><td>0.64</td></tr>
<tr><td>450</td><td>60</td><td>0.66</td><td>57.7</td><td>0.68</td></tr>
</table>

从表 5-2 中可以得出，不同变形条件下的合金退火后的 JMAK 指数 n 并不相同，且从式(5-5)中可以看出 n 值与 Z 参数、应变量 ε、固溶温度等有关。随着 Z 值的增加，总变形量的增大和固溶温度的升高，n 值增加。再结晶速率 V_{rec} 和 $1/t_{\mathrm{r}}$ 成正比例的关系[194]，其中 t_{r} 是某一再结晶速率所对应的固溶时间。一般采用 $t_{0.5}$ 来描述合金静态再结晶速率，从表 5-2 可以看出，$t_{0.5}$ 和 n 值保持反比例关系，因而可以采用 n 值来表示静态再结晶的速率。变形温度高时退火后 V_{rec} 小，因而 $n < 1$。

从表 5-2 中还可以看出，n 值较文献[195, 196]所计算出来的数值小，有文献[197]指出这是由材料的不均匀变形所致。不均匀的变形组织会导致形变储能分布不均匀，形变储能低的部分，其指数 n 值较小。理论上，当 $n = 3 \sim 4$ 时说明形核位置是随机分布，而非随机分布的形核点会减小 n 值。另有文献[195]研究表明合金中 Mg 元素的含量会影响再结晶速率：Mg 元素可以降低动态回复的速率，使加工硬化速率升高，从而保留了更多的形变储能，进而使静态再结晶驱动力增加。Mg 含量还会影响 C 的值：Mg 元素含量越高，则 C 值越小，$t_{0.5}$越低[196]，而对应的 n 值则越高。7055 铝合金中的 Mg 元素含量（$W_{Mg}=2.16\%$）明显小于 5182 铝合金（$W_{Mg}=5.4\%$），因而在相同变形条件下本书中拟合出的 n 值较小。

事实上，$\ln 1/(1-X_v)-\ln(t/t_{0.5})$关系曲线不呈严格的线性关系，当再结晶分数大时，出现了一些非线性的点，这种现象也出现在其他材料中[196-198]。可以将变形条件为 300 ℃ $-0.1\ \mathrm{s}^{-1}$的再结晶分数 X_v 和退火时间 $t_{0.5}$的关系曲线 $\ln(1/(1-X_v)-\ln(t/t_{0.5})$分成两个范围，如图 5-9 所示。

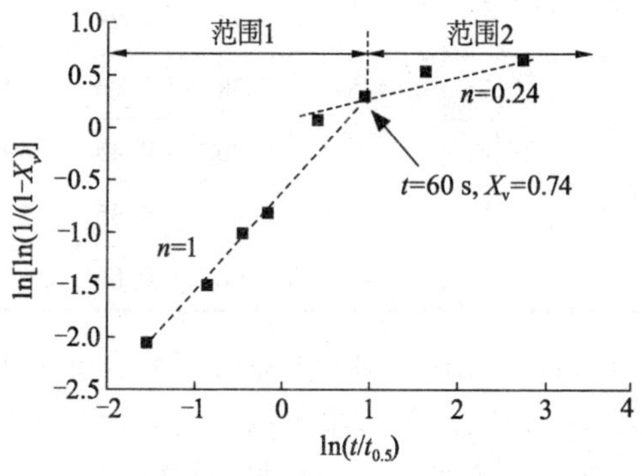

图 5-9　变形条件为 300 ℃ $-0.1\ \mathrm{s}^{-1}$，$\varepsilon=1.2$ 时 $\ln[1/(1-X_v)]-\ln(t/t_{0.5})$的关系曲线

在 $X_v<0.74$ 时，n 值拟合出来等于 1；当 $X_v>0.74$ 时，n 值减少为 0.24。这说明在这两个范围内，再结晶的特性是不相同的。单位体积晶粒数目 N_V 可以用式(5-7)描述[199]：

$$kN_V=\frac{N_A}{D} \tag{5-7}$$

式中，N_A 为单位体积的再结晶晶粒数目；D 为再结晶晶粒尺寸，均可以金相照片中统计出来；k 表示的是形状因子，一般等于1。单位体积再结晶数目随再结晶体积分数变化情况如图 5-10 所示。从图中可以看出，曲线呈现复杂的形状，在点 A 之前再结晶体积分数比较小，再结晶数目 N_V 随着 X_V 的增加而增加；而在点 A 和点 B 之间时，N_V 突然减小，单位面积再结晶数目减少了 61.5%；点 B 之后，N_V 又有一定程度的增加。

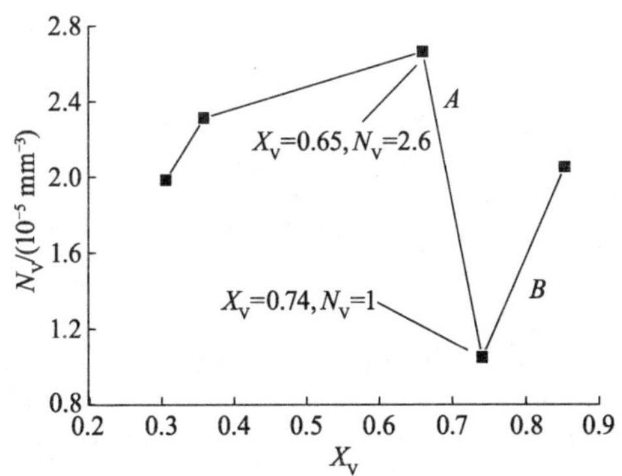

图 5-10　单位体积再结晶数目与 X_V 的函数关系

（1）范围 1（$X_V<0.74$）

从图 5-10 中可以看出，一直到再结晶分数为 0.65 时，N_V 连续增加，这说明退火组织中一直在生成新的再结晶晶粒，且平均再结晶晶粒尺寸保持 15.4 μm 不变。之后 N_V 减小，主要是由于小晶粒合并消失形成大的再结晶晶粒所致，并且平均晶粒尺寸达到 26.5 μm。

（2）范围 2（$X_V>0.74$）

当合金再结晶分数大于 0.74 时，再结晶速率增加较慢，从图 5-10 中看出，此时 N_V 增大，但再结晶晶粒晶粒尺寸保持 26.5 μm 不变，这是由于新晶粒的形核和大晶粒的粗化保持平衡所致。

5.5.2　B 值的确定

从表 5-2 中可以看出 JMAK 方程中的参数 B 与温度有关，其随退火温度变化的行为可用 Arrhenius 公式表示，即

$$B=B_0\exp\left(-\frac{Q}{RT_{rec}}\right) \tag{5-8}$$

式中，B_0 为指前因子；Q 为形核激活能，kJ/mol。采用线性拟合的

方法求出方程中的未知量，如图 5-11 所示。从图 5-11a 中求得的形核激活能 Q 值为 134.7 kJ/mol，图 5-11b 中 B 与 T_{rec} 的关系曲线拟合出的 B_0 值为 1.34×10^9。最终确定的 B 可以表示为

$$B=1.34\times10^9\exp\left(-\frac{134\ 703}{RT_{rec}}\right) \tag{5-9}$$

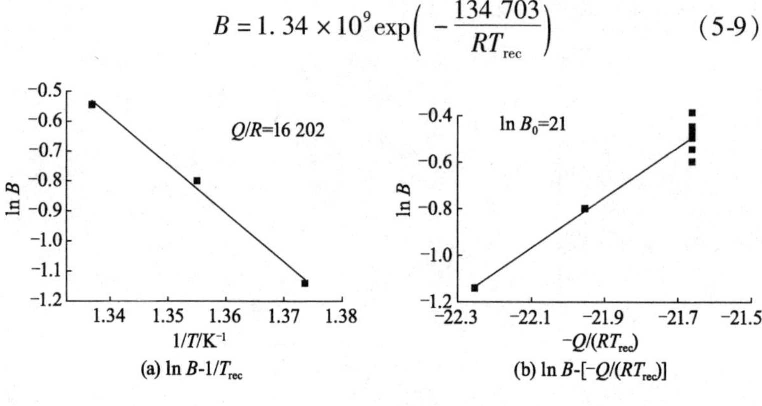

(a) $\ln B$-$1/T_{rec}$　(b) $\ln B$-$[-Q/(RT_{rec})]$

图 5-11　线性拟合关系

5.5.3　$t_{0.5}$ 值的确定

将表 5-2 中的 $t_{0.5}$ 值和初始晶粒尺寸（d_0）、不同变形条件下的 Z 参数值、不同的应变量 ε 和不同的退火温度 T_{rec} 带入式（5-3）中，并作出不同变量间的线性关系图，如图 5-12 所示。线性回归得到各参数的值如表 5-3 所示。

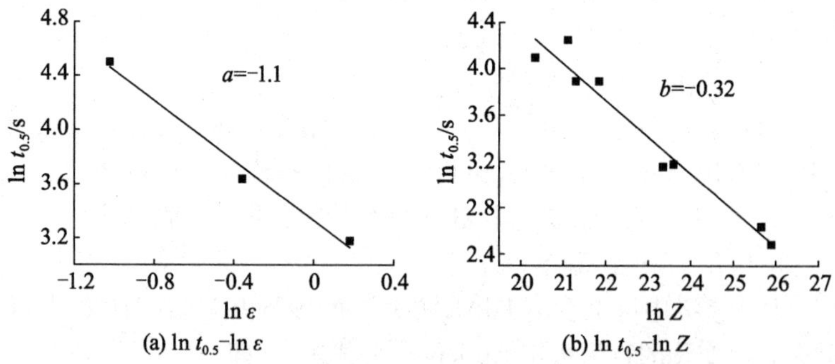

(a) $\ln t_{0.5}$-$\ln\varepsilon$　(b) $\ln t_{0.5}$-$\ln Z$

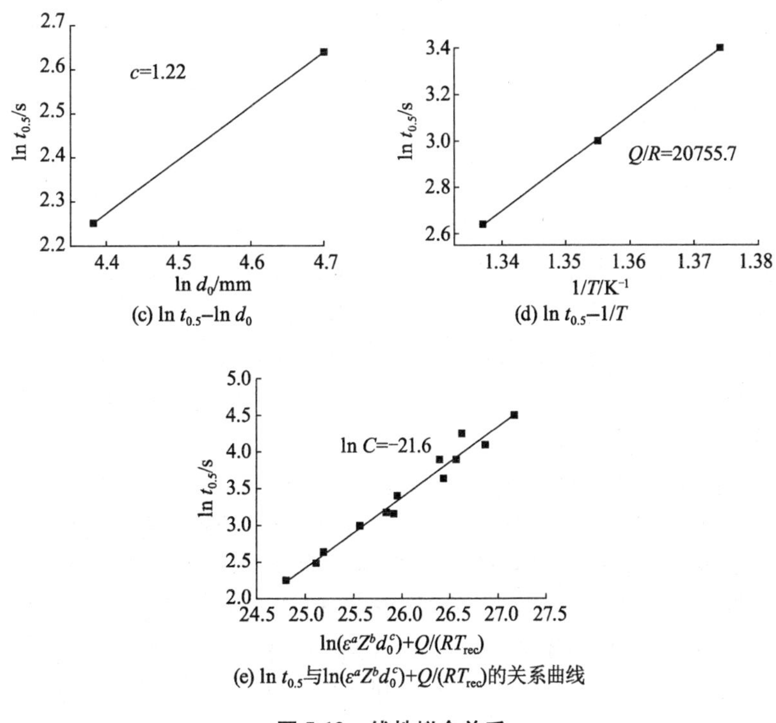

(c) ln $t_{0.5}$–ln d_0

(d) ln $t_{0.5}$–1/T

(e) ln $t_{0.5}$与ln($\varepsilon^a Z^b d_0^c$)+Q/(RT_{rec})的关系曲线

图 5-12　线性拟合关系

表 5-3　$t_{0.5}$方程式中的各参数值

a	b	c	Q_{rec}/(kJ·mol^{-1})	C
−1.1	−0.32	1.22	172.6	4.05×10^{-10}

根据表 5-3 最后确定的 $t_{0.5}$的表达式为

$$t_{0.5}=4.05\times10^{-10}\varepsilon^{-1.1}Z^{-0.32}d_0^{1.22}\exp\frac{172.6}{RT_{rec}} \tag{5-10}$$

图 5-12a 中 ln ε 和 ln $t_{0.5}$曲线的斜率即为式(5-3)中的 a 值。图 5-12b 直线斜率为 b 值。图 5-13c 直线斜率为 c 值，从图 5-12c 中求得的再结晶激活能为 172.6 kJ/mol。图 5-12e 中的直线斜率为 ln C 值，进而求出 C 值。

再结晶是热激活的过程，再结晶激活能 Q_{rec}是研究 7055 铝合金退火过程中静态再结晶动力学非常重要的参数，Q_{rec}是再结晶晶粒形核和长大所需能量的加权平均值。研究得出铝合金的再结晶激活能在 178 ~230 kJ/mol 之间[196]：Gutierrez 研究 AA1100 铝合金再结晶激活能 Q_{rec} 为220 kJ/mol，Raghuthan 研究 AA5083 铝合金 Q_{rec} 为 183 kJ/mol。Sellars 研究 Al－1% Mg 合金的 Q_{rec}是 230 kJ/mol。黄星星计算出 5182 铝合金的再结晶激活能为 59.727 kJ/mol。铝的自扩散激活能为 142 kJ/mol，Cahn－Hagel 分析出的铝的晶界迁移能是 168 kJ/mol。本书计算出的再结晶激活能为 172.6 kJ/mol，比铝自扩散激活能高，但是和铝晶界迁移能相近。这说明 7055 铝合金退火过程中静态再结晶速率是受大角度晶界迁移速率控制的。本书计算出的 Q_{rec} 比其他学者计算出的再结晶激活能偏小，这是由于合金变形时存在动态回复和动态再结晶行为，在合金内部形成了大量的亚晶，且有动态再结晶晶粒生成，大大缩短了退火时静态再结晶形核的孕育期，从而使再结晶激活能降低。本书采用的变形程度（$\varepsilon=1.2$）较大，形变量大的合金内部位错和空位较多，有利于原子的扩散和再结晶的形核，且缺陷处（位错、空位）的原子结合力较弱，有利于原子克服引力而扩散，使晶界迁移所耗能量减少，有利于降低再结晶激活能。变形量大也可以得到晶粒更加细小的组织，从而为再结晶提供更多的形核位置。需要指出的是，相同合金所采用的变形条件不同，这也会导致再结晶激活能的不同：如热轧态 AA1050 合金的热变形激活能是 168 ~178 kJ/mol，拉伸态 AA1050 合金[200]的热变形激活能是 225 ~234 kJ/mol，Sellar[195]研究 Al－1% Mg 合金采用的是平面应变压缩的方法。

5.6 静态再结晶晶粒尺寸

再结晶晶粒的最终尺寸主要取决于两方面：一方面是再结晶形核数量；另一方面是晶粒的长大速率。从前面的讨论可知，再结晶晶粒尺寸受变形参数、原始晶粒尺寸和退火温度的影响，且完全再结晶后随着退火时间的延长，再结晶晶粒几乎没有长大，这可能是第二相粒子对晶界的钉扎，使再结晶长大速率减慢的缘故。完全再结晶后的晶粒尺寸模型可由经验公式(5-11)确定：

$$d_{\text{rec}} = Dd_0^k \varepsilon^l z^m \exp\left(\frac{Q}{RT_{\text{rec}}}\right) \tag{5-11}$$

式中，D 为材料常数；Q 为晶粒长大激活能，kJ/mol；k,l,m 指数都与其他的变量无关。

同样通过线性拟合得出各参数的值，如图5-13所示。从图中可以看出实验数据和公式符合得非常好，最终确定的静态再结晶晶粒尺寸公式为：

$$d_{\text{rec}} = 7.08 \times 10^{-5} d_0^{0.7} \varepsilon^{-0.43} Z^{-0.23} \exp\left(\frac{85.8}{RT_{\text{rec}}}\right) \tag{5-12}$$

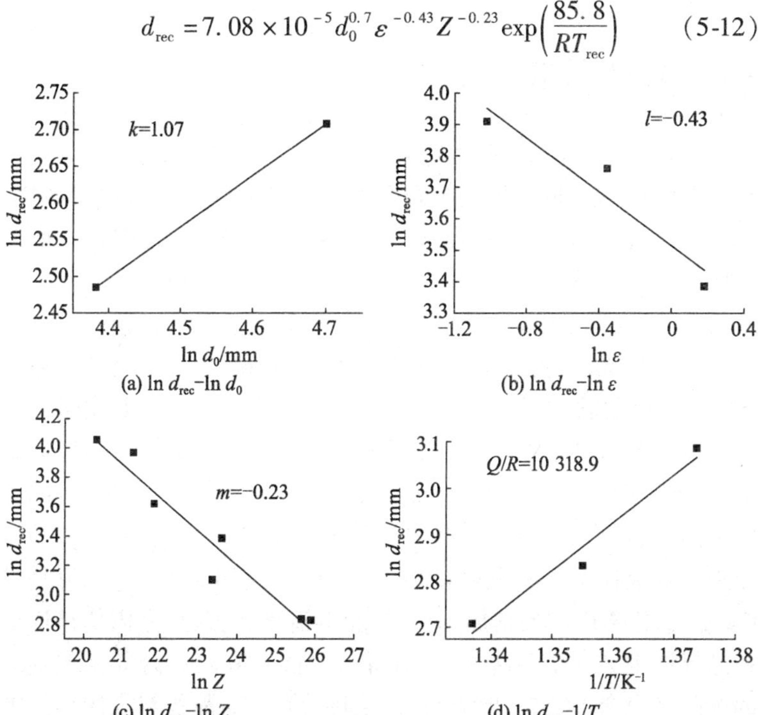

(a) $\ln d_{\text{rec}}$–$\ln d_0$　(b) $\ln d_{\text{rec}}$–$\ln \varepsilon$

(c) $\ln d_{\text{rec}}$–$\ln Z$　(d) $\ln d_{\text{rec}}$–$1/T$

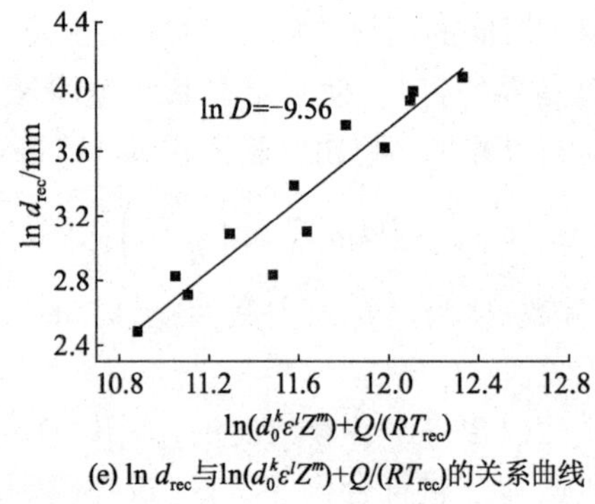

(e) ln d_{rec}与$\ln(d_0^k \varepsilon^l Z^m)+Q/(RT_{rec})$的关系曲线

图 5-13　线性拟合关系

5.7　分析与讨论

5.7.1　不同变形条件对再结晶行为的影响

图 5-14 是不同变形状态合金经不同时间固溶后的透射照片。从图 5-14a, b 中可以看出，晶内有大量的析出粒子，根据相应衍射花样和相关文献可知[53,63]，这些豆瓣状弥散相是 Al_3Zr 粒子。Al_3Zr 粒子钉扎亚晶界和晶内的位错，阻碍亚晶界的迁移和晶内位错的攀移和滑移，从而降低亚晶界上位错的积累，减少大角度晶界的形成，并阻碍再结晶晶粒的长大。此外，粗大析出相对位错的迁移也有一定的阻碍作用。然而再结晶速率却随着 Z 参数的增大而增大，这说明虽然第二相粒子的钉扎作用对再结晶有一定的抑制，但是热激活作用对位错和晶界迁移的影响作用更大。图 5-14a, c 分别是合金在变形条件为 350 ℃ −1 s^{-1}固溶10 s 和30 s 的亚晶组织。随着固溶时间的增加，亚晶界变得清晰平直，且晶内位错逐渐在晶界堆积。从图 5-14d, e 可以看出，当 t = 20 s 时，原始晶粒细小的样品已完全再结晶，再结晶晶粒细小；而原始晶粒粗大的样品中仍有较多的亚晶存在。从图 5-14f 中可以观察到内部位错较少的晶粒晶界向位错密度大的晶粒内部移动，在移动的过程中吸收周围亚晶中的位错，形成大角度晶界，进而形成再结晶晶核。

(a) ln Z=23.6, t=10 s, d_0=110 μm, 亚晶

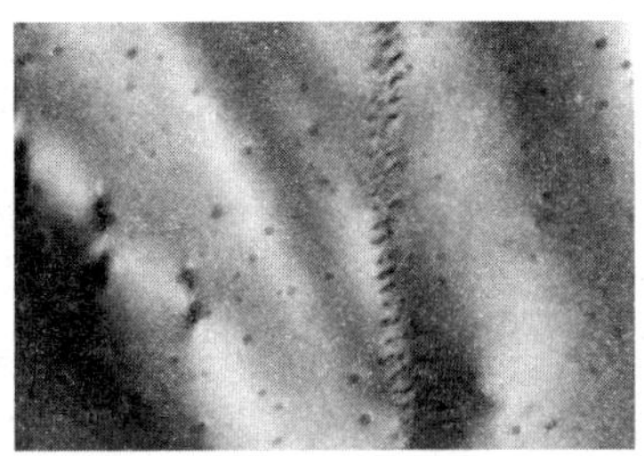

(b) ln Z=23.6, t=10 s, d_0=110 μm, 亚晶界被粒子钉扎

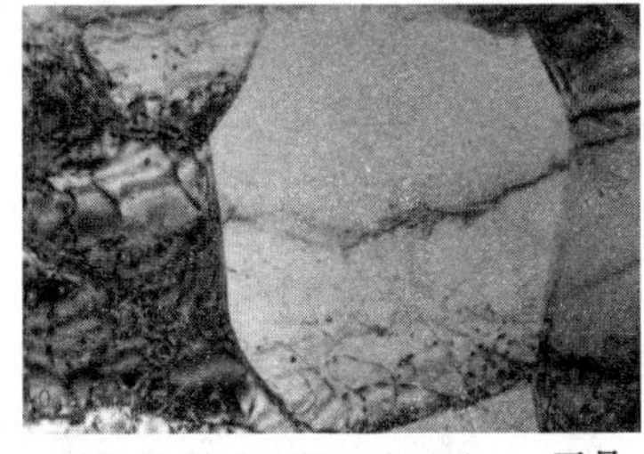

(c) ln Z=23.6, t=30 s, d_0=110 μm, 亚晶

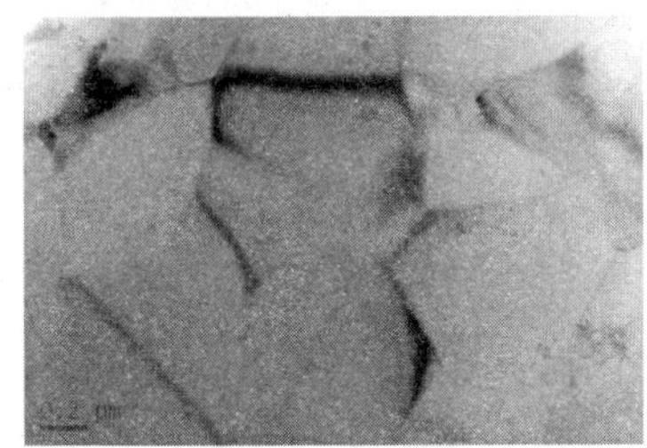

(d) ln Z=25.66, d_0=80 μm, t=20 s

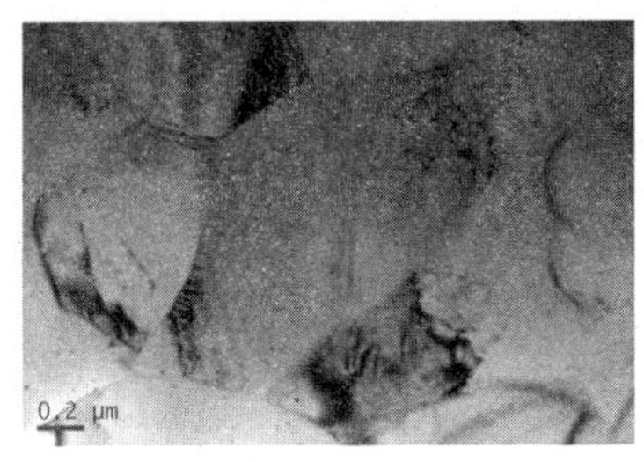

(e) ln Z=25.66, d_0=110 μm, t=20 s

(f) ln Z=27.96, d_0=110 μm, t=20 s

图 5-14　不同固溶时间的 TEM 图像

固溶条件下的静态再结晶主要取决于材料变形储能、形核位置密度和固溶温度及时间。从上述的实验现象可知，变形量、Z 参数、固溶温度和原始晶粒度都会影响 7055 铝合金的再结晶行为。Z 值高时，变形温度低而应变速率高，此时合金发生动态回复的程度低且没有动态再结晶产生，位错快速增殖，密度增加，合金形变储能很高，加速了静态再结晶形核及长大。当 Z 参数较小时，变形

温度高而应变速率低，特别当 ln $Z \leqslant 20.33$ 时，合金发生动态再结晶，同时动态回复的程度也较大，产生较高体积分数的细小再结晶晶粒及高体积分数的大尺寸亚晶。虽然 DRV 和 DRX 的双重作用导致形变储能比大 Z 值条件下的高，但是由透射分析可知，由于动态回复过程中形成的大亚晶继续长大，形成易动性大的大角度晶界，从而转化成再结晶晶核；同时动态再结晶形成的再结晶晶核不需孕育期而直接长大，形成再结晶晶粒。因此，在动态再结晶行为对应的 Z 参数范围内，随着 Z 参数的减小，静态再结晶形核数量逐渐增加，因此固溶后其再结晶程度反而增加，但是晶粒尺寸细小。

5.7.2 7055 铝合金的静态再结晶形核机制

常见再结晶的形核机制包括晶界弓出机制、亚晶聚合机制和亚晶长大机制[201,202]。从本实验的研究结果看出，固溶初期变形晶粒内部存在亚晶聚合长大的形核机制，此时变形合金内部回复过程形成的亚晶界迁移成为大角度晶界，形成再结晶晶核。一般而言，原始晶界常作为再结晶形核位置，在合金固溶过程中发现大部分原始晶界弓出成锯齿状。因此晶界弓出形核机制是 7055 铝合金固溶过程中主要的形核机制。再结晶的产生是不均匀的，变形合金中大部分拉长的晶粒被细小等轴的再结晶晶粒替代，还有一部分变形组织保持不变，且大部分的再结晶晶粒主要集中在原始晶界附近。合金在压缩的过程中，组织变形不均匀，导致各部分晶粒内部位错密度不同，这种位错密度差使位错密度小的晶粒的晶界在热激活的作用下弓出到位错密度大的晶粒内部。这可以有效地降低位错密度形成低能量结构[203]。这种储能差还会导致再结晶位置和晶粒尺寸分布不均匀，储能高的形变晶粒首先再结晶且有高的形核率，再结晶晶粒细小，而储能低的形变晶粒形核率较低且再结晶晶粒较大。另外，有必要指出的是，SRX 也可以通过 PSN 机制形核。由固溶后组织（见图 5-15a）可以看出，尺寸较大的初生相在固溶时溶解较慢，晶界处仍有大量的未溶相，一般残余第二相为 S 相、AlZnMgCu 相和难熔的 Al_7Cu_2Fe 相，细小的 $MgZn_2$ 相基本回溶。从图 5-15b 中也可看出在再结晶晶界处有粗大第二相存在，这说明再结晶晶核可在原始晶界粗大第二相激发形核，随后长入 Al_3Zr 粒子少的区域。

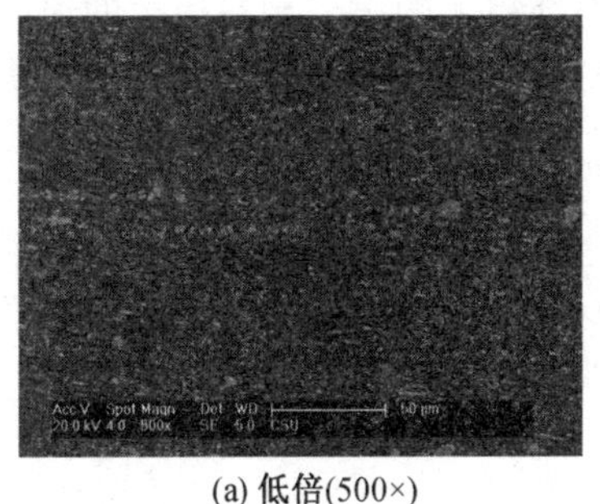

(a) 低倍(500×)

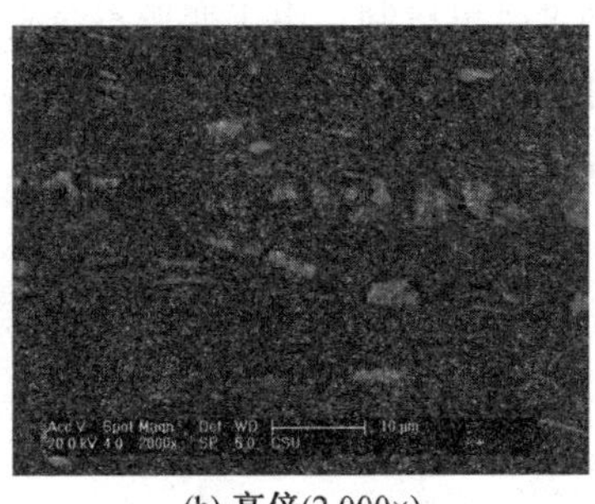

(b) 高倍(2 000×)

图 5-15　变形条件 300 ℃ −1 s^{-1}，固溶 40 s 后的组织和粗大的第二相形貌

5.8　小结

本章对 7055 铝合金静态再结晶动力学进行了研究，建立了再结晶动力学模型和再结晶晶粒尺寸经验公式，并对变形条件与再结晶速率的关系进行了研究，得出以下结论：

① 7055 铝合金静态再结晶速率和完全再结晶尺寸受变形参数、原始晶粒尺寸、变形程度和固溶温度的影响，Z 参数越大，原始组织越细小，变形量越大，退火温度越高，再结晶速率越高。

② 7055 铝合金的静态再结晶动力学可用 Avrami 方程描述，即

$$X_v = 1 - \exp[-B(t/t_{0.5})^n]$$

其中，

$$\begin{cases} t_{0.5} = 4.05 \times 10^{-10} \varepsilon^{-1.1} Z^{-0.32} d_0^{1.22} \exp[172.6/(RT_{rec})] \\ B = 1.34 \times 10^9 \exp[-134.703/(RT_{rec})] \\ n = 1.49 \times 10^{11} Z^{0.16} \varepsilon^{1.13} \exp[-175.358/(RT_{rec})] \end{cases}$$

③ 7055 铝合金再结晶激活能为 172.6 kJ/mol，大于铝合金自扩散激活能，说明再结晶速率是受晶界迁移速率决定。变形态合金内部发生了动态再结晶使固溶再结晶直接形核长大，降低了再

结晶激活能。

④ 7055 铝合金热变形固溶过程中的再结晶形核机制主要是晶界弓出机制。由于变形态合金内部粗大的第二相在后续的退火时难以回溶,使第二相尺寸大于 PSN 临界形核尺寸,因而 7055 铝合金也存在 PSN 形核机制。

第 6 章　7055 铝合金的单级和双级时效热处理

如前所述,7055 铝合金性能优化的关键点在于其强韧性与耐腐蚀性能的协同提升。回归再时效制度(RRA)可有效降低 7055 铝合金的腐蚀开裂倾向,同时保证合金的强度。RRA 是一种三级过时效制度,包含预时效、高温回归和再时效处理。7055 铝合金的预时效程度一般为欠时效或者峰时效,再时效程度为峰时效。不同热处理阶段时效析出组织的相互关系决定了 RRA 态 7055 铝合金的最终性能。因此,单级时效技术的研究为预时效和再时效处理的选择提供理论依据。此外,7055 铝合金经双级时效后的强韧性与耐蚀性能的匹配是衡量 RRA 处理效果的必要参考,且目前应用的 AlZnMgCu 系厚板大多数的使用状态仍然为 T74(一种典型的双级时效制度)。因此,本章研究和总结了 7055 铝合金板材在单级和双级时效处理下的组织和性能,优化了 7055 铝合金板材的单级峰时效及双级过时效制度。单、双级时效制度的建立为进一步研究 7055 铝合金板材的回归再时效技术提供直接的参考及性能对比。

6.1　单、双级时效实验参数的选定

热轧态板材的固溶处理在空气炉中进行。淬火水温 <25 ℃,淬火转移时间小于 5 s。淬火后,立即在热风循环空气炉中进行时效处理,单级温度为 105 ℃、120 ℃和 160 ℃,时效时间范围为 0 ~ 32 h。双级时效处理具体的时效制度见表 6-1。

表 6-1　7055 铝合金双级时效工艺参数

预时效制度	第二级时效温度/℃	第二级时效时间/h
120 ℃,6 h 或 12 h	150	0 ~ 24
	160	
	170	
105 ℃,6 h 或 12 h	150	
	160	
	170	

6.2　时效硬化行为

图 6-1 所示为 7055 铝合金单级时效制度下硬度随时效温度和时间的演变规律。由图可知,在时效开始的 0 ~ 5 h 时间内,7055 铝合金的硬度增加速率较快,且时效温度越高,7055 铝合金的硬化响应速率也越快。在 120 ℃时效条件下,7055 铝合金的硬度值在 24 h 左右达到峰值(204 HV 左右),随后基本保持不变,峰值硬度平台持续时间很长,在 30 h 后出现一定幅度的下降,呈现过时效特征。随着时效温度的降低,7055 铝合金达到峰值硬度所需的时间增加。105 ℃时效时,7055 铝合金达到该温度条件下的硬度峰值所需时间为 30 h 左右,其峰值硬度平台持续时间同样较长。当时效温度较高(160 ℃)时,时效硬度平台持续时间大幅度缩短,160 ℃时效样品在 5 h 即达到峰值,随后快速下降,至 24 h 后硬度值只有170 HV 左右。综上所述,在本试验条件范围内,单级时效温度越高,峰值硬度值越高,到达峰值硬度的时间越短。峰值硬度平台持续时间也相应越短。

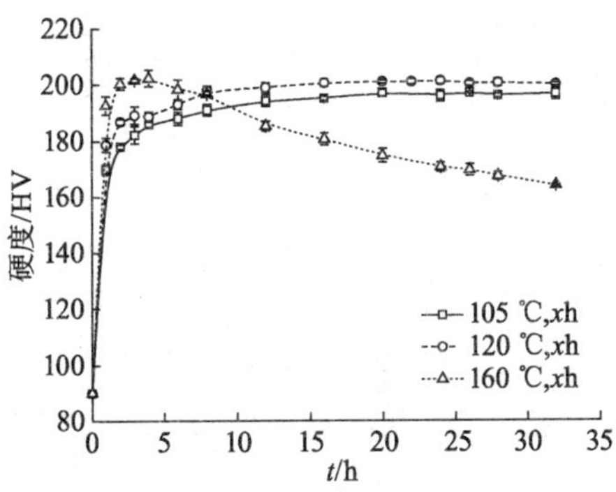

图 6-1　单级时效硬度曲线

图 6-2 和图 6-3 所示为 7055 铝合金双级时效制度下硬度随第二级时效温度和时间的演变规律。由图可知，在时效初期，当二级时效温度为 150 ℃时，7055 铝合金的硬度随二级时效时间的延长而逐渐增大。时效 5 h 左右，硬度达到最大值，随后硬度出现下降趋势。时效至 24 h 后，其硬度值仍然保持在 185 ~ 187 HV，只比 120 ℃单级时效 24 h 的峰值硬度水平下降了 8% ~9%。当二级时效温度提高至 160 ℃时，合金硬度在 3 h 左右达到峰值。随着二级时效时间的延长，其硬度下降速率明显快于 150 ℃二级时效状态样品。时效至 24 h 后，7055 铝合金的硬度值下降至 165 ~ 170 HV，与 120 ℃/24 h 峰时效状态相比，其硬度值下降了 17% ~19%，与 T73 状态类似[204]。继续提高二级时效温度至 170 ℃时，合金硬度在 1 h 左右即达到峰值。随着二级时效时间的延长，其硬度值在 170 ℃时效 3 ~ 10 h 内快速下降。当二级时效 24 h 后，7055 铝合金的硬度值下降至 146 ~ 148 HV，与 120 ℃/24 h 峰时效状态相比，其硬度值下降了 28% 左右，呈现严重过时效特征。

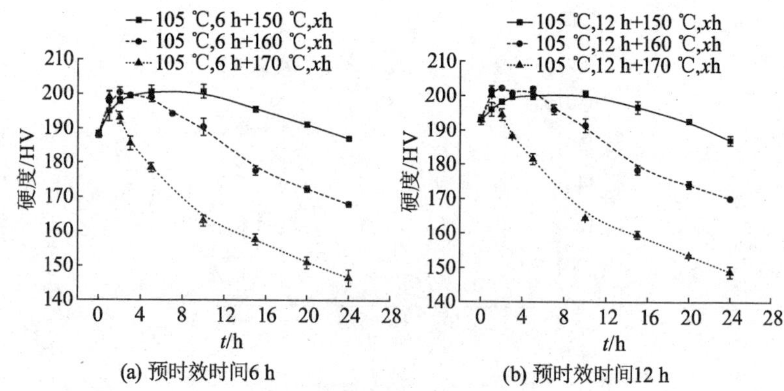

(a) 预时效时间6 h　(b) 预时效时间12 h

图 6-2　双级时效条件下的硬度 - 时间曲线(预时效温度 105 ℃)

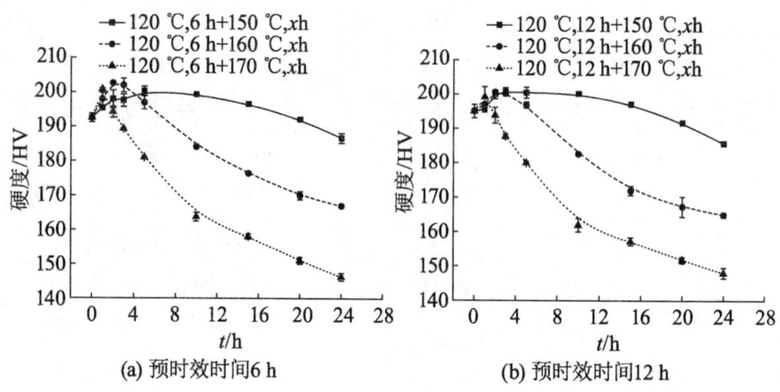

(a) 预时效时间6 h　(b) 预时效时间12 h

图 6-3　双级时效条件下的硬度 - 时间曲线(预时效温度 120 ℃)

图 6-4 为各种双级时效条件下的硬度 - 时间曲线。由图 6-4 可知:在本章所选一级时效温度和时间条件下,一级时效制度对 7055 铝合金的硬度值大小和时效演变规律几乎没有影响。7055 铝合金的硬度主要由二级时效温度和时间决定,其中二级时效温度的影响效果最为明显。在二级时效初期,二级时效温度越高,时效硬化速率越快,但是二级时效温度对峰值硬度水平的影响不大;当二级时效时间超过 3 h,二级时效温度越高,硬度值越低。

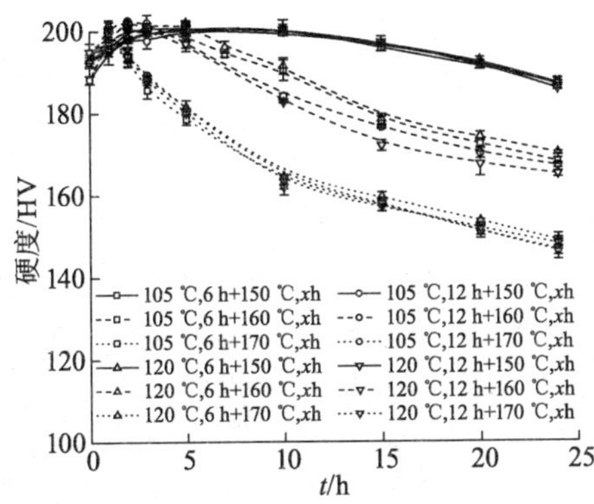

图 6-4　双级时效条件下的硬度－时间曲线

6.3　电导率演变规律

图 6-5 所示为 7055 铝合金单级时效时电导率随时效温度和时间的演变规律。由图可知，与硬度演变规律不同，当时效温度一定时，7055 铝合金的电导率随着时效时间的延长逐渐增加，且增加速率随着时效温度的升高而增大；当时效时间一定时，时效温度越高，7055 铝合金可达到的电导率也越高。在 105 ℃和 120 ℃时效条件下，7055 铝合金的电导率在时效开始的 1 h 左右即达到峰值，但是增幅不大，且电导率在随后的时效过程中基本保持不变。随着时效温度的提高，7055 铝合金在 160 ℃时效下的电导率增幅较大，时效 35 h 后电导率已达到 40% IACS。

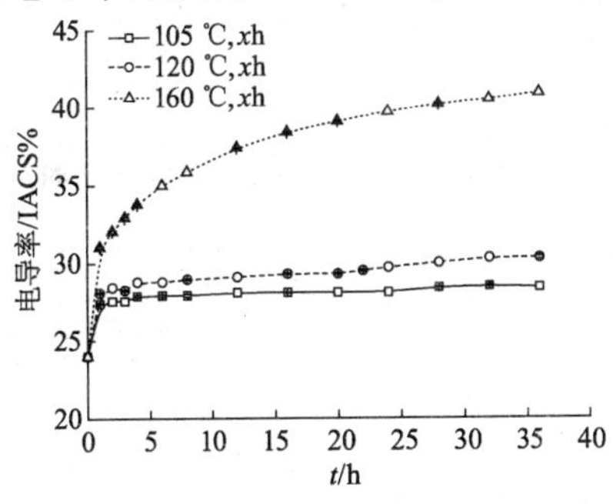

图 6-5　单级时效电导率曲线

图 6-6 和图 6-7 所示为 7055 铝合金双级时效制度下电导率随第二级时效温度和时间的演变规律。与单级时效电导率的演变规律相似,随着二级时效时间的增加,合金的电导率逐渐增大;随着二级时效温度的升高,合金的电导率增长速率加快。

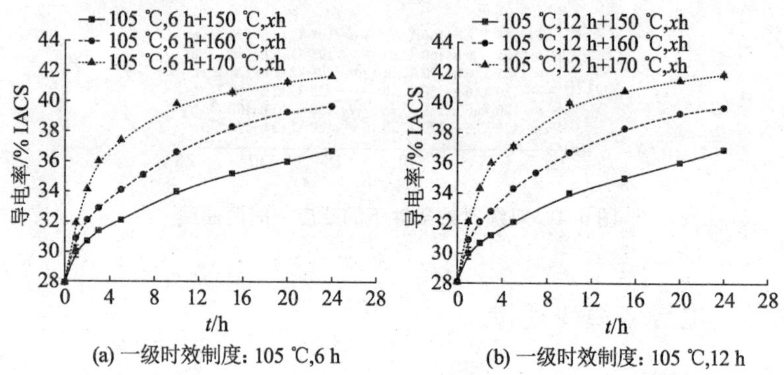

图 6-6　双级时效条件下的电导率 - 时间曲线(预时效温度 105 ℃)

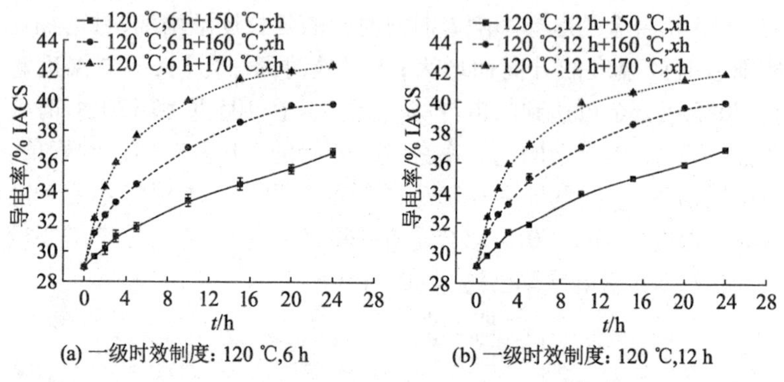

图 6-7　双级时效条件下的电导率 - 时间曲线(预时效温度 120 ℃)

图 6-8 为各种双级时效条件下的电导率 - 时间曲线。由图可知,7055 铝合金的电导率同样主要由第二级时效温度和时间决定,其中第二级时效温度的影响效果最为明显。在第二级时效初期,电导率相差不大,随时效时间延长时效温度越高,电导率越高。

综上所述,合适的单级时效制度可以使 7055 铝合金获得较高的硬度(120 ℃, 24 h)或者较高的电导率(160 ℃时效),进而得到单一的高强度或者优异的耐蚀性能,但是单级时效制度无法同时满足 7055 铝合金对强度和耐蚀性的高综合性能要求。因此,对单级时效制度进行深入研究意义不大。作为双级时效制度和性能的参照及对比,本章所选择的典型单级峰时效制度为 120 ℃,24 h。

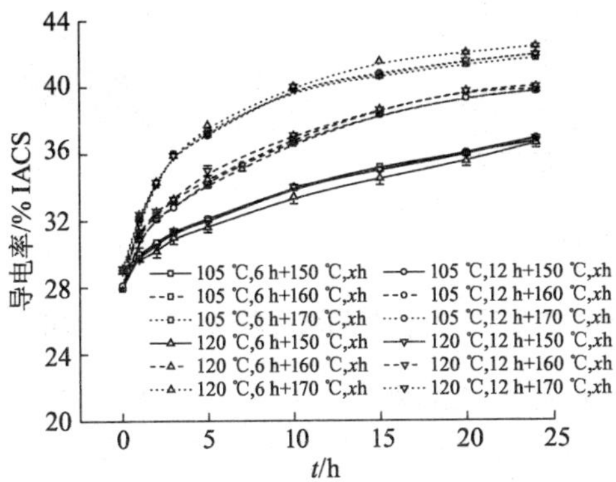

图 6-8　双级时效条件下的电导率 - 时间曲线

对于双级时效制度来说,由上述硬度和电导率结果可知,预时效制度对 7055 铝合金性能的影响不大,合金的性能几乎完全由第二级时效制度决定。合理地选择第二级时效温度和时间可以保证 7055 铝合金在没有大幅度牺牲硬度或强度的前提下,获得很高的电导率,从而提高合金的抗应力腐蚀性能,达到高强度高耐蚀性的综合性能要求。图 6-9 为二级时效温度 145 ~ 170 ℃范围内的硬度、电导率与时间的关系。电导率 38% IACS 即可视为 7055 铝合金抗应力腐蚀优异的标志性性能指标。以此电导率对应的二级时效时间为依据,可得到不同二级时效温度下 7055 铝合金的硬度。由图 6-9 可知,除第二级时效温度为 145 ℃和 150 ℃时,7055 铝合金要达到 38% IACS 电导率所需时间较长外(超过 24 h),其余各双级时效制度下,当电导率为 38% IACS 时所对应的硬度值都保持在 180 HV 左右,即有多种双级时效制度可使 7055 铝合金达到相似的强度和耐蚀水平。因此,本章所取的双级时效制度分别为:120 ℃,6 h + 155 ℃,

21 h;120 ℃,6 h+160 ℃,16 h;120 ℃,6 h+165 ℃,8.5 h;120 ℃,6 h+170 ℃,6 h 及 120 ℃,6 h+160 ℃,24 h。

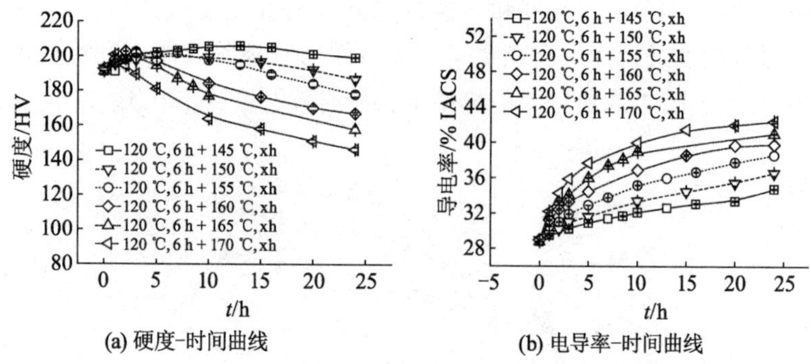

(a) 硬度-时间曲线　　(b) 电导率-时间曲线

图 6-9　预时效为 120 ℃,6 h 的双级时效条件下的性能－时间曲线

本章将通过对上述时效制度所对应 7055 铝合金力学及腐蚀性能的进一步研究,以期用最小的强度损失换取 7055 铝合金的耐蚀性能的提高,从而建立优化的双级时效制度。

6.4　剥落腐蚀性能

图 6-10 所示为典型单级及双级时效制度下,7055 铝合金的抗剥落腐蚀性能对比。由图可知:① 随着腐蚀时间的延长,各样品的腐蚀程度都逐渐加深,但是双级时效样品的腐蚀速率明显低于单级时效制度对应的样品。② 单级时效样品在 EXCO 溶液中浸泡 24 h 后,剥落腐蚀突然较大程度地深入金属内部,试样出现明显的分层,表层爆皮现象十分明显。经 48 h 浸泡后,腐蚀进一步深入,出现严重的分层现象,表层局部金属大片脱落,试验容器中出现大量层片状腐蚀产物。这充分说明 7055 铝合金单级时效条件下抗剥落腐蚀性能很差。③ 各双级时效样品的腐蚀速率很慢,且彼此间相差不大,各样品在浸泡 6 h 后,表面变为暗红色,同样只出现点蚀特征。腐蚀 12~24 h,样品表层出现少量的黑色粉末状腐蚀产物;腐蚀 48 h 后,黑色粉末状腐蚀产物有所增多,样品局部表面出

现少量起皮和小尺寸碎薄片。所有双级时效样品均未出现明显的分层和表层金属大片脱落现象,腐蚀容器中只出现少量黑色粉末状腐蚀产物。其中 120 ℃,6 h + 160 ℃,24 h 时效样品表现出最好的抗剥落腐蚀性能,其腐蚀 48 h 后表面残留的粉末状腐蚀产物最少,容器中的残留腐蚀产物最少,基本没有剥蚀特征出现(见图 6-10d)。

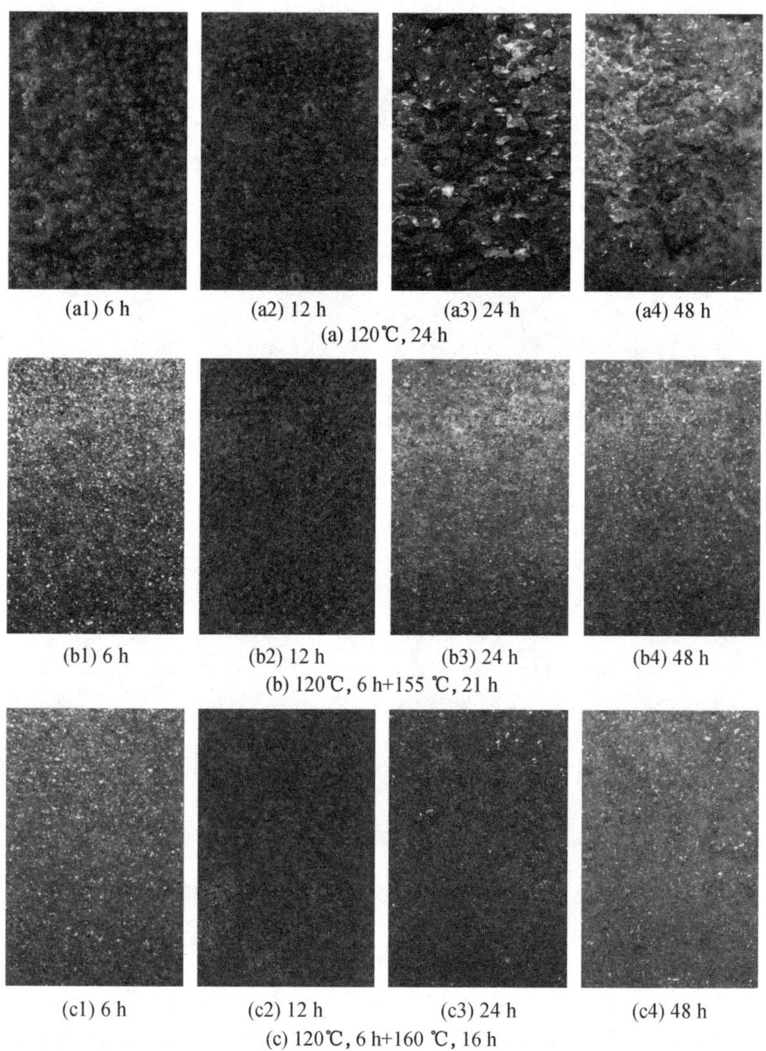

(a1) 6 h　(a2) 12 h　(a3) 24 h　(a4) 48 h

(a) 120℃, 24 h

(b1) 6 h　(b2) 12 h　(b3) 24 h　(b4) 48 h

(b) 120℃, 6 h+155 ℃, 21 h

(c1) 6 h　(c2) 12 h　(c3) 24 h　(c4) 48 h

(c) 120℃, 6 h+160 ℃, 16 h

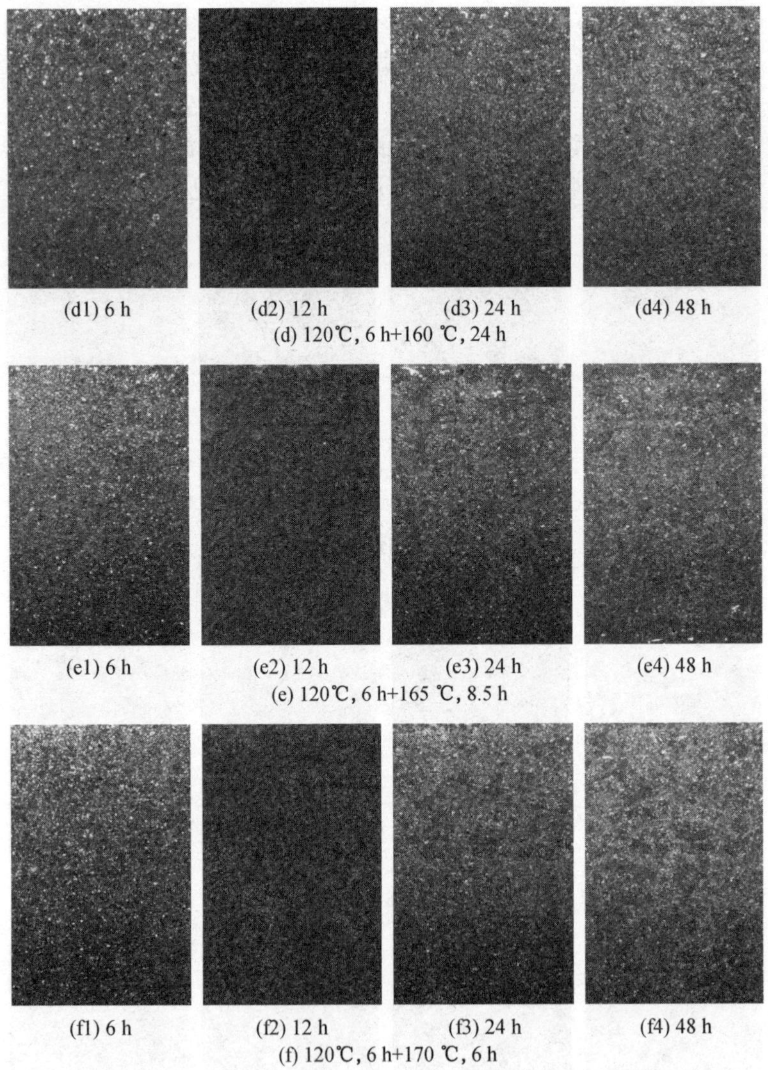
(d1) 6 h (d2) 12 h (d3) 24 h (d4) 48 h
(d) 120℃, 6 h+160 ℃, 24 h

(e1) 6 h (e2) 12 h (e3) 24 h (e4) 48 h
(e) 120℃, 6 h+165 ℃, 8.5 h

(f1) 6 h (f2) 12 h (f3) 24 h (f4) 48 h
(f) 120℃, 6 h+170 ℃, 6 h

图 6-10　不同时效制度对应 7055 板材的剥落腐蚀形貌

根据航空工业部标准对剥落腐蚀等级的评定标准可知：当试样表层出现小尺寸爆皮、小尺寸碎片及粉末状腐蚀产物时，可视其腐蚀等级为 EA，有分层现象但深度较浅的情况为 EB 级，严重分层并深入金属内部的为 EC 等级。7055 铝合金板材在 EXCO 溶液中浸泡不同时间的剥落腐蚀等级见表 6-2。120℃,6 h + 160℃,24 h 时效样品在浸泡 48 h 后的剥蚀等级为 EA,表现出最好的抗剥落腐蚀性能,其余双级时效样品浸泡 48 h 后的剥蚀等级为 EB 或 EB + ,单级峰时效状态样品的剥蚀等级最差,为 EC + 。

表 6-2　7055 铝合金剥落腐蚀等级

时效制度	剥落腐蚀等级			
	6 h	12 h	24 h	48 h
120 ℃,24 h	P	P +	EC	EC +
120 ℃,6 h + 155 ℃,21 h	P	EA −	EA +	EB +
120 ℃,6 h + 160 ℃,16 h	P	EA	EA	EB
120 ℃,6 h + 160 ℃,24 h	P	P +	EA −	EA
120 ℃,6 h + 165 ℃,8.5 h	P	EA	EA +	EB
120 ℃,6 h + 170 ℃,6 h	P	P +	EA	EB

6.5　强度和断裂韧性

7055 铝合金板材单级峰值时效和双级时效状态下的强度、耐腐蚀性能及断裂韧性数据见表 6-3。由表可知,7055 铝合金的单级峰时效强度最高,达 650 MPa,但是断裂韧性很低,只有 18.1 MPa · $m^{1/2}$。双级时效条件下,合金的强度损失较大,但是断裂韧性的提高较为明显,且二级时效温度相同时,合金强度随二级时效时间的延长而下降,断裂韧性随二级时效时间的延长而增加。当 7055 铝合金经过 120 ℃,6 h + 160 ℃,24 h 时效后,其强度与峰时效相比下降了 14.5% ,但合金的断裂韧性已经达到 30.3 MPa · $m^{1/2}$,提高了约 40% 。在本实验范围内,合金的强度、抗剥落腐蚀性能及断裂韧性有小幅度的起伏。其中,当二级时效温度为 160 ℃,时效时间为 16 h 时,合金的强度较高;当时效时间为 24 h 时,强度下降,但是断裂韧性和抗剥落腐蚀性能提高明显。综合强韧性和耐蚀性,最佳的双级时效制度为 120 ℃,6 h + 160 ℃,16 h,本书将其定义为 7055 铝合金板材的 T76 制度;合金在 120 ℃,6 h + 160 ℃,24 h 制度下时效程度更深,强度下降更为严重,本书将其定义为 7055 铝合金板材的 T73 制度。

表 6-3　不同时效制度下 7055 铝合金板材强韧性指标及对比

时效制度	K_{IC}/(MPa · $m^{1/2}$)	σ_b/MPa	$\sigma_{0.2}$/MPa	δ/%	剥落腐蚀
120 ℃,24 h	18.1	651.6	583.3	16.8	EC
120 ℃,6 h + 155℃,21 h	23.8	579.8	530.0	11.1	EB +
120 ℃,6 h + 160 ℃,16 h	24.7	580.0	549.0	12.0	EB
120 ℃,6 h + 160 ℃,24 h	30.3	557.0	513.0	10.7	EA
120 ℃,6 h + 165 ℃,8.5 h	24.1	571.2	547.0	12.4	EB
120 ℃,6 h + 170 ℃,6 h	24.5	574.4	541.6	11.0	EB

6.6　微观组织观察

图 6-11 所示为 7055 铝合金 120 ℃时效不同时间,晶内晶界析出相的 TEM 照片。由图可知,随着时效时间的延长,晶内晶界析出相平均尺寸逐渐增大,晶内相的种类也发生了明显的变化。当时效 0.5 h 时,晶内相平均尺寸只有约 1.5 nm,呈细小弥散状分布,<100>晶带轴的选区衍射图谱在{1,1/4,0}处出现模糊的斑点,并在{200}方向出现明亮的衍射芒线。由文献[204]可知,此衍射特征对应 GP(Ⅰ)区的形成。除 GP(Ⅰ)区衍射斑外,在 1/2{200}及 1/2{220}处观察到 Al_3Zr 的明锐斑点。除此之外,未观察到其他析出相。这表明:在 120 ℃时效开始的极短时间内,7055 铝合金中的主析出相为GP(Ⅰ)区。当时效时间延长至 1 h,<100>晶带轴的选区衍射图谱在{1,1/4,0}处出现更为清晰的斑点,衍射芒线消失,但是在 1/3{220}和 2/3{220}处出现另一套清晰的衍射斑点。文献表明,此套斑点对应 η′($MgZn_2$) 相的析出。这表明 7055 铝合金在

时效 1 h 后即出现非平衡相 η′。继续延长时效时间至 5 h，晶内相尺寸有明显的增加，为2.5 nm 左右。<100>晶带轴的选区衍射图谱表明，此时晶内析出相仍然包含 GP(Ⅰ)区和 η′($MgZn_2$) 相，但是{1,1/4,0}处 GP(Ⅰ)区的衍射斑点逐渐变得模糊，这说明随着时效的继续，η′($MgZn_2$) 相的析出逐渐占据了主导地位。当时效至单级峰时效状态(见图 6-11g,h)时，晶内相尺寸已增加至 4 nm 左右，且析出相密度增大。<100>晶带轴的选区衍射图谱表明，此时 GP(Ⅰ)区的衍射斑点几乎观察不到，η′($MgZn_2$) 相的衍射斑点变得更加清晰。TEM 形貌和对应的<100>电子衍射图谱表明，7055 铝合金在120 ℃时效 24 h 后的主析出相为 η′($MgZn_2$) 相，同时包含少量的 GP(Ⅰ)区，此时晶内析出相的密度最大，因此强化效果最佳。

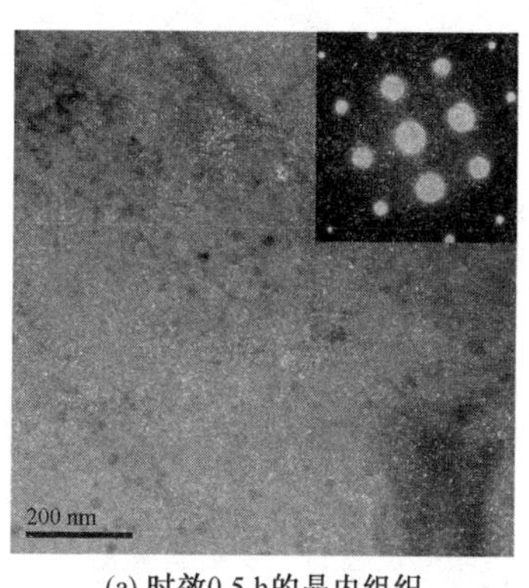

(a) 时效0.5 h的晶内组织

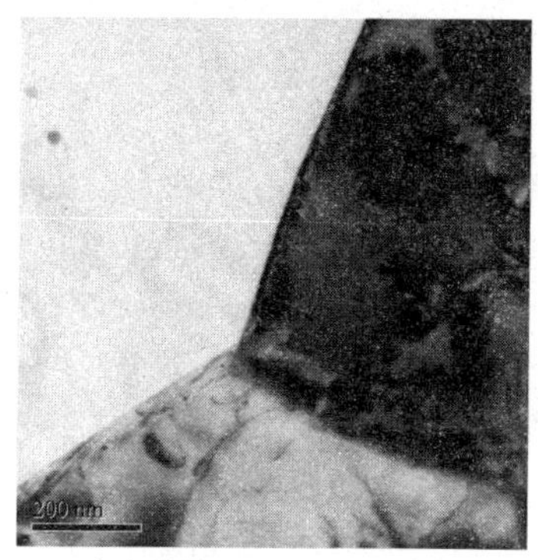

(b) 时效0.5 h的晶界形貌

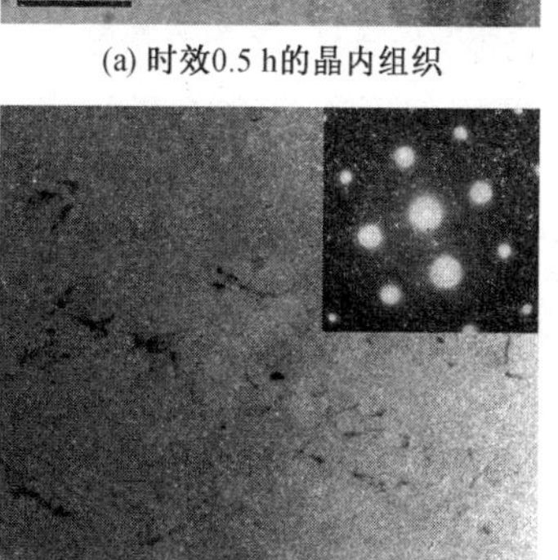

(c) 时效1 h的晶内组织

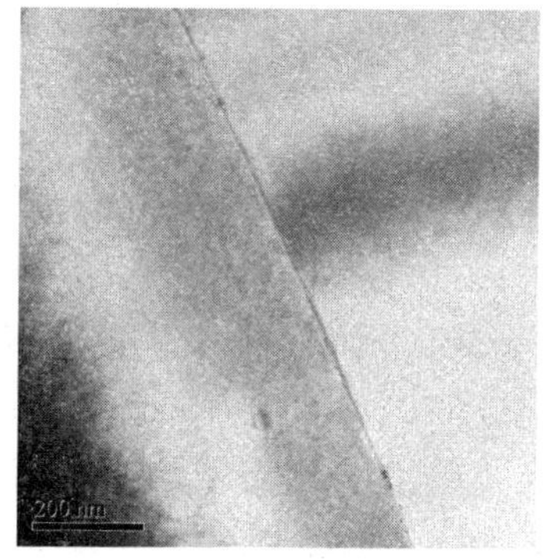

(d) 时效1 h的晶界形貌

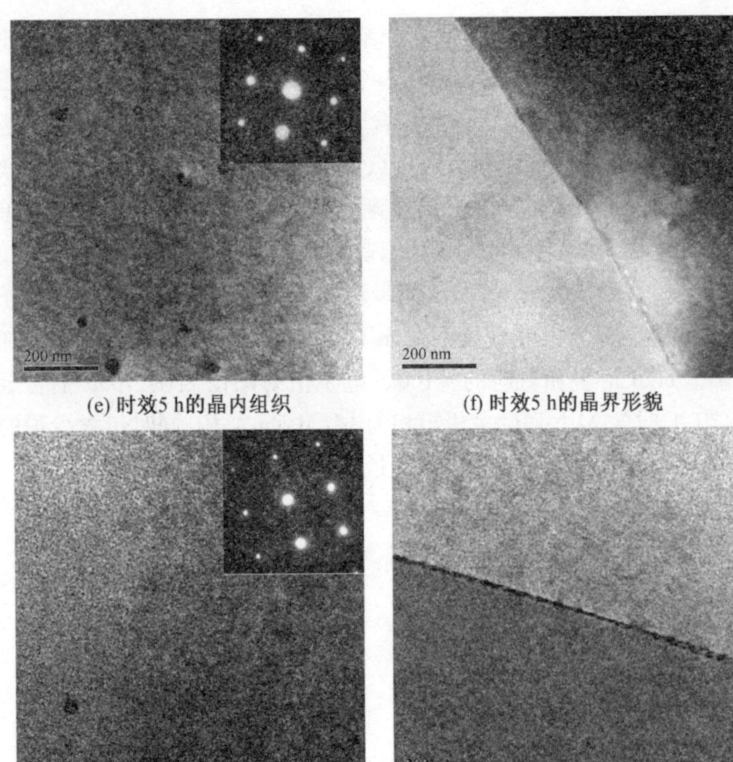

(e) 时效5 h的晶内组织　　(f) 时效5 h的晶界形貌

(g) 时效24 h的晶内组织　　(h) 时效24 h的晶界形貌

图 6-11　7055 铝合金 120 ℃单级时效过程的微观组织演变

由于晶界有优先析出倾向，η 平衡相可直接在晶界析出。经 120 ℃，24 h 时效，晶界 η 相的尺寸已长大至 18 nm 左右，呈连续链状分布，无明显的 PFZ 出现。

图 6-12a，b 是预时效 120 ℃，6 h 状态下 7050 铝合金的透射照片，与 120 ℃，5 h 状态类似（见图 6-11e，f），晶界析出相呈连续分布，无沉淀析出带不明显，晶内析出物细小均匀。图 6-12c，d 是双级时效 120 ℃，6 h + 160 ℃，8 h 后合金的透射组织。与预时效态合金相比，晶内析出相发生明显粗化，晶界析出相开始出现程度较轻的断续分布特征，有较窄的无沉淀析出带出现。当延长二级时

效时间至 16 h 时，如图 6-12e，f 所示，晶内析出相继续粗化，出现一些粗大的短棒状相，且析出相密度有所下降；晶界析出相的断续分布特征更加明显，并伴随着较宽的无沉淀析出带出现。继续延长二级时效时间到 24 h，如图 6-12g，h 所示，晶内析出相的粗化程度进一步加剧，粗大的短棒状和球状相大量出现，析出相间距进一步增大，析出相密度下降，晶界析出相严重粗化并完全断开。经 120 ℃，6 h + 160 ℃，24 h 双级时效后，7055 铝合金呈现明显的过时效组织特征。

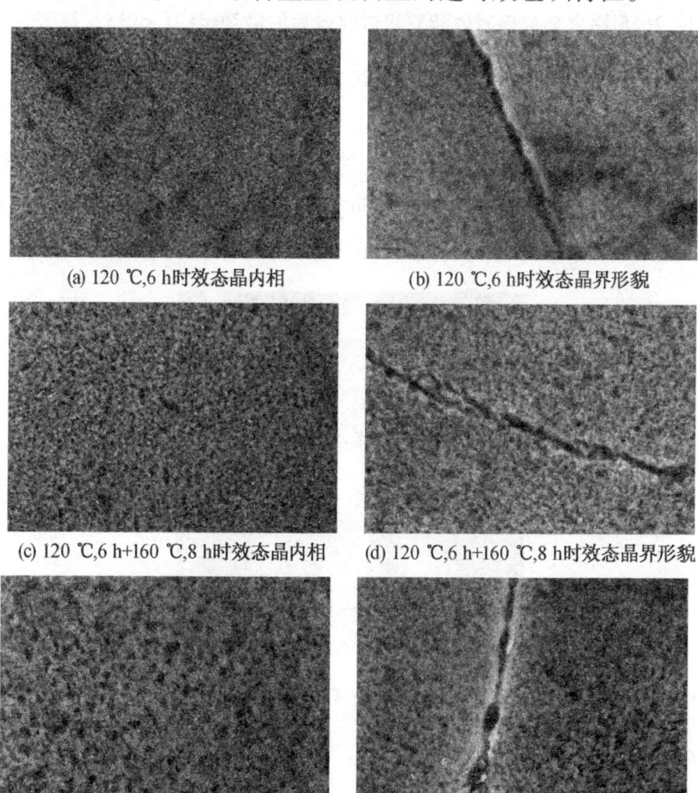

(a) 120 ℃,6 h时效态晶内相　(b) 120 ℃,6 h时效态晶界形貌

(c) 120 ℃,6 h+160 ℃,8 h时效态晶内相　(d) 120 ℃,6 h+160 ℃,8 h时效态晶界形貌

(e) 120 ℃,6 h+160 ℃,16 h时效态晶内相　(f) 120 ℃,6 h+160 ℃,16 h时效态晶界相形貌

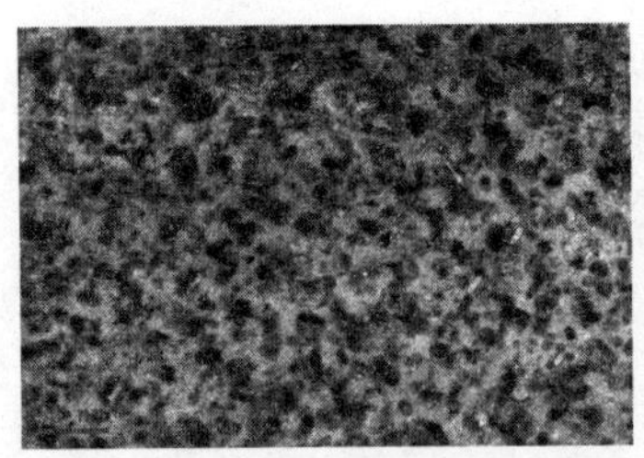

(g) 120 ℃,6 h+160 ℃,24 h时效态晶内相

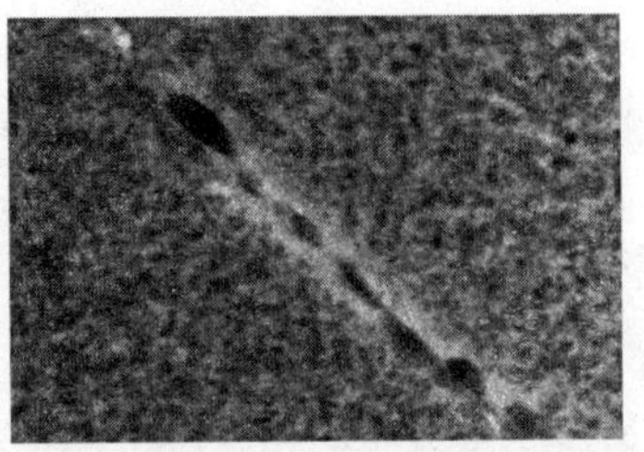

(h) 120 ℃,6 h+160 ℃,24 h时效态晶界相形貌

图 6-12　7055 铝合金单级时效和双级过时效后的微观组织(<011>晶带轴入射)

图 6-13 是 7055 铝合金经 120 ℃,6 h + 160 ℃,24 h 双级时效组织对应的选区电子衍射图谱。根据衍射斑点及相关文献[57]可知,7055 铝合金经该双级时效处理后,晶内主要是较为粗大的析出相。这些沉淀相大多数是 η′相,同时有一定量的 η 平衡相,无 GP 区。随着二级时效时间的延长,η 平衡相的体积分数不断增大。

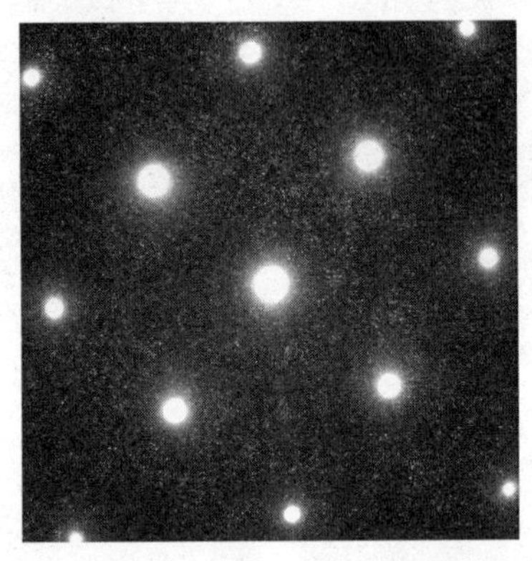

图 6-13　7055 铝合金经 120 ℃,6 h + 160 ℃,24 h 双级时效后的选区电子衍射图谱

6.7　分析与讨论

6.7.1　单、双级时效对 7055 铝合金强度的影响

从热力学角度分析,固溶淬火后的过饱和固溶体能量过高,处于极不稳定的亚稳态。因此,淬火态的 7055 铝合金存在向低能量

稳定态转变的客观趋势,基体中的溶质原子会沉淀析出,形成与基体共格或非共格的析出相,从而降低基体的能量。GP 区可视为 7055 铝合金中 η′相和 η 相的前驱相和形核核心。在单级时效初期(0.5 h 左右),7055 铝合金首先形成 GP(Ⅰ)区,该析出相尺寸小,热稳定性较差。延长时效时间(1 ~5 h),部分 GP 区长大形成非平衡的 η′相($MgZn_2$),也有部分 η′相($MgZn_2$)可直接由基体析出。η′相($MgZn_2$)的尺寸稍大,且热稳定性好,是 7055 铝合金的主强化相。继续延长时效时间至硬度峰值,大量的 η′相($MgZn_2$)析出,GP(Ⅰ)区尺寸也相应增大。当合金时效时间过长,进入过时效阶段,如双级时效处理的微观组织,此时 η′相($MgZn_2$)开始粗化,并有一部分转变为更加粗大的平衡相 η($MgZn_2$),导致合金强度下降。

由析出强化理论[48]可知:对于 GP 区和小尺寸的 η′这种位错易切过的强化相,位错切过机制是其主要的强化机理。位错切过粒子形成新的表面,增加了界面能,或者粒子与基体因滑移面不重合而产生割阶等都会导致位错滑移阻力增大,提高合金的强度。分析表明:在位错切过条件下,当析出相体积分数一定时,析出相粒子尺寸越大,则界面能增量越大,强化效果越明显;当粒子尺寸一定时候,体积分数越大,位错切过的粒子数量增多,界面能增量也越高,强化效果越明显。对于粗化的析出相,尺寸大且不易变形,其对合金的强化作用以位错绕过机制体现出来。运动位错在析出相前受阻发生弯曲,随着外加切应力的增加,迫使位错以继续弯曲的方式向受力方向运动,留下围绕析出相的位错环,实现位错增殖,增加变形抗力,强化合金。

对于单级时效来说,7055 铝合金在 120 ℃时效的开始阶段,以 GP(Ⅰ)区和小尺寸 η′相为主,位错切过是其主要的强化机理,但此时析出相体积分数较低,且析出相尺寸小,对位错的阻碍作用有限,不足以大幅度提高合金强度;随着时效程度的增加,相体积分数和相尺寸逐渐增加,此时位错切过的析出相增多,界面能大幅增加,强化作用显现,如 120 ℃时效 6 h 左右,晶内 GP(Ⅰ)区和 η′相体积分数增加,尺寸增大,增加了位错切过的临界分切应力,使 7055

合金强度接近峰值。随着时效的进一步进行,固溶体过饱和度下降,空位浓度降低,析出反应速率下降,强度和硬度的增速减慢。时效至 24 h,η′相体积分数达到峰值,GP(Ⅰ)区和 η′相的尺寸也得以增加,此时的强化表现为位错切过和位错绕过机制的综合作用,7055 铝合金强度到达峰值。

对于双级时效来说,经一定时间的高温二级时效处理后,7055 铝合金进入过时效状态,其组织演变为粗大的 η′相及平衡相 η,由上述第二相强化机理可知,此时位错线不能切过析出相,而采取绕过的方式运动,即强化机理已经由混合型强化(切过和绕过)转变为位错绕过机制,而位错绕过机制的强化效果低于切过机制,此时强度开始逐渐下降。因此,双级时效状态下合金的强度演变由不同阶段占主导地位的强化机制所决定。众所周知,强化相半径存在一个析出相由切割向绕过转变的临界半径,临界半径条件下的合金强度最高,如图 6-1 和图 6-4 所示硬度曲线中的硬度峰值点对应的时效时间。第二级时效温度一定时,若延长第二级时效时间,则强度先增强后降低。

综上所述,7055 铝合金经单级峰时效处理,其晶内析出相尺寸细小,密度最高,强化相(GP(Ⅰ)和 η′相)与位错的交互作用表现为位错切过和位错绕过的混合型强化机制,因此强度最高。双级时效导致析出相粗化,并向平衡相演变。当析出相平均尺寸超过临界尺寸后,强化机理逐渐转变为位错绕过机制,导致强度下降。因此须根据产品对腐蚀性能和韧性的综合要求,选择合适的第二级时效时间,以保证 7055 铝合金的强度。

6.7.2 单、双级时效对 7055 铝合金抗剥落腐蚀性能的影响

当合金的抗剥落腐蚀能力较低时,剥蚀沿着晶界发展,腐蚀产物强制金属从本体脱离从而产生层状腐蚀形貌。本实验试样取自同一块母材,其再结晶程度和晶粒大小等相同,因此样品间不同的抗剥落腐蚀能力主要体现在时效析出相和 PFZ 两个方面,其中晶界析出相的形貌和分布特征是决定合金剥落腐蚀性能的关键因素。由前述可知,拉长的晶粒和晶界电偶腐蚀(沉淀相/溶质贫化

区)造成的腐蚀通道是产生显著剥落腐蚀的两个关键条件[145,146]。对于7055合金来说,其晶界析出相、无沉淀析出带及晶粒内部相互间会形成腐蚀微电池,其中晶界相和无沉淀析出带因电极电位较低成为阳极而优先溶解，最终形成沿晶界的阳极溶解通道。

由图6-11h可知,单级峰时效状态下7055铝合金的晶界析出相呈现典型的连续链状分布。当剥落腐蚀进行时,晶界析出相作为阳极被连续不断地溶解,腐蚀产物体积大于所消耗的金属体积,产生所谓的“锲入效应”,撑起覆盖其上的未腐蚀金属层,导致严重的剥落腐蚀现象出现,而连续分布的晶界相是导致该状态抗剥蚀性能较差的重要原因。由图6-12可知,双级时效时,晶界相逐渐粗化,并呈明显的断续分布,二级时效时间越长,断续特征越明显。当腐蚀发生时,局部晶界虽然也会发生阳极溶解现象,但是由于腐蚀通道被一个个分散的晶界相所切断,从而不会产生沿轧向晶界的长距离剥蚀现象,因此经合适双级时效的7055铝合金体现出优异的抗剥落腐蚀性能。

6.7.3　单、双级时效对7055铝合金断裂韧性的影响

在位错切过机制下,被切析出相对后续位错的阻碍能力下降,此时大量位错得以向晶界移动并受阻于晶界,导致位错在晶界处塞集,出现应力集中并导致沿晶脆性断裂倾向增大,降低合金的断裂韧性。位错绕过机制则使晶内位错增殖,降低晶界处位错塞集程度,变形更加均匀,晶界处应力集中程度低,断裂裂纹将在晶内粗大析出相周围萌生,使得穿晶韧性断裂倾向增加,从而提高合金的断裂韧性。晶界析出相同样对断裂韧性有重要影响,文献[131]指出,尺寸适中且间距大的晶界相有利于合金断裂韧性的提高。PFZ对合金断裂韧性的影响效果存在争议,Erhard H和Michael G[132]认为:在应力作用下塑性变形容易集中在无沉淀析出带内,最终导致沿晶断裂。而相反的观点则认为PFZ产生应力弛豫作用。PFZ越宽,应力松弛程度越大,裂纹越难产生和发展,越利于断裂韧性的提高,即“应力弛豫模型”。同时,Unwin P N T还指出,若PFZ较宽,并且PFZ内的晶界析出相较少且间距较大时,更有利于断裂韧

性的提高。

单级峰时效状态下，第二相强化机理为混合型的位错切过和绕过机制，其中位错切过占据主导地位，这就导致位错在晶界塞集，使脆性和沿晶断裂倾向增大，降低了合金的韧性。除此之外，晶界相的连续分布特征也不利于断裂韧性的提高。因此，单级峰时效状态下 7055 铝合金的断裂韧性很低。在双级时效状态下，析出强化机理逐渐转向位错绕过机制。因此，合金在变形时，晶内晶界受力均匀，降低了晶界处位错塞集，增加了 7055 铝合金的韧性断裂倾向，从而提高了 7055 铝合金的断裂韧性。另一方面，经双级时效的合金，其 PFZ 较宽，且晶界析出相尺寸断续程度较高，相间距较大，按照“应力弛豫”模型，这样的晶界相和 PFZ 特征同样有利于 7055 铝合金断裂韧性的提高。图 6-14 为单级峰时效及双级过时效制度下断裂韧性样品的断口形貌。

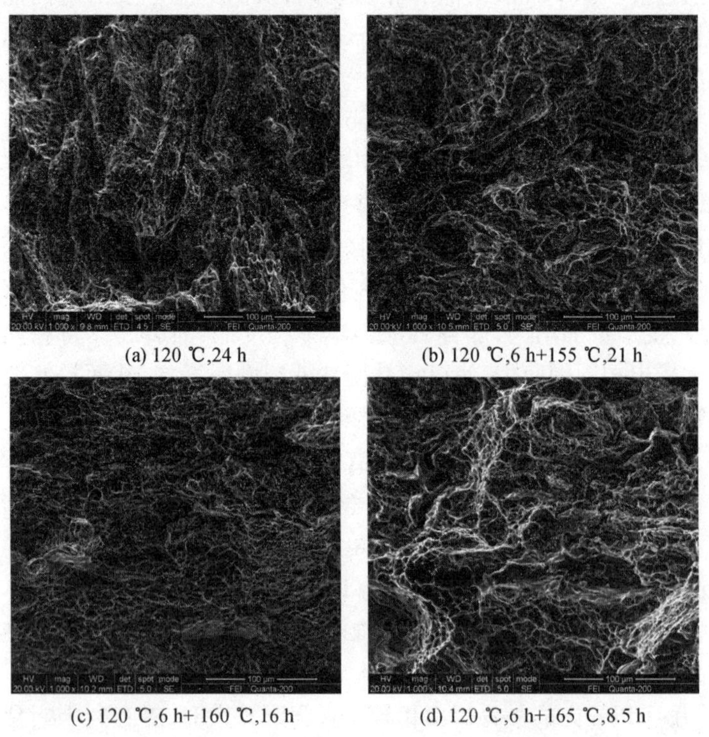

(a) 120 ℃,24 h　(b) 120 ℃,6 h+155 ℃,21 h

(c) 120 ℃,6 h+ 160 ℃,16 h　(d) 120 ℃,6 h+165 ℃,8.5 h

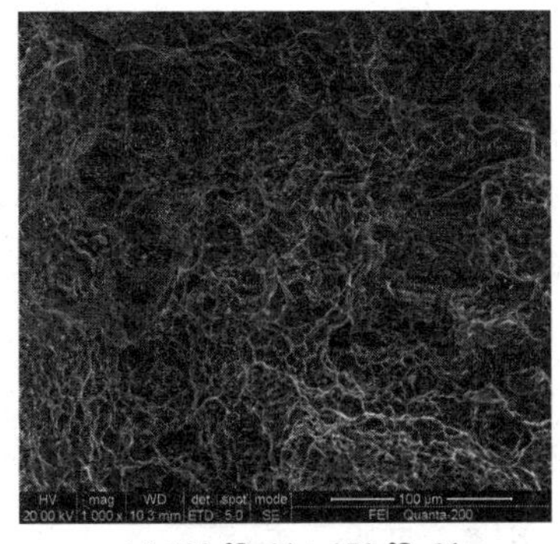
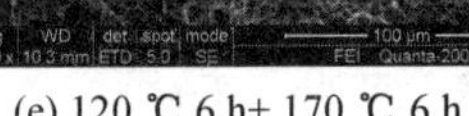

(e) 120 ℃,6 h+ 170 ℃,6 h

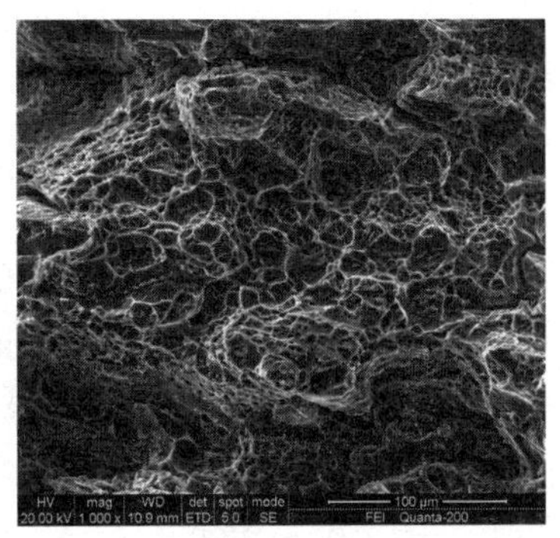

(f) 120 ℃,6 h+160 ℃,24 h

图 6-14　不同时效制度对应 7055 板材的断口形貌

由图 6-14 可知,单级和双级时效状态下,7055 铝合金的断口皆表现为穿晶韧窝和沿晶断裂的混合断裂形貌,但是穿晶和沿晶断裂所占的比例随时效制度的不同而不同。在单级峰时效状态下(见图 6-14a),合金的断口出现较多的沿晶断裂特征。这是因为峰时效时,晶内析出强化作用最大,导致晶内晶界强度差最大。晶界的相对弱化导致晶界成为裂纹萌生的有利位置,使得沿晶断裂比重增加。随着时效程度的增加,晶内析出相粗化,合金强度下降,晶内晶界强度差减小,晶界的相对弱化程度降低,且较宽的 PFZ 使得应力得以松弛,晶界处应力集中程度降低。因此,过时效处理后 7055 铝合金的断裂韧性较单级峰时效有大幅度的提高。此时合金的断裂以穿晶韧窝型为主(见图 6-14b ~ f)。随着二级时效时间的延长,合金的过时效程度进一步加剧,晶内晶界强度差不断减小,晶界相越不连续且面积分数越小,使得合金的断裂韧性不断增加。120 ℃,6 h + 160 ℃,24 h 双级时效样品的断口中(见图 6-14f),韧窝变得大而深,这说明合金韧性随着双级时效程度的增加而提高。

6.8　小结

本章研究了 7055 铝合金在单级和双级时效过程中的析出相

演变过程，以及时效参数对7055铝合金硬度、电导率、强度、抗剥落腐蚀性能和断裂韧性的影响，结论如下：

① 7055铝合金的单级时效硬化速率随时效温度的升高而提高，其120 ℃和160 ℃下的峰值硬度对应的时效时间分别为24 h和5 h。120 ℃时效0.5 h之内，7055铝合金的强化相为GP(Ⅰ)区；1h后，η′相开始析出并长大，使得7055铝合金的时效强化机理由开始的位错切过机制转变为位错切过和位错绕过共同作用的综合机制。经120 ℃，24 h峰值时效后，7055铝合金的强韧性和耐蚀性分别为：$\sigma_b = 651$ MPa，$\sigma_{0.2} = 583.3$ MPa，$\delta = 16.8\%$，剥落腐蚀等级EC，$K_{IC} = 18.1$ MPa · $m^{1/2}$。

② 7055铝合金强韧性和耐蚀性的提高主要取决于第二级时效制度。第二级时效温度越高，达到相同性能（电导率和强硬度）所需的时间越短；第二级时效温度相同，二级时效时间越长，则合金强度越低，但耐蚀性和断裂韧性越高。

③ 有多种双级时效制度可以使7055铝合金达到相似的强韧性和耐蚀性。综合考虑7055铝合金对强韧性和耐蚀性的要求，得到最优化的双级时效制度为：120 ℃，6 h + 160 ℃，16 h。经该制度处理后，7055铝合金的强韧性和耐蚀性分别为：$\sigma_b = 580$ MPa，$\sigma_{0.2} = 549$ MPa，$\delta = 12\%$，剥落腐蚀等级EB，$K_{IC} = 24.7$ MPa · $m^{1/2}$。

第 7 章　7055 铝合金的回归再时效技术

如前所述,回归再时效(RRA)是高强 AlZnMgCu 合金强度、耐蚀性及韧性协同提升的有效技术。RRA 工艺工业应用的技术瓶颈在于其回归阶段的温度和时间难以控制。对于大飞机用大规格 7055 铝合金厚板来说,由于材料本身不可更改的导热率等固有属性,7055 铝合金厚板的回归处理存在一个慢速的升温过程。该升温过程根据时效炉的加热功率以及板材的厚度不同可持续几十分钟甚至数个小时,预时效组织可能在升温的过程中即发生粗化,从而大大降低材料的强度[205,206]。因此,预时效程度将是决定 7055 铝合金厚板在回归加热及回归保温过程中析出相回溶或者粗化程度的关键所在。本章研究了预时效温度和回归加热速率的匹配对 7055 铝合金 RRA 态组织及性能的影响,目的在于获得适合慢速升温条件下的预时效制度,以保证 7055 铝合金厚板的回归效果,最终实现 7055 铝合金厚板回归再时效工艺的工业化应用。

7.1　热处理实验参数的选定

从 30 mm 厚板的心部沿轧制方向切取 100 mm 长棒状拉伸试样,在 LTD - RD 面切取 15 mm × 15 mm × 2 mm 片状试样,固溶处理后立即进行预时效。UNGÁR T 等的研究表明[207]:在 20 ~ 70 ℃的时效温度范围内,AlZnMgCu 合金的主要析出反应是 GP 区的形核和长大,其体积分数与时间呈对数增长关系。当时效温度在 80 ~ 100 ℃时,GP 区体积分数与时间呈线性增长关系,而 η′ 和 η 相在 100 ~ 160 ℃ 范围内才开始形成。因此选择不同的预时效温度以获得不同的预时效组织。预时效制度及相应回归加热速率见表 7-1。取相同回归时间且具有代表性的回归再时效样品进行力学性能及电导率性能比较,回归及再时效状态分别标记为:R - *x*min、RRA - *x*min,其中 *x*min 代表回归时间。RRA 工艺示意图如图 7-1 所示。T6 制度为:120 ℃,24 h,T3 制度为:120 ℃,6 h + 160 ℃,24 h。

表 7-1　7055 铝合金的热处理工艺

热处理制度	预时效	加热速率	回归处理	再时效
HT - 65 - 1	65 ℃/24 h	1 ℃/min	190 ℃/50 min	120 ℃/24 h
HT - 90 - 1	90 ℃/24 h			
HT - 105 - 1	105 ℃/24 h			
HT - 120 - 1	120 ℃/24 h			
HT - 65 - 3	65 ℃/24 h	3 ℃/min		
HT - 90 - 3	90 ℃/24 h			
HT - 105 - 3	105 ℃/24 h			
HT - 120 - 3	120 ℃/24 h			
HT - 65 - 5	65 ℃/24 h	5 ℃/min		
HT - 90 - 5	90 ℃/24 h			
HT - 105 - 5	105 ℃/24 h			
HT - 120 - 5	120 ℃/24 h			
HT - 65 - 100	65 ℃/24 h	100 ℃/min		
HT - 90 - 100	90 ℃/24 h			
HT - 105 - 100	105 ℃/24 h			
HT - 120 - 100	120 ℃/24 h			

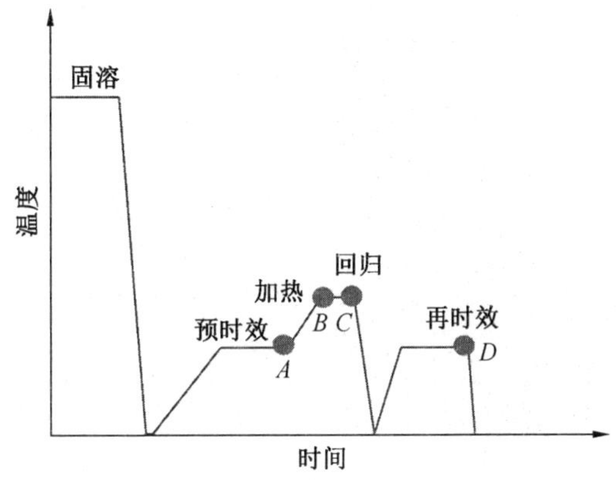

图 7-1　RRA 工艺示意图

对预时效样品进行不同加热速率下的 DSC 测试,以说明不同预时效和回归加热速率对回归行为的影响。其中,DSC 加热速率分别为5 ℃/min和 100 ℃/min。对各制度下回归过程及最终处理状态样品进行硬度、电导率测试和透射组织观察,透射组织观察取样时间见图 7-1 中点 A,B,C 和 D 对应的时间点。对各制度最终热处理样品进行室温拉伸性能测试、慢应变速率拉伸和剥落腐蚀实验,拉伸方向为平行于轧制方向。

7.2　预时效组织

图 7-2 所示为 7055 铝合金不同预时效态晶内、晶界析出相的显微组织照片。由于预时效为欠时效或峰时效,因而各预时效制度下无沉淀析出带都不明显。随着预时效温度的逐渐升高,晶界析出相(GBP)从连续分布向局部断续分布演变,其中 120 ℃预时效样品的晶界析出相最粗大。晶内析出相(MP)的尺寸和体积分数同样随着预时效温度的升高而增加。其中,晶内相平均尺寸和相体积分数分别从 1.94 nm 和 1.7%(65 ℃,24 h)增加到 4.74 nm 和 2.6%(120 ℃,24 h)。

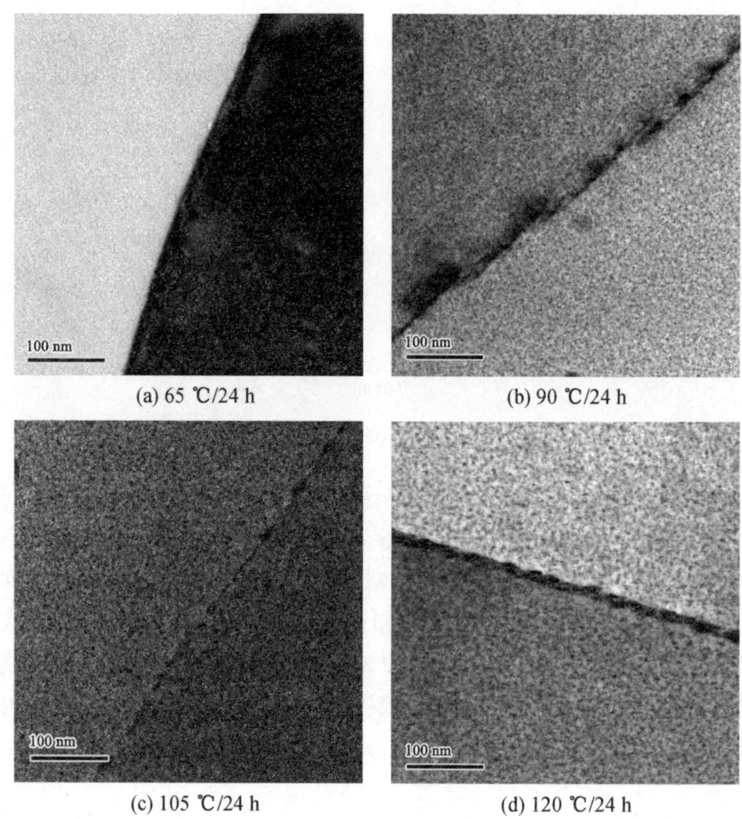

(a) 65 ℃/24 h　(b) 90 ℃/24 h

(c) 105 ℃/24 h　(d) 120 ℃/24 h

图 7-2　预时效态透射组织

各预时效制度下[001]$_{Al}$方向的选区衍射斑点(SAED)如图 7-3 所示。细小明锐的衍射斑点对应 Al_3Zr(见图 7-3)[208,209]。在 65 ℃,24 h 时效样品中只观察到 GP 的衍射斑点(见图 7-3a),在 90 ℃,24 h 和 105 ℃,24 h 预时效样品中可同时观察到 GP 区和 η′ 非平衡相(见图 7-3b,c)[210,211]。而 120 ℃,24 h 峰时效预处理条件下则只观察到 η′ 非平衡相,这表明 7055 铝合金 T6 峰时效态强度主要来自 η′ 相的强化作用。由于不同预时效制度下,析出相的种类、大小和相体积分数存在较大的不同,势必影响 7055 铝合金在回归阶段的回溶、长大和粗化行为,从而导致回归再时效组织的差异。

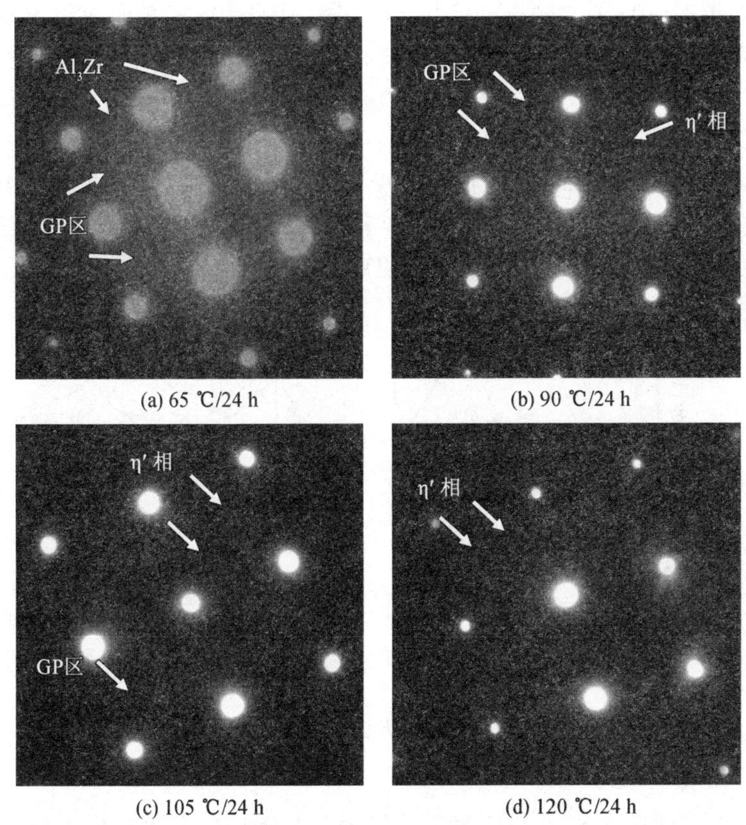

(a) 65 ℃/24 h　(b) 90 ℃/24 h
(c) 105 ℃/24 h　(d) 120 ℃/24 h

图 7-3　预时效组织对应的选区衍射斑点$[001]_{Al}$

7.3　不同加热速率的 DSC 曲线

图 7-4 所示为不同加热速率和不同预时效制度下 7055 铝合金的 DSC 曲线。Viana 和 Pinto 指出 DSC 曲线上第一个吸热峰 a 代表预时效析出相的回溶,而放热峰 b 和 c 分别代表亚稳相 η′ 的析出和平衡相 η 的形成[211]。结合透射组织观察可知,65 ℃, 24 h 预时效组织中仅仅析出 GP(Ⅰ) 区,因此 65 ℃, 24 h 预时效组织对应 DSC 曲线上的 a 峰则为 GP(Ⅰ) 区的回溶峰。当预时效温度高于

65 ℃时(105 ℃),预析出相中出现η′相,因此105 ℃预时效组织对应的回溶峰a部分来自GP(Ⅰ)区,同时与η′相的回溶出现重叠。对于65 ℃, 24 h预时效组织对应的DSC上出现的d峰,Buha和Lumley认为其代表GP(Ⅱ)区的形成[212]。然而,d峰左右曲线的斜率并不完全相同,这意味着该峰与其他反应峰有一定的重叠。由于65 ℃, 24 h预时效组织仍存在较高的析出动力,因而该峰可解释为在预析出GP(Ⅰ)区形核的GP(Ⅱ)区和η′相。

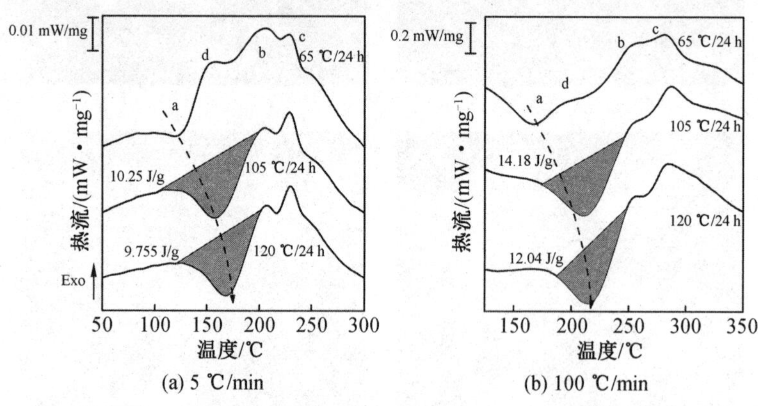

图7-4　预时效样品不同升温速率条件下的DSC曲线

由图7-4还可知明显看出,7055铝合金在连续加热条件下(DSC)的回溶反应强烈敏感于预时效温度。回溶峰a的起始和峰值回溶温度随着预时效温度提高至120 ℃而向高温方向偏移了50 ℃左右,这意味着T6峰时效条件下预析出相的热稳定性极高,相回溶要求的热激活条件也更高。除此之外,由于65 ℃,24 h样品在慢速加热条件下存在二次析出现象(见图7-4a中的d峰),部分抵消了回溶效果。因此比较各预时效条件下a峰的面积可知,105 ℃,24 h预时效样品的回溶量相对较大,且无二次析出现象,有利于慢速回归加热条件下预析出相的回溶。

当加热速率增加至100 ℃/min时,各预析出相的回溶量大幅度增加,同时起始和峰值回溶温度也随着加热速率的提高向高温方向偏移。这说明7055铝合金在连续加热条件下(DSC)的回溶反应同样强烈敏感于加热速率。由图7-4b可知,欠时效条件下,各DSC曲线的b峰和c峰逐渐重叠,η′相的形成峰随着预时效温度的降低而越发不明显,这表明快速加热条件下,欠时效的预时效制度增加了回归阶段η平衡相的析出相倾向,不利于合金再时效强度的提高。

综上所述,假设DSC加热速率代表回归加热速率,那么不同预时效温度和回归加热速率会导致7055铝合金出现不同的回归行为,即峰时效与快速加热可以使回归组织中η′相的形成概率增大,而慢速回归加热条件则需要相对欠时效的预时效制度,以提高非平衡相的体积分数并抑制平衡相的大量形成。对于7055铝合金厚板的回归处理来说,因为存在慢速升温的客观条件,所以必须研究合适的预时效温度或者预时效制度,在保证预析出相拥有合适回溶量的前提下,尽量避免预析出相在升温及保温过程中的粗化,以保证7055铝合金回归再时效后的综合性能。

7.4 硬度和电导率

不同预时效制度和回归加热速率下,7055铝合金RRA-50 min样品的硬度和电导率的演变规律分别如图7-5a和图7-5b所示。随着预时效温度和回归加热速率的不同,硬度和电导率的演变规律(见图7-5a)可归纳如下:

① 当回归加热速率小于或等于5 ℃/min时(与厚板的升温速率类似),相同回归温度和时间条件下硬度值随着预时效温度的增加而增加。但是当预时效为峰时效(120 ℃,24 h)时,硬度值开始减小。也就是说预时效为稍微欠时效(105 ℃,24 h)状态拥有低速加热条件下最高的材料强度。值得注意的是,当回归加热速率为3 ℃/min,7055铝合金回归再时效状态硬度值高于回归加热速率为1 ℃/min和5 ℃/min升温速率对应的硬度值。这说明合金再时效状态的强度(硬度)并不是随着回归加热速率的降低而呈单调

上升趋势,对于预时效为欠时效的回归再时效态 7055 铝合金来说,3 ℃/min 的回归加热速率是一个合适的临界加热速率。

② 当回归加热速率很高时(100 ℃/min),7055 铝合金回归再时效强度(硬度)随着预时效程度的增加而呈单调上升趋势。当预时效为峰时效时,100 ℃/min 回归加热速率对应的回归再时效态 7055 合金强度(硬度)最高。

③ 相同回归加热速率条件下,不同预时效制度对 RRA - 50 min 处理样品的电导率影响不大。当 190 ℃ 等温回归 50 min 后,低速率回归加热条件下对应电导率都超过 38% IACS(一般认为 7055 铝合金在该电导率值下拥有优异的抗应力腐蚀性能)。然而,当加热速率较快时候,电导率下降。电导率随回归加热速率的演变规律说明低速加热时更多的溶质原子被消耗(析出相的形成或者粗化),使得基体内溶质原子浓度下降,降低了溶质原子对电子的散射作用,提高了电导率。

综上所述,快速回归加热时,7055 铝合金的硬度值(强度)更敏感于预时效程度(预时效温度)。电导率则更敏感于回归加热速率。对于 7055 铝合金(厚板)来说,在 3 ℃/min 的回归升温速率条件下,105 ℃, 24 h 的预时效制度有利于保证 7055 铝合金厚板力学和电导率的综合性能。

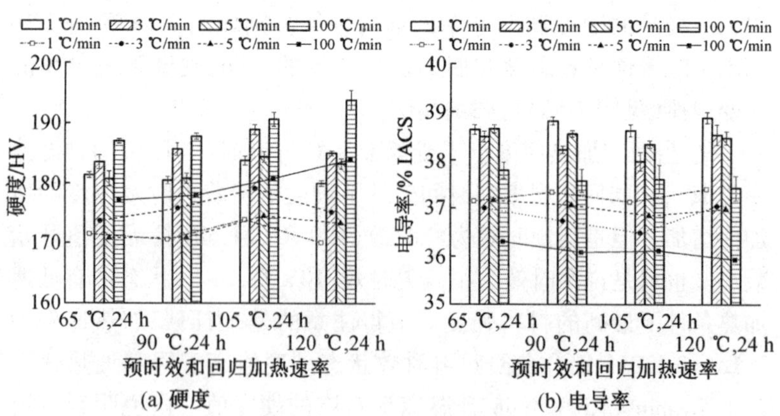

图 7-5　不同预时效及回归加热速率下 RRA - 50 min 样品的硬度和电导率

7.5　室温拉伸性能

表 7-2 所示为不同预时效和回归加热速率匹配条件下，各样品经再时效后的室温拉伸力学性能，峰时效和双级时效样品的力学性能作为比较。由表可知，峰时效状态的样品抗拉强度最高，即 651.6 MPa；双级过时效样品抗拉强度最低，只有 557 MPa。

表 7-2　不同预时效及回归加热速率下 RRA－50 min 样品的拉伸性能

热处理条件	σ_b/MPa	$\sigma_{0.2}$/MPa	δ/%
120 ℃/24 h	651.6	583.3	16.8
120 ℃/6h＋160 ℃/24 h	557.0	513.0	15.4
65 ℃/24 h＋(3 ℃/min)190 ℃/50 min＋120 ℃/24 h	587.2	548.4	15.2
90 ℃/24 h＋(3 ℃/min)190 ℃/50 min＋120 ℃/24 h	594.2	557.5	15.8
105 ℃/24 h＋(3 ℃/min)190 ℃/50 min＋120 ℃/24 h	617.5	585.8	16.1
120 ℃/24 h＋(3 ℃/min)190 ℃/50 min＋120 ℃/24 h	601.3	569.5	16.3
65 ℃/24 h＋(100 ℃/min)190 ℃/50 min＋120 ℃/24 h	604.7	584.6	14.7
90 ℃/24 h＋(100 ℃/min)190 ℃/50 min＋120 ℃/24 h	613.2	593.2	14.4
105 ℃/24 h＋(100 ℃/min)190 ℃/50 min＋120 ℃/24 h	620.2	604.4	13.6
120 ℃/24 h＋(100 ℃/min)190 ℃/50 min＋120 ℃/24 h	632.7	616.1	13.2

7055 铝合金回归再时效态强度与预时效程度和回归加热速率的关系规律类似硬度。HT－105－3 和 HT－120－100 样品的抗拉强度条件比峰时效分别下降了 34.1 MPa 和 19 MPa。然而，经 HT－105－3 制度处理的样品，其电导率(38.2 % IACS)高于 HT－120－100 样品。除此之外，最为重要的一点是，慢速回归加热更符合厚板热处理过程中的实际升温速率条件。因此，HT－105－3 制度更为适合 7055 铝合金厚板的回归再时效处理。

7.6 抗应力腐蚀性能

图7-6所示为T6,T73及不同预时效温度和回归加热速率下的抗应力腐蚀性能对比结果。其中,1#样和5#样分别对应T73和T6状态样品,2#样热处理制度为105 ℃,24 h+(3 ℃/min)190 ℃,50 min+120 ℃,24 h,3#样热处理制度为120 ℃,24 h+(100 ℃/min)190 ℃,50 min+120 ℃,24 h,4#样热处理制度为105 ℃,24 h+(3 ℃/min)190 ℃,40 min+120 ℃,24 h。

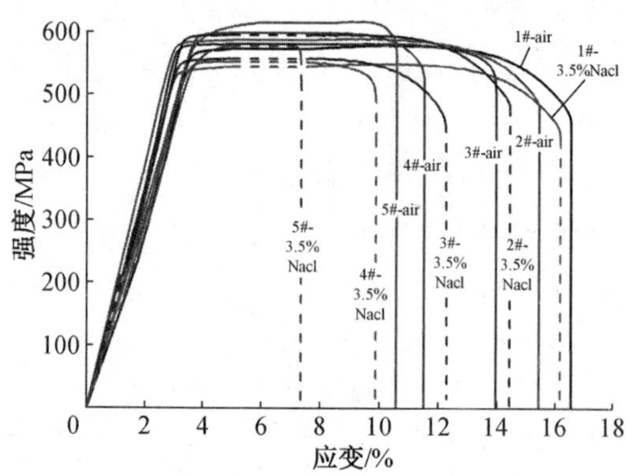

图7-6 不同热处理状态样品的慢应变速率拉伸性能对比

由图可知,空气环境中,T6态样品的抗拉强度最高,T73双级过时效样品最低,RRA态样品的强度介于两者之间;与之相反,T6态样品的断裂应变最低,T73双级过时效样品最高,RRA态样品的强度介于两者之间,其中2#>3#>4#。所有状态样品在空气中的抗拉强度与断裂应变都要高于腐蚀介质中(3.5% Nacl溶液)中所测结果,这说明7055铝合金存在应力腐蚀敏感性。在3.5% Nacl溶液中,T6态样品的强度和断裂应变下降幅度最大,T73态样品和2#样品的断裂应变相对较高。对合金抗应力腐蚀敏感性高低的判断可用下式表示[213]:

$$I_{SSRT}=1-\frac{\sigma_{fw}(1+\delta_{fw})}{\sigma_{fA}(1+\delta_{fA})} \tag{7-1}$$

式中，I_{SSRT}为合金的抗应力腐蚀敏感性，其值越小，表明合金的抗应力腐蚀敏感性越低，合金的抗应力腐蚀性能最高；σ_{fw}和δ_{fw}分别表示合金在腐蚀介质中的抗拉强度和延伸率；σ_{fA}和δ_{fA}分别表示合金在空气中的抗拉强度和延伸率。各样品抗应力腐蚀敏感性的计算结果见表 7-3。

表 7-3　不同处理状态样品的慢应变速率拉伸结果

机械性能		空气	3.5% NaCl	I_{SSRT}
1#	延伸率/%	12	11	0.031
	σ_b/MPa	578.2	565.6	
2#	延伸率/%	9.5	8.6	0.035
	σ_b/MPa	595.7	579.4	
3#	延伸率/%	7.3	6.5	0.049
	σ_b/MPa	582.2	557.6	
4#	延伸率/%	6.6	5.5	0.057
	σ_b/MPa	601	572.7	
5#	延伸率/%	5.5	4.5	0.068
	σ_b/MPa	614.7	578.2	

由表 7-3 可知，2#样品的抗应力腐蚀敏感性与 T73 态样品相当，3#样品略高于 2#样品，4#样和 T6 态样品的抗应力腐蚀敏感性最高。慢应变速率拉伸实验结果与电导率结果吻合，这说明 7055 铝合金经 HT－105－3 制度，即：105 ℃，24 h＋(3 ℃/min) 190 ℃，50 min＋120 ℃，24 h 处理后，其抗应力腐蚀敏感性大为降低，与 T73 状态样品相近。因此，该制度既保证了 7055 铝合金的强度又有效降低了 7055 铝合金的抗应力腐蚀敏感性，更适合作为该合金的三级热处理制度。

7.6.1 抗剥落腐蚀性能

图 7-7a ~ h 所示为不同 RRA 制度样品经 EXCO 溶液浸泡 48 h 后的剥落腐蚀形貌。双级过时效(T73)和单级峰时效(T6)样品作为对比,如图 7-7i,j 所示。由图可知,经双级过时效处理,合金表现出很好的抗剥落腐蚀能力(见图 7-7i)。腐蚀 48 h 后,样品呈现暗红色,表面只出现细小的黑色粉末状腐蚀产物,几乎未见局部起皮现象,腐蚀未深入样品内部。除此之外,EXCO 溶液容器中残留的黑色粉末状腐蚀产物数量很少,因此可判断其剥蚀等级为 EA 级(EXCO 溶液 48 h 浸泡)。单级峰时效样品在浸泡 48 h 后的腐蚀形貌如图 7-7j 所示,试样表面出现大面积爆皮,表层金属大片脱落。EXCO 溶液容器中残留很多黑色粉末状腐蚀产物和较多的金属碎片。金属碎片是表面层被大面积剥蚀而产生的。实验结果表明峰时效样的腐蚀程度严重,抗剥落剥蚀性能很差,其剥蚀等级为 EC 级(EXCO 溶液 48 h 浸泡)。相对于双级过时效和单级峰时效样品而言,经回归再时效处理的 7055 合金的剥蚀性能介于两者之间(见图 7-7a ~ h)。各 RRA 样品表面存在较多的黑色腐蚀产物,表面的起皮或爆皮现象比双级时效严重,但是远远低于单级峰时效状态。实验容器中出现的黑色粉末状腐蚀产物也远远少于单级峰时效样品,但略多于双级时效样品。比较不同回归加热速率样品的腐蚀形貌可知,当回归加热速率为 100 ℃/min 时,样品表层出现较为明显的起层现象,表层有较多的小尺寸薄片状腐蚀产物,尤其以 105 ℃和 120 ℃预时效样品体现得更为明显(见图 7-7c,d),这说明快速加热条件下,剥落腐蚀已穿入金属内部(见图 7-7a ~ d);当回归加热速率降低至 3 ℃/min 时,各样品的腐蚀形貌更接近于双级时效样品,即有粉末状腐蚀产物覆盖于样品表层,但起皮和分层现象很不明显,腐蚀轻微深入样品内部。容器底部残留的腐蚀产物体积也更接近于双级时效样品,这说明慢速回归处理更有利于提高 7055 铝合金的抗剥落腐蚀性能。

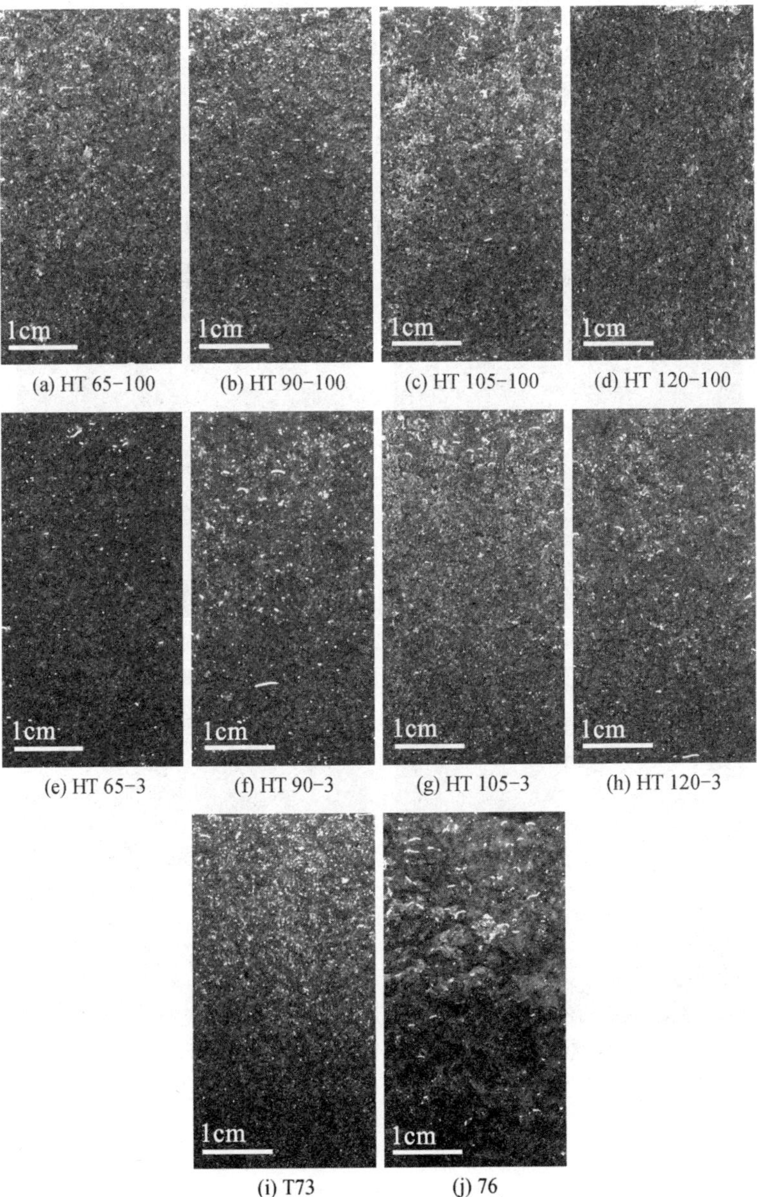

(a) HT 65-100　(b) HT 90-100　(c) HT 105-100　(d) HT 120-100

(e) HT 65-3　(f) HT 90-3　(g) HT 105-3　(h) HT 120-3

(i) T73　(j) 76

图 7-7　不同时效处理样品的剥落腐蚀形貌(EXCO 溶液浸泡 48 h)

7.6.2 组织观察

由于 105 ℃, 24 h 预时效样品在 3 ℃/min 回归加热条件下表现出的优异综合性能,因此本小节对 3 ℃/min 回归加热速率下样品的回归及再时效组织进行分析,并与 65 ℃, 24 h 预时效和 120 ℃, 24 h 预时效样品在相同回归条件下的组织进行对比。图 7-8 所示为 7055 铝合金回归处理中晶内析出相演变过程的明场相。

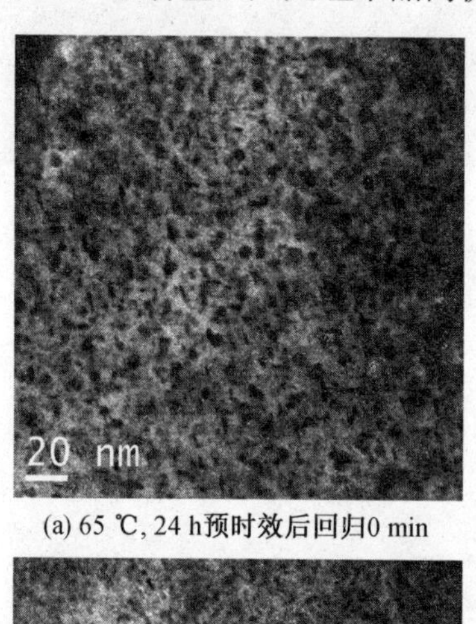

(a) 65 ℃, 24 h预时效后回归0 min

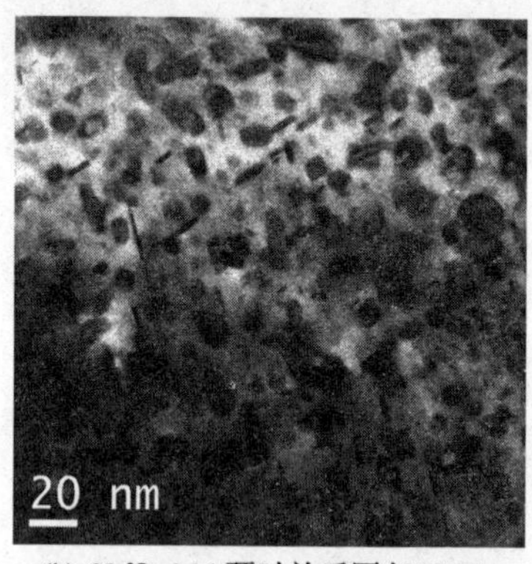

(b) 65 ℃, 24 h预时效后回归50 min

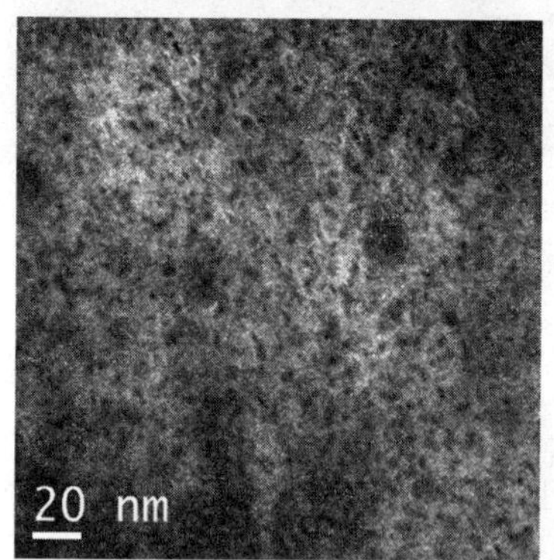

(c) 105 ℃, 24 h预时效后回归0 min

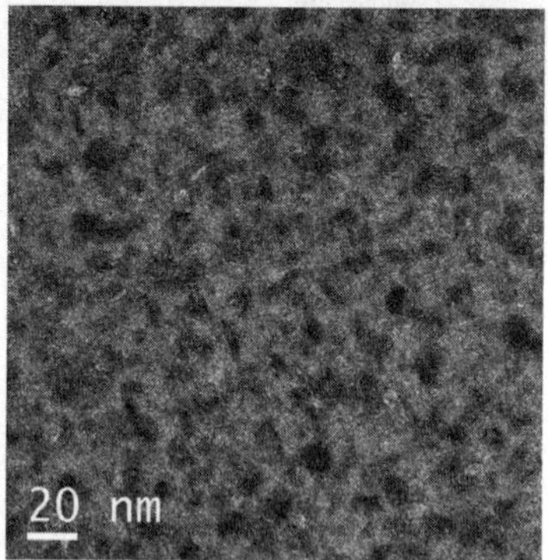

(d) 105 ℃, 24 h预时效后回归50 min

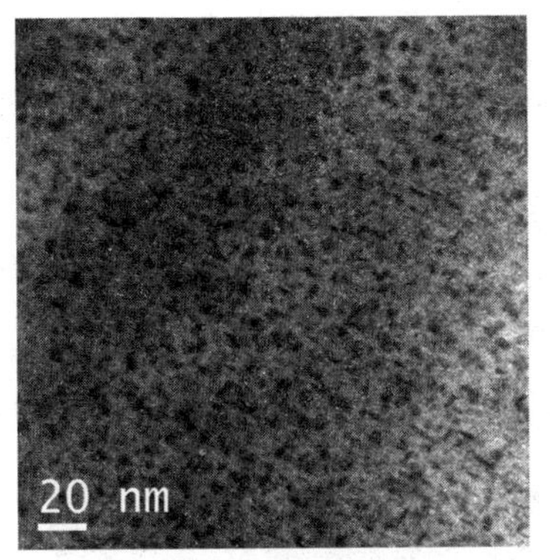

(e) 120 ℃, 24 h预时效后回归0 min

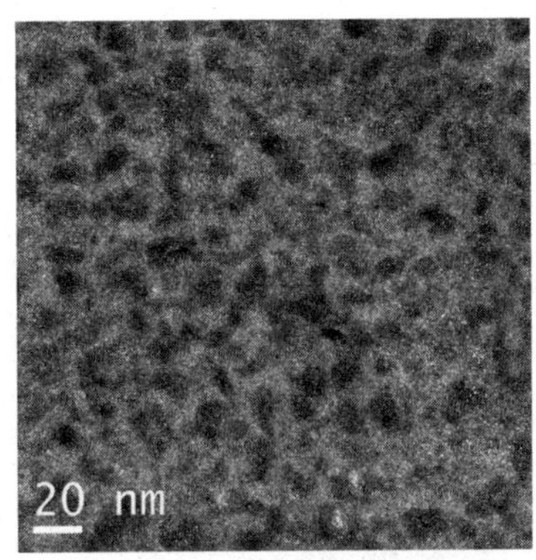

(f) 120 ℃, 24 h预时效后回归50 min

图 7-8　不同预时效制度样品在 3 ℃/min 加热条件下的 TEM 组织观察

由图可以很明显地看出,各预时效状态下 7055 铝合金的晶内相在回归后期(见图 7-8b,d,f)都发生了长大或粗化。组织演变的典型特征及异同总结如下:

① 在回归加热结束点(R－0 min),105 ℃, 24 h 预时效样品晶内相回溶量最大,析出相尺寸最细小(见图 7-8c)。Myriam Nicolas 和 Alexis Deschamps 指出,慢速回归过程中大部分的回溶反应都发生在加热(升温)阶段,因此对于时效程度较低的 65 ℃, 24 h 预时效样品来说,在升温开始后不久其回溶便已经结束,直接出现再次析出和粗化(见图 7-8a)现象,因此其回归加热刚结束的析出组织的粗化程度甚至高于 120 ℃, 24 h 预时效样品(见图 7-8e)。对 120 ℃, 24 h 预时效样品来说,其时效程度较深,析出相热稳定性高,回归加热阶段的相对低温只导致部分预析出相回溶,还有一部分大尺寸析出相预析出相发生粗化。105 ℃, 24 h 预时效样品的析出相热稳定性介于上述两者之间,该组织不会在升温过程中出现严重的粗化,同时稍微欠时效的状态又保证有足够小尺寸析出相的回溶。因此 105 ℃, 24 h 预时效样品在回归加热结束(即等温回归开始点)的晶内组织最为细小弥散。这样的析出组织有利于回归过程中析出相的回溶并延缓粗化。

② 当等温回归进行至 50 min,可认为析出组织开始或已经进

入粗化阶段(取决于回归初始组织)。由于细小弥散分布的回归初始组织有效地抑制和延迟了 Ostwald 熟化,使得 105 ℃, 24 h 预时效处理样品的析出相粗化程度最小,且相密度最高(见图 7-8d)。

图 7-9 所示为7055 铝合金 HT-65-3,HT-105-3,HT-120-3 制度再时效态组织与峰时效及双级过时效组织的对比图片,同时给出了$[110]_{Al}$晶带轴的选区电子衍射图谱以进一步分析其析出相的差异。

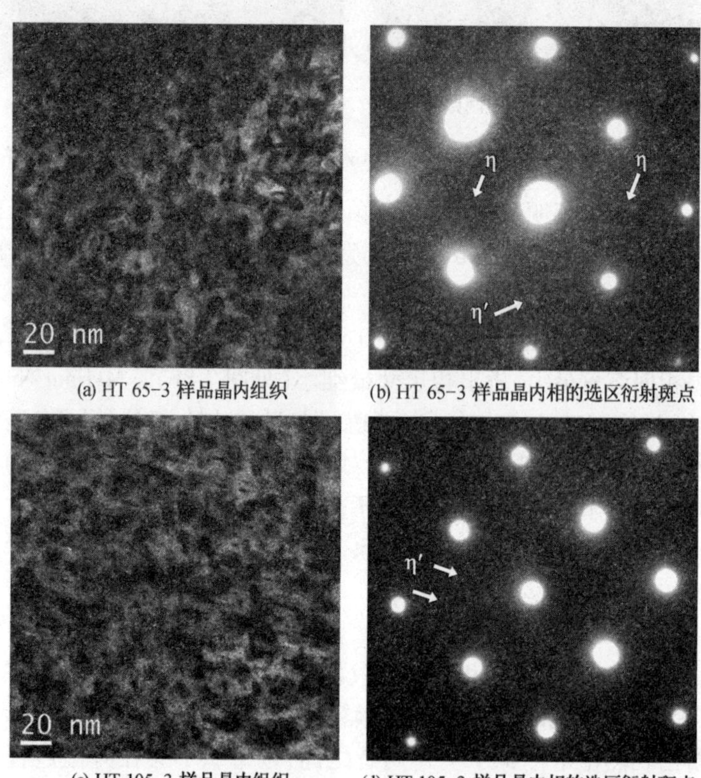

(a) HT 65-3 样品晶内组织　(b) HT 65-3 样品晶内相的选区衍射斑点

(c) HT 105-3 样品晶内组织　(d) HT 105-3 样品晶内相的选区衍射斑点

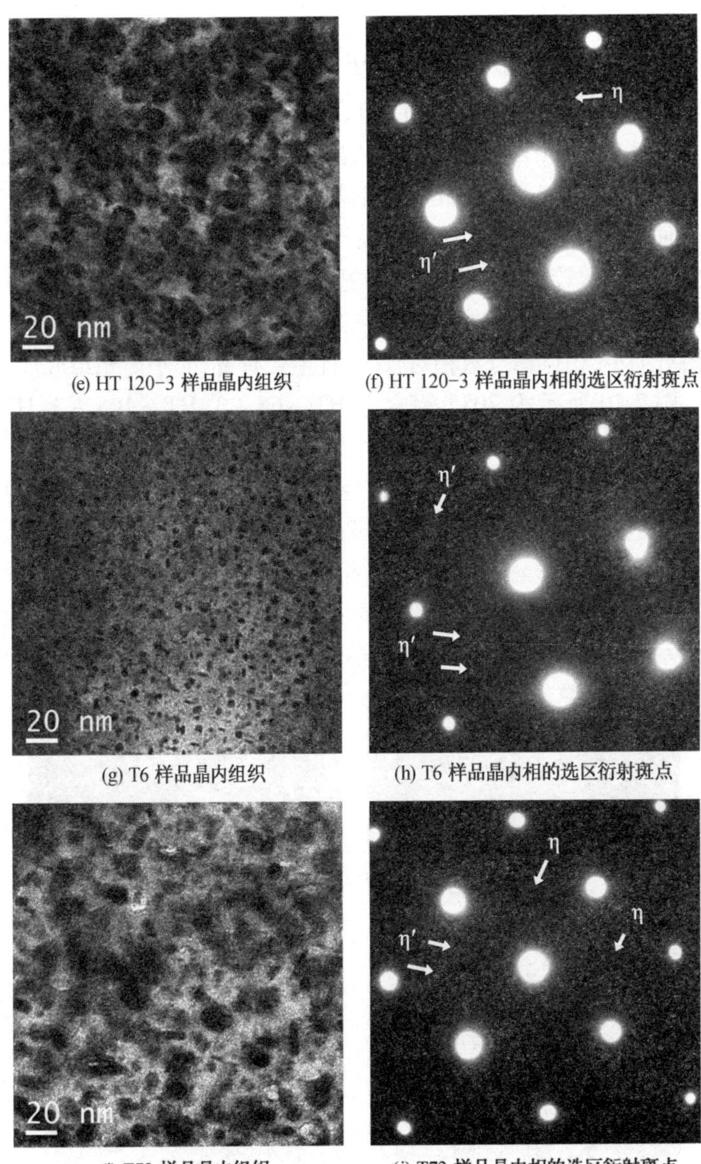

(e) HT 120-3 样品晶内组织　　(f) HT 120-3 样品晶内相的选区衍射斑点

(g) T6 样品晶内组织　　(h) T6 样品晶内相的选区衍射斑点

(i) T73 样品晶内组织　　(j) T73 样品晶内相的选区衍射斑点

图 7-9　不同预时效制度和回归加热速率条件下 7055 铝合金回归再时效、峰时效和双级过时效晶内组织对比

7055 铝合金峰时效状态基体内析出相细小弥散，选区电子衍射表明，峰时效态基体内主强化相以非平衡相 η′ 为主，并有一定体积分数的 GP 区。非平衡相 η′平均尺寸为 4 ~5 nm，因此对应极高的强度。双级过时效(T73)状态晶内析出相严重粗化，呈现明显的短棒状特征，选区电子衍射表明此状态下基体内以平衡相 η 为主。对于回归再时效样品，其组织粗化程度高于 T6 峰时效态，但是低于 T73 态，且相体积分数较高。选区电子衍射表明 HT 65 – 3 和 HT 120 – 3 处理样品由 η′ 非平衡相和 η 平衡相共同组成。而 HT 105 – 3 的析出相相对细小，相体积分数相对较高，且主要有 η′ 非平衡相组成。

图 7-10 所示为 7055 铝合金 HT – 65 – 3，HT – 105 – 3，HT – 120 – 3 制度再时效态与 T73 制度下晶界析出相对比。由图可知，经回归再时效处理后，7055 铝合金的晶界相粗化程度增大，晶界平均尺寸达到 50 nm，断续程度很高；晶界无沉淀析出带也宽化至近 50 nm。其晶界形貌与 T73 状态相似。但是 3 种慢速回归加热再时效下晶界析出相彼此间的差异不大，这与电导率和剥落腐蚀性能相差不大是一致的。

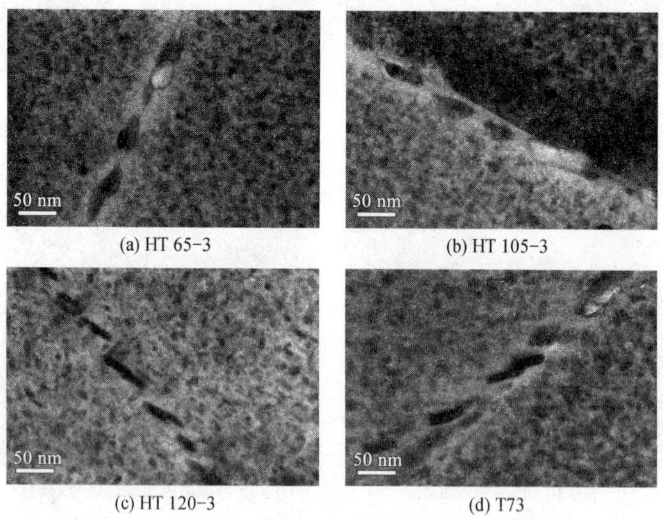

(a) HT 65-3　(b) HT 105-3
(c) HT 120-3　(d) T73

图 7-10　不同预时效制度和回归加热速率条件下 7055 铝合金回归再时效态晶界相对比

图7-11所示为7055铝合金HT－105－100制度再时效态样品的微观组织形貌。相对于慢速回归再时效制度，快速回归再时效状态对应的晶内相略显细小，密度略大；其晶界相长轴尺寸与慢速回归样品相似，但是短轴尺寸变小，即析出相厚度较低，PFZ的宽度较低，晶界相粗化程度的降低导致析出相断续程度下降，从而降低了材料抗应力腐蚀的能力。

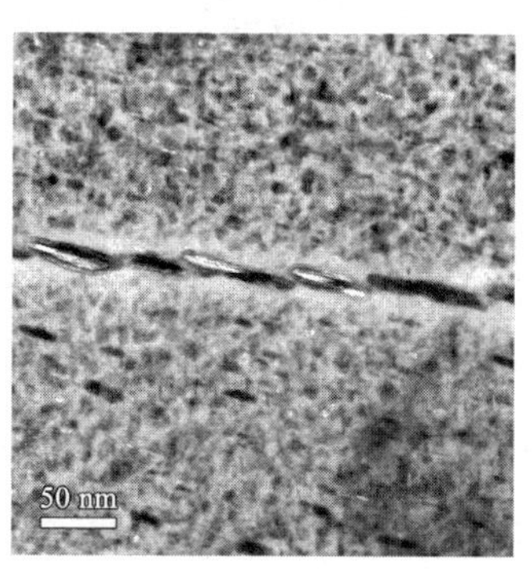

图7-11　快速回归加热速率条件下7055铝合金回归再时效晶界相形貌

7.7　分析与讨论

7.7.1　临界回溶尺寸与回归温度和加热速率的关系

7055铝合金厚板的回归再时效处理关键在于如何控制晶内析出相在回归加热以及回归保温阶段的回溶与粗化反应之间的竞争关系，对于这一复杂反应的有效分析手段为比较析出相的平均尺寸与回溶/粗化临界尺寸的大小[205]。临界回溶尺寸可用下式表示：

$$R^{*}=\frac{2\gamma V_{at}}{kT\ln(X/X_{eq})} \tag{7-2}$$

式中，γ为相界面能；V_{at}为析出相的摩尔原子体积；k为波尔兹曼常数；T为绝对温度；X代表瞬时溶质原子浓度；X_{eq}为某一温度对应的界面平衡原子浓度。

当温度保持不变的时候，溶质原子浓度的增加导致临界回溶半径的减小。因此，当回溶行为占主导地位的时候，随着回溶程度的增大，一部分初始不稳定的析出相将逐渐变得稳定而不再回溶入基体。当溶质原子浓度保持不变的时候，随着温度的增加，界面平衡原子浓度同时增加，此时临界半径的变化较为复杂。假设界面平衡原子浓度可表示为 $X_{eq} = \exp(-Q/RT)$，将其带入式(7-2)可得：

$$R^* = \frac{2\gamma V_{at}}{kT\ln X + Q} \tag{7-3}$$

由于 $\ln X < 0$，因而随着温度的升高，临界半径逐渐增大，导致部分稳定的析出相将逐渐变得不稳定而溶入基体。因此，温度与溶质原子浓度对临界半径的影响是相互制约的。

由于瞬时温度由回归加热速率控制，瞬时界面溶质原子浓度由回归加热速率和预时效制度共同控制，这就为通过预时效和回归加热速率的调控从而控制析出相的回溶或粗化提供了可能。

7.7.2 预时效温度和快速回归加热对 7055 铝合金回归态组织演变的影响

在快速加热条件下，7055 样品很快达到预设回归温度，此时由于升温时间较短，预析出相或来不及回溶，或回溶程度有限，因此回归加热结束后的析出组织与预时效态基本相同。但此时由于回归温度的突然上升，由式(7-2)可知，7055 样品的临界尺寸 R^* 急剧增大，这就意味着大量小于临界尺寸的析出相将回溶入基体。当预时效组织不同时，析出相回溶程度的差别就明显体现出来。由于预时效组织的尺寸随着预时效程度（温度）的增加而增加，当预时效状态为峰时效时，由于析出相尺寸较大且热稳定较高，因此其回溶量有限，其回归态硬度谷值点高于其余欠时效制度。

图 7-12 所示为不同预时效制度样品经快速回归加热处理的硬度和电导率 - 时间曲线。随着预时效温度的降低，回溶量增加（比较图 7-12a 的 A，B，C 和 D）。因此欠时效态样品在回归初期就经历了一个析出相大量回溶的阶段，该阶段温度对临界半径的影响更大。然而，随着回溶程度的加剧，基体溶质原子浓度大幅度升高，又导致临界尺寸下降，回溶程度逐渐降低，此时溶质原子浓度对临界半径影

响更大，粗化反应开始起主导作用，结果导致欠时效样品在回归阶段的高温保温过程中由于溶质原子浓度高而直接析出η平衡相[86,214]。η平衡相的析出程度随着预时效温度的降低而增多，溶质原子在η平衡相的析出过程中被大量消耗，从而使得再时效动力不足且析出相粗化程度增大。由于电导率的大小受电子散射的影响，晶内析出相的粗化程度越高，合金的电导率就越高，因此欠时效态样品经快速升温回归再时效后的电导率略高于预时效为峰时效态样品（见图7-12b），这也进一步证实了上述分析的可靠性。对于预时效为峰时效的组织，其预析出相热稳定性相对高，基体溶质原子浓度的增加幅度随着温度的变化相对较小，因此相临界半径受原子浓度的影响较小，回归温度依然主导着组织的回归行为，这使得峰时效为预时效制度的组织粗化程度减小，强度提高。

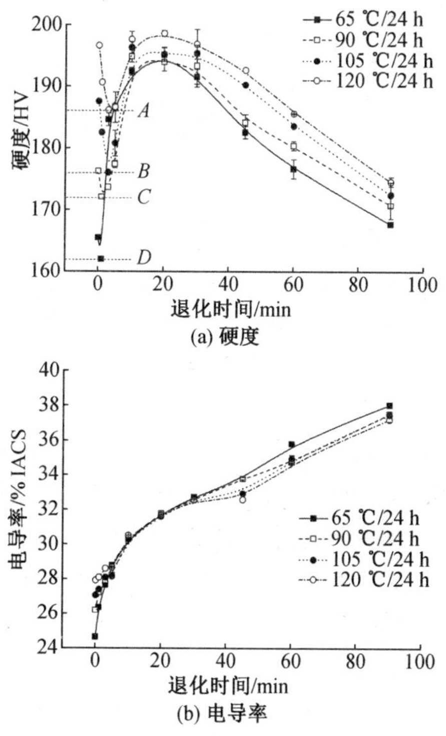

图7-12 100 ℃/min加热条件下，回归态样品硬度和电导率的演变规律

由抗应力腐蚀和抗剥落腐蚀性能可知，虽然快速回归加热条件下，回归再时效态样品的耐蚀性能远远高于单级峰时效态样品，但是仍然略低于慢速回归加热样品。对比图7-10和图7-11可知，快速回归状态下合金晶内相略显细小，晶界相粗化程度和断续程度低，PFZ宽度也较窄，即该状态合金的时效程度介于单级峰时效和慢速回归再时效样品之间。由阳极溶解理论可知，此类型晶界对腐蚀行为的阻碍作用低于双级过时效及慢速回归再时效样品。因此HT－×××－100(×××代表预时效温度)样品的剥落腐蚀等级为EB＋(HT－×××－3样品为EB)，抗应力腐蚀敏感性高于HT－×××－3(×××代表预时效温度)样品。

7.7.3 预时效温度和慢速回归加热对7055铝合金回归再时效组织演变的影响

在慢速加热条件下，由于温升较慢，因而临界尺寸的增加速率缓慢；在升温阶段，预析出相的回溶和长大或者粗化是同时发生的；在相同的加热速率下，各种反应的相互关系受到预时效组织的影响更大。

对于65 ℃，24 h或者90 ℃，24 h的预时效制度来说，由于基体仍然存在较高的析出动力，而加热阶段的临界半径又较小，因此样品在升温阶段占主导地位的反应是GP(I)区的形成、η′相甚至η相在回归温度附近的二次析出。在回归阶段，虽然高温使得临界尺寸增加，但是这些低温和高温条件下的二次析出相已经在较长的加热过程中长大或是粗化，极大地降低了临界尺寸增大所带来的回溶程度，从而降低回归效果。对于105 ℃，24 h和120 ℃，24 h预时效样品，由于其组织时效较为充分，其基体内溶质原子浓度很低，由式(7-3)可知，相同温度下的临界半径较大且对温升更为敏感，因此回溶在回归加热阶段所占比重远远高于65 ℃，24 h或者90 ℃，24 h的预时效样品。由于105 ℃，24 h预时效样品析出相的热稳定性较峰时效样品低，且相尺寸小，因此其回溶程度更大，粗化程度降低，最终使得105 ℃，24 h预时效样品在R－0 min点的相体积分数减小，且析出相的粗化程度最低。而峰时效样品的相尺寸相对 105 ℃,24 h 预时效样品大,回溶量降低,因此慢速回归加热下效果不如 105 ℃,24 h 预时效样品。

图 7-13 的高分辨组织图片清楚的给出了 3 种回归再时效制度下,晶内析出相的种类和粗化程度的不同。HT 65 - 3 和 HT 120 - 3 样品基体内析出相的厚向尺寸可达 7 ~ 8 nm,而 HT 105 - 3 样品内析出相厚向粗化明显较小,厚向尺寸只有 4 nm 左右。经傅里叶变化后可知,HT 65 - 3 和 HT 120 - 3 样品基体内粗大的析出相为 η 相,而 HT 105 - 3 样品内的析出相为 η′ 相,其厚向尺寸更薄,因此强度更高。经再时效后,105 ℃,24 h 预时效样品既保证了合适的回溶程度,又有效降低了回归加热及保温过程中的粗化程度,使得 7055 铝合金晶内析出相相对细小,体积分数更高,同时又有效断开了晶界相,切断了应力腐蚀通道。因此,该预时效制度下样品经慢速回归加热再时效后拥有最佳的力学性能和腐蚀性能匹配。

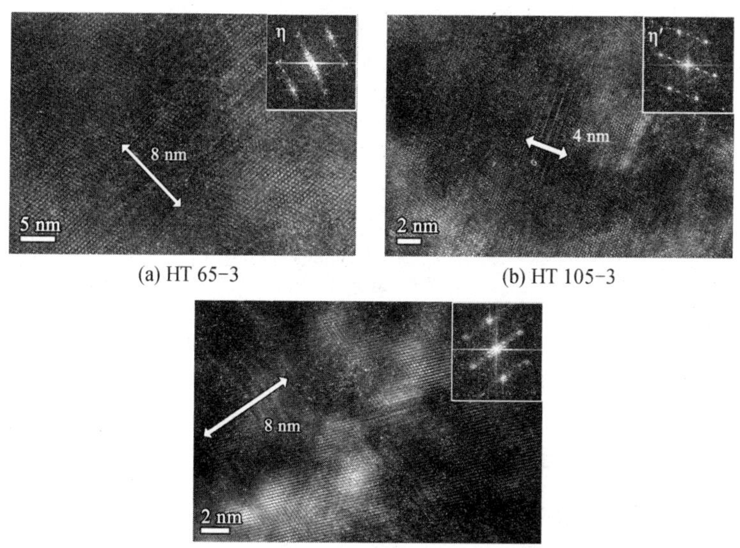

(a) HT 65-3　(b) HT 105-3

(c) HT 120-3

图 7-13　不同预时效制度和回归加热速率条件下 7055 铝合金回归再时效组织对比

7.7.4　有关临界回溶尺寸的讨论

图 7-14 所示为预时效温度为 105 ℃和 120 ℃,回归加热速率

为 3 ℃/min 样品的回归硬度/电导率随回归时间的演变规律。图中垂直线左边区域为回归加热阶段，右边为 190 ℃等温保温阶段。由图可知：① 回归加热阶段，120 ℃预时效样品的硬度一直高于 105 ℃预时效样品，这是因为预时效状态本身的硬度差值造成的（120 ℃，24 h 硬度高于 105 ℃，24 h）。随着回溶阶段的完成（对应硬度谷值点），欠时效样品的硬度值开始快速上升，至硬度峰值点时，其硬度已超过预时效为峰时效的样品硬度。当组织进入粗化阶段后，不同预时效样品的硬度都开始下降，但是 105 ℃，24 h 预时效样品的硬度值下降速率明显低于 120 ℃，24 h 预时效样品。② 对电导率来说，无论加热还是保温，120 ℃预时效样品都高于 105 ℃预时效样品。

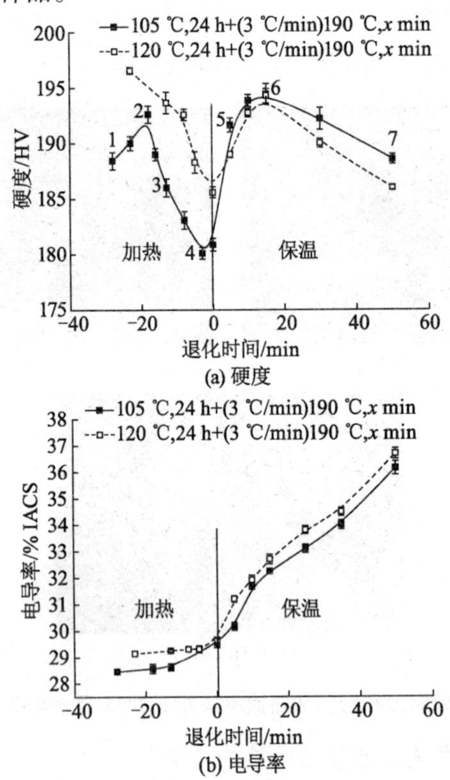

图 7-14　3 ℃/min 加热条件下，回归态样品硬度和电导率的演变规律

在 105 ℃,24 h 预时效样品的硬度曲线中存在两个硬度峰值点,分别在加热 10 min 左右和等温保温 15 min 左右出现,这种演变特征未见文献报道。分析可知,由于 105 ℃,24 h 时效状态为欠时效,合金仍然存在较大的析出动力,当外界条件允许时(如继续保温或者提高时效温度),合金就会表现出时效强化特征。在 DSC 分析中发现,预时效为 105 ℃,24 h 样品,其慢速加热对应的回溶峰小于快速加热,就是因为慢速加热过程初期,回溶与析出同时存在,叠加反应使得回溶峰和析出峰部分重合,从而减小了回溶峰面积。当达到第一次硬度峰值后,由于回归加热的连续进行,刚析出的细小析出相(很可能是 GP 区,将在下面详细讨论)会在连续加热中重新回溶。此外,由于欠时效状态其析出相本身的相尺寸和热稳定性就较峰时效小,因此其回归速率和回溶程度都高于峰时效样品,如图 7-14a 所示,回溶程度高导致基体内溶质原子过饱和度提高。

由实验结果可知,合金在回归过程中(包括加热和等温)的回溶反应基本位于加热阶段,这与文献[215]和[216]的结论是一致的。当保温阶段开始时,合金硬度的演变规律与一般所述等温保温回归的硬度 - 回归时间曲线相同,即先由非平衡相的二次析出导致硬度的峰值点,随后奥斯瓦尔德熟化使析出相粗化从而再次降低硬度。但是由于 105 ℃,24 h 样品经回归后其基体过饱和程度高,因此其二次析出程度稍大,增加了硬度,并延缓了粗化速率。

电导率的演变与合金基体析出相的尺寸和溶质原子浓度有关,时效析出相尺寸大,溶质原子浓度低则电导率高,反之则低。峰时效样品的基体析出相较欠时效样品大,回归程度小,回归后溶质原子浓度低,奥斯瓦尔德熟化阶段粗化程度高,这些因素使回归阶段其电导率始终高于欠时效态合金。

7.8　小结

本章研究了预时效温度和回归加热速率对 RRA 态 7055 铝合

金组织及性能的影响,得到的主要结论如下:

① 在快速加热条件下,7055 铝合金 RRA 态的力学性能随预时效程度的增加而提高。在 1 ~ 3 ℃/ min 的慢速回归升温条件下,7055 铝合金 RRA 态的力学性能随预时效程度的增加先提高后减小,105 ℃,24 h 的预时效样品经 3 ℃/ min 的慢速回归再时效处理后力学性能最高。

② 7055 铝合金 RRA 态的电导率敏感于回归加热速率,电导率随着加热速率的降低而提高。相同回归保温时间条件下,慢速回归加热样品的电导率高于快速加热样品。

③ 经 105 ℃,24 h + (3 ℃/ min)190 ℃,50 min + 120 ℃,24 h 的三级时效处理后,7055 铝合金的抗拉强度、屈服强度、延伸率、断裂韧性、电导率、剥落腐蚀等级和抗应力腐蚀敏感性因子分别为 617.5 MPa,585.8 MPa,16.1%,24.5 MPa · $m^{1/2}$,38.2% IACS,EB 级和 0.035。由于 7055 铝合金厚板在回归阶段存在慢速升温过程,此回归再时效制度在保证合金强韧性、抗应力腐蚀和剥落腐蚀能力的同时,更适用于 7055 铝合金厚板的工业化三级热处理。

参考文献

[1] 科瓦索夫，弗里德良捷尔. 工业铝合金[M]. 韩秉诚，蒋香泉，译. 北京：冶金工业出版社，1981.

[2] 弗里德良杰尔. 高强度变形铝合金[M]. 吴学，译. 上海：上海科学技术出版社，1963.

[3] 马场义雄，孙本良. 超硬铝(EDS)及飞机铝合金发展动向(上)[J]. 铝加工技术，1990(4)：21－31.

[4] 田荣璋，王祝堂. 铝合金及其加工手册[M]. 长沙：中南工业大学出版社，1989.

[5] Williams J C, Starke J E A. Progress in structural materials for aerospace systems[J]. Acta Materialia, 2003, 51(19): 5775－5799.

[6] Starke J E A, Staley J T. Application of modern aluminum alloys to aircraft[J]. Progress in Aerospace Sciences, 1996, 32: 131－172.

[7] Immarigeon J P, Holt R T. Lightweight materials for aircraft application[J]. Materials Characterization, 1995, 35: 41－67.

[8] Hein A, Haslzer A. Recent development in aluminium alloys for aerospace applications[J]. Materials Science and Engineering A, 2000, 280: 102－107.

[9] 刘兵，彭超群，王日初，等. 大飞机用铝合金的研究现状及展望[J]. 中国有色金属学报，2010，20(9)：1705－1715.

[10] Lukasak D A. Strong aluminum alloys have airframe weight[J]. Advanced Materials and Processes, 1991, 10: 46－49.

[11] 李承波，张新明，王邵玲，等. 四种 Al－Zn－Mg－Cu 合金淬火敏感性研究[J]. 稀有金属材料与工程，2017，46(11)：3374－3381.

[12] 闫焱，郑子樵，龙佳. 7A55 铝合金预拉伸板材的双级时效工艺[J]. 材料热处理学报，2010，31(11)：128－133.

[13] Cina B M. Reducing the susceptibility of alloys, particularly aluminum, to stress corrosion cracking：[P]美国专利：3856584.[1974－12－24].

[14] 李松瑞，周善初. 金属热处理[M]. 长沙：中南大学出版社，2003.

[15] Immarigeon J P, Holt R T. Lightweight materials for aircraft application[J]. Materials Characterization, 1995, 35：41－67.

[16] 赵立军. 大规格喷射成形超高强 7055 铝合金组织与性能研究[D]. 镇江：江苏科技大学，2011.

[17] Srivatsan T S, Anand S, Srieam S, et al. The high－cycle fatigue and fracture behavior of aluminum alloy 7055[J]. Materials Science and Engineering A, 2000, 281(1－2)：292－304.

[18] 何振波. 7055 铝合金三级时效处理[J]. 轻合金加工技术，2006，34(5)：40－43.

[19] 钟利，马英义，谢延翠. 铝合金中厚板生产技术[M]. 北京：冶金工业出版社，2009.

[20] Paul A R, Zhang Y, Knight S. Heat treatment of 7×××series aluminium alloys—Some recent developments [J]. Trans. Nonferrous Met. Soc. China, 2014,24(7):2003－2017.

[21] 张新明，陆艳红，刘胜胆，等. 分级均匀化对 7055 铝合金组织和力学性能的影响[J]. 中国有色金属学报，2012，22(8)：2154－2162.

[22] 王世洪. 铝及铝合金热处理[M]. 北京：机械工业出版社，1986.

[23] Jia Z H, Hu G Q, Forbord B, et al. Effect of homogenization

and alloying elements on recrystallization resistance of Al – Zr – Mn alloys[J]. Materials Science and Engineering A, 2007, 444(1 – 2): 284 – 290.

[24] Robson J D. Optimizing the homogenization of zirconium containing commercial aluminium alloys using a novel process model[J]. Materials Science and Engineering A, 2002, 338(1 – 2): 219 – 229.

[25] Robson J D, Prangnell P B. Modelling Al3Zr dispersoid precipitation in multicomponent aluminium alloys[J]. Materials Science and Engineering A, 2003, 352(1 – 2): 240 – 250.

[26] 刘文军,张新明,刘胜胆,等. 均匀化对7050铝合金板材淬火敏感性的影响[J]. 中国有色金属学报, 2010, 20(6): 1102 – 1109.

[27] Ou B L, Yang J G, Wei M Y. Effect of homogenization and aging treatment on mechanical properties and stress – corrosion cracking of 7050 alloys[J]. Metallurgical and Materials Transactions A, 2007, 30A(8): 1760 – 1773.

[28] 贺永东,张新明,游江海. 7A55合金的均匀化处理[J]. 中国有色金属学报, 2006, 16(4):638 – 644.

[29] 刘晓涛,董杰,崔建忠,等. 高强铝合金的均匀化处理[J]. 中国有色金属学报, 2003, 13(4): 909 – 913.

[30] 黄继武,尹志明,李杰,等. 均匀化处理对7055合金硬度和电导率的影响[J]. 稀有金属, 2004, 28(1): 175 – 178.

[31] 李忠盛, 潘复生, 吴护林, 等. 均匀化处理对7A55铝合金组织与性能的影响[J]. 航空材料学报, 2011, 31(2): 13 – 16.

[32] 张蓉, 林高用, 伍利群. 双级均匀化对7055铝合金微结构与力学性能的影响[J]. 武汉理工大学学报, 2011, 33(7): 10 – 13.

[33] 赵鸿金, 曾文锋, 孔军, 等. 7055铝合金多级均匀化工艺研究[J]. 有色金属材料科学与工程, 2013, 4(3): 49 – 53.

[34] 李念奎，凌杲，聂波，等. 铝合金材料及其热处理技术[M]. 北京：冶金工业出版社,2012.

[35] 刘胜胆，张新明，黄振宝. 固溶处理对高纯 7055 铝合金组织的影响[J]. 材料热处理学报，2006，27(3)：55－61.

[36] Feng D, Zhang X M, Liu S D, et al. Constitutive equation and hot deformation behavior of homogenized Al－7.68Zn－2.12Mg－1.98Cu－0.12Zr alloy during compression at elevated temperature[J]. Materials Science and Engineering A, 2014, 608(1): 63－72.

[37] 李杰,尹志明. 单级时效处理对 7055 铝合金力学和电学性能的影响[J]. 轻合金加工技术，2004，11：1－5.

[38] 陈康华，刘红卫，刘允中. 强化固溶对 7055 铝合金力学性能和断裂行为的影响[J]. 中南工业大学学报，2000，31(6)：529－531.

[39] 曾周亮，彭北山，曾苏民，等. 多级固溶处理对 7055 铝合金组织和性能的影响[J]. 特种铸造及有色合金，2009，29(7)：672－673.

[40] 刘胜胆，李承波，李璐璐. 7055 铝合金厚板的淬透性[J]. 中国有色金属学报，2012，22(6)：1564－1569.

[41] Deschamps A, Bréchet Y. Influence of quench and heating rates on the ageing response of an Al－Zn－Mg－(Zr) alloy[J]. Materials Science and Engineering A, 1998, 251(12): 200－207.

[42] Thompson D S, Subramanya B S, Levy S A. Quench rate effects in Al－Zn－Mg－Cu alloys[J]. Metallurgical and Materials Transactions B, 1971, 2(4): 1149－1160.

[43] 刘胜胆，张新明，黄振宝. 淬火速率对 7055 铝合金组织和力学性能的影响[J]. 材料科学与工艺，2008，16(5)：650－653.

[44] 刘胜胆，张新明，游江海，等. 淬火速率对 Al－Zn－Mg－Cu(Zr)合金断裂行为的影响[J]. 材料热处理学报，2007，

28(6): 45 -49.

[45] 刘胜胆, 张新明, 黄振宝. 7055 铝合金的淬火敏感性研究[J]. 中南大学学报(自然科学版), 2006, 37(5): 843 -849.

[46] Thompson D S, Subramanya B S, Levy S A. Quench rate effects in Al - Zn - Mg - Cu alloys[J]. Metallurgical Transactions, 1971, 2: 1149 -1160

[47] Bates C E. Selecting quenchers to maximize tensile properties and minimize distortion in aluminum parts[J]. Journal of Heat Treating, 1987, 5(1): 27 -40.

[48] 郑子樵. 材料科学基础[M]. 长沙: 中南大学出版社, 2005.

[49] 陈军洲. AA 7055 铝合金的时效析出行为与力学性能[D]. 哈尔滨: 哈尔滨工业大学, 2008.

[50] Maloney S K, Hono K, Polmear I J, et al. The chemistry of precipitates in an aged Al -2.1Zn -1.7Mg at% alloys[J]. Scripta Materialia, 1999, 41(10): 1031 -1038.

[51] Marlaud T, Deschamps A, Bley F, et al. Influence of alloy composition and heat treatment on precipitate composition in Al - Zn - Mg - Cu alloys[J]. Acta Materialia, 2010, 58(1): 248 -260.

[52] Sha G, Cerezo A. Early - stage precipitation in Al - Zn - Mg - Cu alloy (7050)[J]. Acta Materialia, 2004, 52(15): 4503 -4516.

[53] Feng D, Zhang X M, Liu S D, et al. The effect of pre - ageing temperature and retrogression heating rate on the microstructure and properties of AA7055[J]. Materials Science and Engineering: A, 2013, 588: 34 -42.

[54] Srivatsan T S, Sriram S. Microstructure, tensile deformation and fracture behavior of aluminum alloy 7055[J]. Journal of Materials Science, 1997, 32(11): 2883 -2894.

[55] 万福高. 热处理工艺对7150 铝合金组织和性能影响的研究[D]. 哈尔滨:哈尔滨工业大学, 2007.

[56] Lacom W, Degischer H P, Zahra A. Calorimetric investigation

of precipitation processes in aluminium alloys[J]. High Temperatures - High Pressures, 1980, 12: 549 - 554.

[57] Mukhopadhyay A K, Yang Q B, Singh S R. The influence of zicronium on the early stages of aging a ternary Al - Zn - Mg - Cu alloy[J]. Acta Materialia, 1994, 42(9): 3083 - 3091.

[58] Stiller K, Warren P J, Hansen V, et al. Investigation of Precipitation in an Al - Zn - Mg alloy after two - step aging treatment at 100 ℃ and 150 ℃[J]. Materials Science and Engineering A, 1999, 270(1): 55 - 63.

[59] Park J K, Ardell A J. Microstructures of the commercial 7075 Al alloy in the T651 and T7 tempers[J]. Metallurgicall Transaction A, 1983, 14(10): 1957 - 1965.

[60] Jin Y, Li C Z, Zhao Y T, et al. A microstructual analysis of 7050 Al alloy[J]. Acta Metallurgica Sinica, 1992, 5(2): 69 - 75.

[61] Graf R. The ageing of ternary aluminium - zinc - magnesiun alloys[J]. JIM, 1956, 86: 535 - 536.

[62] Lendvai J, G Honyek I K. Dissolution of second phases in an Al - Zn - Mg alloy investigated by calorimetric method[J]. Scripts Metal, 1979, 13: 593 - 594.

[63] Feng D, Zhang X M, Liu S D, et al. Non - isothermal "retrogression and re-aging" treatment schedule for AA7055[J]. Materials and Design, 2014, 60: 208 - 217.

[64] 李杰. 热处理对7055合金组织和性能的影响[D]. 长沙: 中南大学, 2005.

[65] Wang D, Ni D R, Ma Z Y. Effect of pre - strain and two - step aging on microstructure and stress corrosion cracking of 7050 alloy[J]. Materials science and engineering A, 2008, 494(1 - 2): 360 - 366.

[66] 冯迪,张新明,陈洪美,等. 非等温回归再时效对Al - 8Zn - 2Mg - 2Cu合金厚板组织及性能的影响[J]. 金属学报,

2018,54(1):100 - 109.
[67] 李松瑞，周善初. 金属热处理[M]. 长沙：中南大学出版社，2003.
[68] 谢燮揆，范靖亚. Al - Zn - Mg - Cu 系高强铝合金 RRA 处理[J]. 轻合金加工技术，1996，24(2)：31 - 32.
[69] 宫波，赖祖涵. 时效和 RRA 处理对国产 7050 铝合金性能的影响[J]. 东北工学院学报，1989，1(5)：483 - 487.
[70] Matthew B H, John W M. The effect of retrogression temperature on the properties of an RRA(retrogressed and re - aged) 7150 aluminum alloy[J]. Zeitschrift fur Metallkunde,1994,85(2):134 - 139.
[71] Marlaud T, Deschamps A, Bley F, et al. Evolution of precipitate microstructures during the retrogression and re - ageing heat treatment of an Al - Zn - Mg - Cu alloy[J]. Acta Materialia, 2010, 58(14): 4814 - 4826.
[72] Ning A N, Liu Z Y, Peng B S, et al. Redistribution and re - precipitation of solute atom during retrogression and reaging of Al - Zn - Mg - Cu alloys[J]. Transactions of Nonferrous Metals Society of China, 2007, 17(5): 1005 - 1011.
[73] Groma G, Lakner J. Mechanical properties of AlZnMg alloys[J]. Acta Metallurgica, 1980, 28(12): 1621 - 1631.
[74] 韩小磊,熊柏青,张永安,等. 欠时效态 7150 合金的高温回归时效行为[J]. 中国有色金属学报. 2011, 21(1): 81 - 87.
[75] Peng G S, Chen K H, Chen S Y, et al. Influence of repetitious - RRA treatment on the strength and SCC resistance of Al - Zn - Mg - Cu alloy[J]. Materials Science and Engineering A, 2011, 528(12): 4014 - 4018.
[76] 李吉臣,冯迪,夏卫生,等. 非等温时效对 7B50 铝合金组织及性能的影响[J]. 金属学报,2020,56(9):1256 - 1266.
[77] 龙佳，郑子樵，魏修宇，等. 7A55 铝合金在常规 RRA 和连

续 RRA 处理过程中的性能及组织演变[J]. 稀有金属材料科学与工程, 2010, 39(9): 1589 - 1592.

[78] 陈康华, 张茁, 刘红卫, 等. 近固溶度高温析出对 7055 铝合金时效强化和应力腐蚀的影响[J]. 中南工业大学学报(自然科学版), 2003, 34(2): 114 - 118.

[79] 张茁, 陈康华, 刘红卫, 等. 近固溶限预析出对 7055 铝合金组织和力学性能的影响[J]. 粉末冶金材料科学与工程, 2003, 8(2): 162 - 167.

[80] Huang L P, Chen K H, Li S, et al. Influence of high - temperature pre - precipitation on local corrosion behaviors of Al - Zn - Mg alloy[J]. Scripta Materialia, 2007, 56(4): 305 - 308.

[81] 张小艳. 预析出对 7A55 铝合金组织与腐蚀性能的影响[D]. 长沙:中南大学. 2007.

[82] 尚勇, 张立武. 高强铝合金的热处理技术[J]. 上海有色金属, 2005, 26(2): 97 - 102.

[83] 吴泽政. 7A55 铝合金厚板固溶及 RRA 制度研究[D]. 长沙: 中南大学, 2014.

[84] Grong Ø, Shercliff H R. Microstructural modeling in metal processing[J]. Progress in Materials Science, 2002, 47(2): 163 - 282.

[85] 唐秋菊. 7A85 铝合金降温时效工艺的研究[D]. 哈尔滨: 哈尔滨工业大学, 2010.

[86] 张雪. 7050 铝合金非等温时效过程组织演变研究[D]. 哈尔滨: 哈尔滨工业大学,2010.

[87] 肖文强. 非等温时效态 7050 铝合金的抗腐蚀性能研究[D]. 哈尔滨: 哈尔滨工业大学,2012.

[88] Basil M. Thermal treating control[P]美国专利:3645804.[1969 - 01 - 10].

[89] Liu J, Burrell L. Heat treatment of precipitation harding alloys[P]美国专利:5108520.[1992 - 4 - 28].

[90] Adler P N, Delasi R. Influence of microstructrue on the mechanical properties and stress crossion susceptibility of 7075 aluminum alloy[J]. Metallurgical transactions, 1972, 3(9): 3191 -3200.

[91] 华明建,李春志,王鸿渐. 微观组织对7075铝合金的屈服强度和抗应力腐蚀性能的影响[J]. 金属学报, 1988, 24(1): 13 -16.

[92] Lyman C E, Vander S J. A transmission electron microscopy investigation of the early stages of precipitation in an Al - Zn - Mg alloy[J]. Metalurgical Transactions A(Physical Metallurgy and Materials Science), 1976, 7A(8): 1211 -1216.

[93] 李劲风,张昭,程英亮. 时效状态对 Al - Cu - Li - Mg - Ag - Zr 合金在3.0% NaCl 溶液中局部腐蚀的影响[J]. 中国有色金属学报, 2002, 12(5): 967 -971.

[94] Unwin P N, Smith G C. The microstructure and mechanical properties of Al -6% Zn -3% Mg[J]. Journal of the Institute of Metals, 1969, 97: 229 -310.

[95] 陈康华,刘允中,刘卫红. 7075和2024铝合金的固溶组织与力学性能[J]. 中国有色金属学报, 2002, 12(10): 16 -19.

[96] Xu D K, Rometsch P A, Birbilis N. Improved solution treatment for an as-rolled Al - Zn - Mg - Cu alloy. Part II. Microstructure and mechanical properties[J]. Materials Science and Engineering A, 2012, 534: 244 -252.

[97] Yan L M, Shen J, Li Z B, et al. Effect of deformation temperature on microstructure and mechanical properties of 7055 aluminum alloy after heat treatment[J]. Transactions of Nonferrous Metals Society of China, 2013, 23(3): 625 -630.

[98] Feng D, Zhang X M, Liu S D, et al. Rate controlling mechanisms in hot deformation of 7A55 aluminum alloy[J]. Trans. Nonferrous Met. Soc. China, 2014, 24(1): 28 -35.

[99] Lifshitz I M, Slyozov V V. The kinetics of precipitation from supersaturated solid solutions [J]. Journal of Physics and Chemistry of Solids, 1961, 19(1 -2): 35 -50.

[100] Ashby M F. Modelling of materials problems[J]. Journal of Computer-Aided Materials Design, 1996, 3(1 -3): 95 -99.

[101] Shewmon P G. Diffusion in Solids[M]. New York: McGraw - Hill, 1963.

[102] Bratland D H, Grong Ø, Shercliff H. Modelling of precipitation reactions in industrial processing[J]. Acta Metallurgica, 1997, 45(1): 1 -22.

[103] Shercliff H R, Ashby M F. A process model for age hardening of aluminium alloys—I. The model[J]. Acta Metallurgica et Materialia, 1990, 38(10): 1789 -1802.

[104] Shercliff H R, Ashby M F. A process model for age hardening of aluminium alloys—II. Applications of the model[J]. Acta Metallurgica et Materialia, 1990, 38(10): 1803 -1812.

[105] Guyot P, Cottignies L. Precipitation kinetics, mechanical strength and electrical conductivity of Al - Zn - Mg - Cu alloys[J]. Acta Materialia, 1996, 44(10): 4161 -4167.

[106] Du Z W, Sun Z M, Shao B L, et al. Quantitative evaluation of precipitates in an Al - Zn - Mg - Cu alloy after isothermal aging[J]. Materials Characterization, 2006, 56(2): 121 -128.

[107] 杜志伟, 周铁涛, 赵辉, 等. Al - Zn - Mg - Cu 合金时效过程的小角度 x 射线散射研究[J]. 物理学报, 2004, 53(10): 3601 -3609.

[108] Du Z W, Zhou T T, Liu P Y, et al. Small Angle X - ray Scattering Study of Precipitate Kinetics in Al - Zn - Mg - Cu Alloys[J]. Journal of Materials Science and Technology, 2005, 21(4): 479 -483.

[109] Ferragut R, Somoza A, Tolley A, et al. Precipitation kinetics

in Al - Zn - Mg commercial alloys[J]. Journal of Materials Processing Technology, 2003, 141(1): 35 -40.

[110] Werenskiold J C, Deschamps A, Bréchet Y. Characterization and modeling of precipitation kinetics in an Al - Zn - Mg alloy [J]. Materials Science and Engineering A, 2000, 293(1 - 2): 267 -274.

[111] Starink M J, Wang S C. A model for the yield strength of overaged Al - Zn - Mg - Cu alloys[J]. Acta Materialia, 2003, 51(17): 5131 -5150.

[112] Starink M J, Li X M. A model for the electrical conductivity of peak—aged and overaged Al - Zn - Mg - Cu alloys[J]. Metallurgical and Materials Transactions A, 2003, 34(4): 899 -912.

[113] Dixit M, Mishra R S, Sankaran K K. Structure-property correlations in Al 7050 and Al 7055 high-strength aluminum alloys[J]. Materials Science and Engineering A, 2008, 478(1): 163 -172.

[114] Christian J W. The Theory of Transformations in Metals and Alloys[J]. Materials Today (Kidlington, England), 2003, 6(3):53 -61.

[115] Reti T. On the physical and mathematical interpretation of the isokinetic hypothesis [J]. Journal de Physique Archives, 2004, 120: 85 -91.

[116] BjØrneklett B I, Grong Ø, Myhr O R, et al. Additivity and isokinetic behaviour in relation to particle dissolution[J]. Acta Materialia, 1998, 46(17): 6257 -6266.

[117] Grong Ø, Myhr O R. Additivity and isokinetic behaviour in relation to diffusion controlled growth[J]. Acta Materialia, 2000, 48(2): 445 -452.

[118] Grong Ø, Myhr O R. Modelling of non-isothermal transforma-

tions in alloys containing a particle distribution[J]. Acta Materialia, 2000, 48(7): 1605-1615.

[119] 董显娟. 时效制度对7B04 铝合金组织与性能的影响[D]. 长沙: 中南大学, 2004.

[120] Liu G, Zhang G J, Ding X D, et al. Dependence of fracture toungness on multiscale second phase particles in high strength Al alloys[J]. Journal of Materials Science & Technology, 2003, 19(7): 887-896.

[121] Dorward R C, Beerntsen D J. Grain structure and quench rate effects on strength and toughness of AA7050 Al-Zn-Mg-Cu-Zr alloy plate[J]. Metallurgical and Materials Transactions A, 1995, 26(9): 2481-2484.

[122] Alarcon O E, Nazar A M, Monteiro W A. The effect of microstructure on the mechanical behavior and fracture mechanism in a 7050-T76 aluminum alloy[J]. Materials Science and Engineering A, 1991, 138(2): 275-285.

[123] 谷亦杰, 林建国, 张永刚, 等. 回归再时效(RRA)处理对7050 铝合金的影响[J]. 金属热处理, 2001, 1: 31-35.

[124] Polmear I J, Arnold E. Light alloys[M]. 4th ed. London: Edward Arnold, 2005.

[125] Liu G, Zhang G J, Ding X D. A model for fracture toughness of high strength aluminum alloys containing second particles of various sized scales[J]. The Chinese Journal of Nonferrous Metals, 2002, 12(4): 706-713.

[126] 陈康华, 宋旼, 袁铁锤, 等. Al-Cu-Mg 合金的断裂韧性与拉伸延性模拟[J]. 中国有色金属学报, 2007, 17(7): 1034-1040.

[127] Dumont D, Deschamps A, Brechet Y. On the relationship between microstructure, strength and toughness in AA7050 aluminum alloy[J]. Materials Science and Engineering A,

2003, 356(1 -2): 326 -336.

[128] Csonts A A, Starke E A. The effect of inhomogeneous plastic deformation on the ductility and fracture behavior of age hardenable aluminum alloys[J]. International Journal of Plasticity, 2005, 21:1097 -111.

[129] Fjeldly A, SØreng A, Roven H J. Strain localization in solution heat heated Al - Zn - Mg alloys[J]. Materials Science and Engineering A, 2001, A300: 165 -170.

[130] Morgeneyer T F, Starink M J, Wang S C, et al. Quench sensitivity of toughness in an Al alloy: Direct observation and analysis of failure initiation at the precipitate-free zone[J]. Acta Materialia, 2008, 56(12): 2872 -2884.

[131] Kraft R H, Molinari J F. A statistical investigation of the effects of grain boundary properties on transgranular fracture [J]. Acta Materialia, 2008, 56(17): 4739 -4749.

[132] Erhard H, Michael G. Fracture toughness of precipitation hardened alloys containing narrow soft zones at grain boundaries[J]. Acta Metallurgica, 1977, 25(8): 877 -881.

[133] 樊喜刚. Al - Zn - Mg - Cu - Zr 合金组织性能和断裂行为的研究[D]. 哈尔滨:哈尔滨工业大学,2007.

[134] 杨武. 金属的局部腐蚀[M]. 北京: 化工出版社, 1995.

[135] Jones D A. Principles and prevention of corrosion[M]. 2th ed. New Jersey: Prentice-Hall, Inc., 1996.

[136] 韩顺昌. 金属腐蚀显微组织图谱[M]. 北京: 国防工业出版社, 2008.

[137] 柳伟, 张雷. 腐蚀与防护课程讲稿[DB/OL]. Http://www.wenku.baidu.com/view/366coc1414791711cc 791785.html.

[138] Buchheit R G, Martinez M A, Montes L P. Evidence for Cu ion formation by dissolution and dealloying the Al_2CuMg intermetallic compound in rotating ring - disk collection experi-

ments[J]. Journal of the Electrochemical Society, 2000, 147(1): 119 -124.

[139] Dix E H. Acceleration of the rate of corrosion by high constant stress[J]. Transaction of American Institute of Mining, Metallurgical and Petroleum Engineering, 1940, 137: 11 -40.

[140] Brown R H, Fink W L, Hunter M S. Measurement of irreversible potentials as a metallurgical research tool[J]. Transaction of American Institute of Mining, Metallurgical and Petroleum Engineering, 1941, 143: 115 -123.

[141] Burleigh T D. The postulated mechanisms for stress corrosion cracking of aluminum alloys: a review of the literature 1980—1989[J]. Corrosion, 1991, 47(2): 89 -98.

[142] Gao M, Feng C R, Wei R P. An analytical electron microscopy study of constituent particles in commercial 7075 - T6 and 2024 - T73 alloys[J]. Metallurgical and Materials Transactions A, 1998, 29(4): 1145 -1151.

[143] Ramgopal T. Role of grain boundary precipitates and solute depleted zone in the intergranular corrosion of aluminum alloy AA7150[D]. Columbos: The Ohio State University, 2001.

[144] Robinson M J, Jackson N C. Exfoliation corrosion of high strength Al - Cu - Mg alloys—the effect of grain structure [J]. British Corrosion Journal, 1999, 34(1): 45 -50.

[145] Robinson M J, Jackson N C. The influence of grain structure and intergranular corrosion rate on exfoliation and stress corrosion cracking of high strength Al - Zn - Mg - Cu alloys[J]. Corrosion Science, 1999, 41(5): 1013 -1028.

[146] Robinson M J. Mathematical modeling of exfoliation corrosion in high strength aluminum alloys[J]. Corrosion Science, 1982, 22(8): 775 -790.

[147] 张新明, 吴泽政, 刘胜胆, 等. 固溶处理对7A55 铝合金局

部腐蚀性能的影响[J]. 材料工程, 2014, 4: 26 - 39.

[148] 孔晓华, 陈康华, 董朋轩, 等. 固溶处理对 Al - 8.54Zn - 2.41Mg - xCu 铝合金组织与性能的影响[J]. 粉末冶金材料科学与工程, 2014, 19(3): 373 - 379.

[149] 王凤春, 董影, 韩啸, 等. 再结晶对 7055 铝合金板材晶间腐蚀性能的影响[J]. 轻合金加工技术, 2013, 41(6): 33 - 37.

[150] 李承波, 刘胜胆, 王国玮, 等. 冷却速率对 Al - Zn - Mg - Cu 合金厚板剥落腐蚀的影响[J]. 材料研究学报, 2013, 27(3): 259 - 266.

[151] 李国锋, 张新明, 刘胜胆. 淬火转移时间对 7055 铝合金抗晶间腐蚀能力的影响[J]. 特种铸造和有色合金, 2008, 28(10): 743 - 745.

[152] 刘胜胆, 游江海, 张新明, 等. 双重淬火对 7055 铝合金组织性能的影响[J]. 材料热处理学报, 2009, 30(6): 70 - 74.

[153] 张茁, 陈康华, 刘红卫. 高温预析出对 7055 铝合金强度、塑性和应力腐蚀抗力的影响[J]. 铝加工, 2003, 149: 10 - 14.

[154] 张茁, 陈康华, 黄兰萍, 等. 高温预析出对 7055 铝合金组织和力学性能的影响[J]. 中国有色金属学报, 2003, 13(6): 1477 - 1482.

[155] 黄兰萍, 陈康华, 李松, 等. 高温预析出后 7055 铝合金局部腐蚀性能和时效硬化[J]. 稀有金属材料与工程, 2007, 26(9): 1628 - 1633.

[156] 张新明, 游江海, 张小艳, 等. 固溶后预析出对 7A55 铝合金力学及腐蚀性能的影响中国有色金属学报[J]. 2007, 17(12): 1922 - 1927.

[157] 张新明, 张小艳, 刘胜胆, 等. 固溶后降温预析出对 7A55 铝合金力学及腐蚀性能的影响[J]. 中南大学学报(自然

科学版)，2007，38(5)：790－793.

[158] 何振波，闫焱，钟申，等. 时效制度对7A55合金微观组织与腐蚀性能的影响[J]. 中国有色金属学报，2010，20(12)：2291－2297.

[159] 黄乐瑜，张新明，刘胜胆，等. 回归处理对7055铝合金组织和性能的影响[J]. 2012，47(2)：178－182.

[160] Xiao Y P，Pan Q L，Li W B，et al. Influence of retrogression and re-aging treatment on corrosion behaviour of an Al－Zn－Mg－Cu alloy[J]. Materials and Design，2011，32(4)：2149－2156.

[161] 付垚. 高强高韧铝合金厚板的蛇形轧制研究[D]. 北京：北京有色金属研院，2011：4－5.

[162] 陈冬一，王祝堂. 国内外铝合金厚板项目建设概况[J]. 轻合金加工技术，2008，36:1－8.

[163] 王祝堂. 厚板项目建设浪潮澎湃生产能力形成过于集中[J]. 有色金属加工，2009，36(1)：1－5.

[164] 王祝堂. 厚板项目建设浪潮澎湃生产能力形成过于集中(续)[J]. 有色金属加工，2009，38(2)：1－3.

[165] 钟利. 铝合金厚板市场与生产技术发展[J]. 稀有金属，2006，30(专辑)：185－191.

[166] 盛春磊，刘静安，朱英. 我国铝及铝合金轧制设备现状与发展趋向[J]. 铝加工，2005，164：18－23.

[167] 程磊，谢水生，黄杰，等. 中国铝板带箔轧制工业的发展[J]. 轻合金加工技术，2007，35：12－19.

[168] 芦德惠，徐建平，王祝堂. 中国铝板带热轧回眸与展望[J]. 轻合金加工技术，2006，34：1－9.

[169] 贺慧彤，王祝堂. 中国铝工业的发展现状及其展望[J]. 轻合金加工技术，2010，38(4)：1－4.

[170] 王祝堂. 中国已建成与在建的铝合金厚板项目[J]. 轻合金加工技术，2011，39(1)：6.

[171] 肖亚庆，谢水生，刘静安，等. 铝加工技术实用手册[M]. 北京：冶金工业出版社. 2005.

[172] 石文勇，马岩. 均匀化处理对 7055 铝合金铸锭组织的影响[J]. 哈尔滨理工大学学报，2013，18(4)：113－116.

[173] Deng Y, Yin Z M, Huang J W. Hot deformation behavior and microstructural evolution of homogenized 7050 aluminum alloy during compression at elevated temperature [J]. Materials Science and Engineering A, 2011, 528(3): 1780－1786.

[174] 李学文. AA7050 铝合金异步及水平错位非对称轧制变形的有限元模[D]. 长沙：中南大学，2013.

[175] 陈军洲，甄良，戴圣龙，等. 晶粒形貌及织构对 AA7055 铝合金板材不同厚度层屈服强度的影响[J]. 稀有金属材料与工程，2008，37(11)：1966－1968.

[176] Bruno D, Jean B. Process for thermal treatment of thin 7000 series aluminum alloys and products obtained[P]. 美国专利：4189334. [1980－02－19].

[177] Rao K P, Prasad Y V R K. High Temperature deformation kinetics of Al-4Mg alloy [J]. Journal of Mechanical Working Technology, 1986, 13(1): 83－95.

[178] Meng G, Li B L, Li H M, et al. Hot deformation and processing maps of an Al－5.7 wt.% Mg alloy with erbium[J]. Materials Science and Engineering A, 2009, 517 (1－2): 132－137.

[179] Medina S F, Hernandez C A. Modelling of the dynamic recrystallization of austenite in low alloy and microalloyed steels [J]. Acta Materialia, 1996, 44(1): 165－171.

[180] Kim S I, Yoo Y C. Dynamic recrystallization behavior of AISI 304 stainless steel[J]. Materials Science and Engineering A, 2001, 311(1－2): 108－113.

[181] Dehghan－Manshadi A, Barnett M R, Hodgson P D. Recrys-

tallization in AISI 304 austenitic stainless steel during and after hot deformation[J]. Materials Science and Engineering A, 2008, 485(1-2): 664-672.

[182] Quan G Z, Li G S, Chen T, et al. Dynamic recrystallization kinetics of 42CrMo steel during compression at different temperatures and strain rates[J]. Materials Science and Engineering A, 2011, 528(13-14): 4643-4651.

[183] Chen M S, Lin Y C, Ma X S. The kinetics of dynamic recrystallization of 42CrMo steel[J]. Materials Science and Engineering A, 2012, 556: 260-266.

[184] Al-Samman T, Gottstein G. Dynamic recrystallization during high temperature deformation of magnesium[J]. Materials Science and Engineering A, 2008, 490(1-2): 411-420.

[185] Zhou H T, Li Q B, Zhao Z K, et al. Hot workability characteristics of magnesium alloy AZ80—A study using processing map Materials Science and Engineering A, 2010, 527(7-8): 2022-2026.

[186] Quan G. Z, Shi Y, Wang Y X, et al. Constitutive modeling for the dynamic recrystallization evolution of AZ80 magnesium alloy based on stress-strain data[J]. Materials Science and Engineering A, 2011, 528(28): 8051-8059.

[187] Cerri E, Evangelista E, Forcellese A, et al. Comparative hot workability of 7012 and 7075 alloys after different pretreatments[J]. Materials Science and Engineering A, 1995, 197(2): 181-198.

[188] Feng D, Wang G Y, Chen H M, et al. Effect of Grain Size Inhomogeneity of Ingot on Dynamic Softening Behavior and Processing Map of Al-8Zn-2Mg-2Cu alloy[J]. Metals and Materials International, 2018, 24(a): 195-204.

[189] Feng D, Zhang X M, Liu S D, et al. Rate controlling mecha-

nisms in hot deformation of 7A55 aluminum Alloy[J]. The Chinese Journal of Nonferrous Metals, 2014,24: 28 -35.

[190] Xun Y, Tan M J. EBSD characterization of 8090 Al - Li alloy during dynamic and static recrystallization [J]. Materials Characterization. 2004, 52(3): 187 -193.

[191] Humphreys F J. Review grain and subgrain characterisation by electron backscatter diffraction[J]. Journal of Materials Science. 2001, 36(16): 3833 -3854.

[192] Perryman E. Relationship between recovery and recrystallization in superpurity aluminum[J]. Journal of Metals. 1955:7.

[193] Wells M A, Samarasekera I V, Brimacombe J K, et al. Modeling the microstructural changes during hot tandem rolling of AA5XXX aluminum alloys: Part I. Microstructural evolution [J]. Metallurgical and Materials Transactions B, 1998, 29 (3): 611 -620.

[194] Chao H Y, Sun H F, Chen W Z, et al. Static recrystallization kinetics of a heavily cold drawn AZ31 magnesium alloy under annealing treatment [J]. Materials Characterization. 2011, 62(3): 312 -320.

[195] Sellars C M, Zhu Q. Microstructural modelling of aluminium alloys during thermomechanical processing[J]. Materials Science and Engineering: A, 2000, 280(1): 1 -7.

[196] Wells M A, Samarasekera I V, Brimacombe J K, et al. Modeling the microstructural changes during hot tandem rolling of AA5XXX aluminum alloys: Part I. Microstructural evolution [J]. Metallurgical and Materials Transactions B, 1998, 29 (3): 611 -620.

[197] Rollett A, Humphreys F J, Rohrer G S, et al. Recrystallization and related annealing phenomena [M]. Amsterdam: Elsevier, 2004.

[198] Samajdar I, Verlinden B, Van Houtte P, et al. Recrystallisation kinetics in IF-steel: A study on the sluggish recrystallisation behaviour[J]. Scripta Materialia, 1997, 37(6): 869 –874.

[199] Chun Y B, Semiatin S L, Hwang S. Monte Carlo modeling of microstructure evolution during the static recrystallization of cold – rolled, commercial – purity titanium[J]. Acta Materialia. 2006, 54(14): 3673 –3689.

[200] Chen S P, Van der Zwaag S. Modeling recrystallization kinetics in AA1050 following simulated breakdown rolling [J]. Metallurgical and Materials Transactions A, 2006, 37 (9): 2859 –2869.

[201] Wells M A, Samarasekera I V, Brimacombe J K, et al. Modeling the microstructural changes during hot tandem rolling of AA5 × × × aluminum alloys: Part II. Textural evolution[J]. Metallurgical and Materials Transactions B, 1998, 29 (3): 621 –633.

[202] Xun Y, Tan M J. EBSD characterization of 8090 Al – Li alloy during dynamic and static recrystallization [J]. Materials Characterization, 2004, 52(3): 187 –193.

[203] Zhang Y H, Yin Z M, Zhang J, et al. Recrystallization of Al – Mg – Sc – Zr Alloys[J]. Rare Metal Materials and Engineering. 2002, 31(3): 167 –170.

[204] Berg L K, Gjnnes J, Hansen V, et al. GP – zones in Al – Zn – Mg alloys and their role in artificial aging [J]. Acta Materialia, 2001, 49 (17): 3443 –3451.

[205] Nicolas M, Deschamps A. Characterisation and modelling of precipitate evolution in an Al – Zn – Mg alloy during non – isothermal heat treatments [J]. Acta Materialia, 2002, 51 (20):6077 –6094.

[206] Xu D K, Birbilis N, Rometsch P A. The effect of pre – age-

ing temperature and retrogression heating rate on the strength and corrosion behaviour of AA7150[J]. Corrosion Science, 2012, 54: 17 -25.

[207] Ungár T, Lendvai J, Kovacs I. , et al. The decomposition of the solid solution state in the temperature range 20 to 200℃ in an Al - Zn - Mg alloy[J]. Journal of Materials Science, 1979, 14(3): 671 -679.

[208] Lü X Y, Guo E J, Paul A, et al. Effect of one - step homogenization treatments on distribution of Al3Zr dispersoids in commercial AA7150 aluminum alloy [J]. Transactions of Nonferrous Metals Society of China, 2012, 22(11): 2645 -2651.

[209] 冯迪，张新明，邓运来，等. 预时效温度及回归加热速率对7055合金组织及性能的影响[J]. 中国有色金属学报，2014, 24(5): 1141 -1150.

[210] Kanno M, Araki I, Cui Q. Precipitation behaviour of 7000 alloys during retrogression and reaging treatment[J]. Materials Science and Technology, 1994, 10(7): 599 -603.

[211] Viana F, Pinto A M P, Santos H M C, et al. Retrogression and re-ageing of 7075 aluminium alloy: Microstructural characterization[J]. Journal of Materials Processing Technology, 1999, 92 -93: 54 -59.

[212] Buha J, Lumley R N, Crosky A G. Secondary ageing in an aluminium alloy 7050[J]. Materials Science and Engineering: A, 2008, 492(1 -2):1 -10.

[213] Zhang X M, Liu L, Ye L Y, et al. Effect of pre-deformation of rolling combined with stretching on stress corrosion of aluminum alloy 2519A plate [J]. Transactions of Nonferrous Metals Society of China, 2012, 22(1): 8 -15.

[214] Li G F, Zhang X M, Li P H, et al. Effects of retrogression

heating rate on microstructures and mechanical properties of aluminum alloy 7050[J]. Transactions of Nonferrous Metals Society of China, 2010, 20(6): 935 -941.

[215] Birbilis N, Buchheit R G. Electrochemical characteristics of intermetallic phases in aluminum alloys: An experimental survey and discussion[J]. Journal of the Electrochemical Society, 2005, 152(4): 140 -151.

[216] Abolfazl A, Ali K T, Kourosh K T. Recent advances in ageing of 7 × × × series aluminum alloys: A physical metallurgy perspective[J]. Journal of Alloys and Compounds, 2019, 781: 945 -983.